杨义先趣谈科学

通信简史

U0390212

从遗传编码到
量子信息

BRIEF HISTORY
OF COMMUNICATIONS

杨义先 钮心忻◎著

人民邮电出版社
北京

图书在版编目（ＣＩＰ）数据

通信简史：从遗传编码到量子信息 / 杨义先，钮心
忻著. -- 北京 ：人民邮电出版社，2020.10
（杨义先趣谈科学）
ISBN 978-7-115-54517-6

Ⅰ．①通… Ⅱ．①杨… ②钮… Ⅲ．①通信技术－技
术史－世界－普及读物 Ⅳ．①TN-091

中国版本图书馆CIP数据核字(2020)第136482号

◆ 著　　　　杨义先　钮心忻
　　责任编辑　杜海岳
　　责任印制　陈　犇

◆ 人民邮电出版社出版发行　　北京市丰台区成寿寺路 11 号
　　邮编　100164　电子邮件　315@ptpress.com.cn
　　网址　https://www.ptpress.com.cn
　　大厂回族自治县聚鑫印刷有限责任公司印刷

◆ 开本：720×960　1/16
　　印张：21.5　　　　　　　2020 年 10 月第 1 版
　　字数：317 千字　　　　　2020 年 10 月河北第 1 次印刷

定价：78.00 元

读者服务热线：(010)81055410　印装质量热线：(010)81055316
反盗版热线：(010)81055315
广告经营许可证：京东市监广登字 20170147 号

内容提要

一说起通信，几乎人人是专家。是呀，谁不天天打电话，谁不时时在上网，谁能离开计算机，谁又不需要大数据、物联网和人工智能等信息系统呢？这一切的核心其实都是通信，准确地说都是电子通信。但是，即使许多通信专家过去也不曾全面深入地思考过通信的前世今生，绝大多数通信史籍只认定了从烽火开始的区区3000年文明通信史，而忽略了整个生物界长达38亿年的通信史，忽略了真核生物长达23亿年的通信史，忽略了原生生物长达15亿年的通信史，忽略了植物长达12亿年的通信史，忽略了动物长达10亿年的通信史，忽略了人类长达数百万年的通信史，特别是忽略了长达7万年的语言通信史以及长达8000年的文字通信史。

那么，在没有文字记载的情况下，史前通信史是咋写出来的呢？嘿嘿，你看完本书就知道了，而且我们保证书中内容绝无杜撰之嫌。本书当然不是为讲历史而讲历史，其实是希望通过回顾历史来展望未来，特别是展望通信即将引发的第三次革命——智能革命的未来。因此，特意增加了最后一章"未来通信"，一方面揭示通信即将面临的香农信道容量危机，另一方面努力寻求可能的应对措施。

希望你在阅读过程中有所启发。

前　言

从前，有一位大外行为门外汉们写了一部大跨度的大众化通俗书籍。这位大外行确实很大，甚至很伟大，因为他就是波动力学之父、量子力学奠基人之一的薛定谔。而这部大众化书籍，就是他在获得了1933年诺贝尔物理学奖后，冒天下之大不韪，完全"不务正业"撰写的生物科普著作《生命是什么》。所以，战战兢兢的薛定谔在序言中的第一句话就"甩锅"道："人们普遍认为，科学家总是在某学科中掌握了广博深邃的前沿知识，因而他们不会在外行领域中著书立说。这就是所谓的尊贵者责任大。可是，为了《生命是什么》的写作，我恳请放弃任何尊贵，从而也免去随之而来的责任。"然而，随后的事实意外证明：《生命是什么》一书竟然成了石破天惊的"20世纪最有影响的科学经典"之一，它不但直接激励威尔金斯、克里克、沃森等青年物理学家跳槽到生物学领域，发现了DNA双螺旋结构，并因此而获得了1962年诺贝尔生理学或医学奖；而且间接地深度影响了卢利亚、查尔加夫、本泽等诺贝尔奖得主，启发了贝塔朗菲创立系统论，启发了普里高津创立耗散结构理论等；还催生了今天的分子生物学。其实，在《生命是什么》一书中，薛定谔只是从物理角度出发，重新阐述了与自己的专业"八竿子都打不着"的若干生命现象，并提出了许多在当时看来"毫无根据"的大胆猜想，比如物理和化学在原则上可诠释生命现象，基因是一种非周期性的晶体或固体，突变是由基因分子中的量子跃迁引起的，基因突变论相当于物理学中的量子论，基因遗传模式的长期稳定性和持久性都能用量子论加以说明，染色体是遗传的密码，生命以负熵为生并通过从环境中抽取"序"来维持系统的组织而进行演化，等等。

本书以薛定谔及其《生命是什么》为榜样，从通信系统的角度出发，试图重新阐述仍然与我们的通信专业"八竿子都打不着"的若干生命现象，同时也提出若干看似"毫无根据"的猜想。比如，生物的生殖过程就是遗传信息从亲代传给子代的通信过程，DNA 便是信息的载体；基因突变就是遗传通信传输中出现的差错，而 DNA 的双螺旋结构则是一种通信纠错编码方式；各种物种演化的结果就是过去 38 亿年以来遗传信息通信传输差错的累积结果。生物的生长过程，也是遗传信息通过细胞分裂方式，从亲代细胞传给子代细胞的通信过程。因此，人的一生的新陈代谢过程就可以看成遗传信息从信源（婴儿）到信宿（老人）的连续不断中继传输的过程。癌症等肿瘤疾病则起因于该通信传输过程中出现的"比特"差错，而免疫力则是该中继传输系统中的纠错系统。生物的视觉、听觉、嗅觉、味觉、触觉等感知系统，是实现信息自然通信传输的前提；以语言和文字为代表的符号系统的产生，是人类进行人工通信传输的前提，而其他任何生物都无法实现人工通信。语言通信使人类从兽类中分离出来，文字通信使人类进入文明社会，电子通信将引发智能革命，甚至彻底改变人类社会的发展方向。对人类来说，真正的信源和信宿不是眼、耳、鼻、舌、身等各种感官，而是大脑或意识，因此，至今的所有人工通信都还仅仅停留在非常初级的阶段，即以电流或电波为载体的、从感官到感官的信息通信。形象地说，人工通信的最高境界应该是回归自然通信，比如许多科幻小说和神话小说中描述的"意念通信"等。实际上，在人工智能（AI）领域中已经出现了各种"意念控制"的成果，它们也许算是"意念通信"的曙光吧。最近已有猴子学会了如何通过植入猴脑的电极来控制远程的仿生肢体，瘫痪的病人也能仅依靠意念就移动仿生肢体和操作计算机。人们还可以戴上电子"读心"头盔，在家里遥控电子设备。这种头盔甚至无须将电极植入大脑，只是读取头皮所发出的电信号。若想打开屋顶的电灯，只需戴上头盔，想象一些事先编程好的心理符号（例如想象右手做某个动作），就能接通电源。特别是随着以 5G 为代表的移动通信技术的迅猛发展，香农的端到端通信的信道容量极限即将被逼近，人类将如何应对即将到来的香农信道容量危机，如何搭建整体传输效率更高的维纳对话网，量子手段是否可以帮助人类摆脱香农信道容量危机，今后的通信将向何处发展，这些都是人类必须面对的战略问题。

我们当然不想生搬硬套薛定谔的《生命是什么》，也无意促进生物学的发展，毕竟我们人微言轻，根本不可能影响到生物学领域。本书的编写目的在于，借助众多生物现象来刺激现代通信在新台阶上的新发展。不知从何时开始，无论是学术界还是产业界，许多通信专家都产生了这样一种悲观思想，即认为香农信道容量危机已逼近，摩尔定律正在失效，也就是说数字存储容量的增长速度已达不到摩尔定律的预期了。因此，好像通信的发展很快就要到达顶峰了，通信理论和技术也没啥发展空间了。这种悲观状况与薛定谔时代很相似，当时许多物理学家也认为相对论和量子力学等现代物理学基础都已基本成型，物理学已处于比较平静的常规发展时期。相反，那时的生物学却面临着理论和方法上的重大突破，具有无限广阔的前景。于是，一大批梦想大有作为的物理学家便纷纷改弦更张，携带着自己的物理学思维方式和实验手段，奔向了生物学和遗传学的处女地。我们希望与当时薛定谔的情况相反，即把众多生物学专家和生物学成果引入现代通信的理论和技术之中。

若本书能使读者相信"原来通信的万里长征才刚起步"，那么我们就非常高兴了。毕竟，在长达 38 亿年的自然通信历史面前，区区数千年的人工通信和 100 年的现代通信哪里算得上什么"登峰造极"呀！咱们还是老老实实地继续"人法地，地法天，天法道，道法自然"吧，除非某天"意念通信"等现代手段真的全面普及，人际间的通信只需动脑想一想便可瞬间完成，那么通信专家们才可勉强"刀枪入库，马放南山"。不过，这一天一定会非常遥远。

对了，与物理学不同的是，通信甚至整个信息技术（IT）领域其实都与生物学有着千丝万缕的联系，IT 领域的许多最基本的东西都来源于生物学。比如，计算机就是以人脑为模型制造出来的；AI 最核心的"反馈、微调、迭代"的赛博思想也是由维纳从生理学家那里搬来的；至于智能通信中的神经计算、生物计算、DNA 计算、遗传算法、进化算法、蚁群算法、人工鱼群算法、免疫算法、智能算法、神经网络等，只需从名称上就可以看出它们的生物学血统。只可惜过去许多通信专家对这些事实熟视无睹。又如，当今所谓的"网络通信"，其实压根儿就不是真正的网络通信，而只是基于时分、码分或频分等技术的"点到点通信的拼接"，因此，这些"网络"的信道容量极限问题就无法用香农的经典信息论来解决。而真正的网络通信系统模型，其实应该是维纳的"会议室头脑风暴"，其容量极限所遵从的规律是博弈系统论，而相关的工程实现问题至今都还没谱儿呢。

人们常说"读史使人明智"，还说"了解过去，方知未来"，但愿我们的这本书不但能使大家从全新的角度去了解过去，而且能从全新的高度去展望未来。作为一部简史类图书，本书分为上下两篇。其中，上篇为"自然通信"，主要介绍过去 38 亿年来生物通信过程的演化，希望它们能为未来的人工通信提供更多更好的借鉴；下篇为"人工通信"，主要介绍过去数千年来人类有意识的通信过程的演化。在本书中，自然通信与人工通信的界线是：前者是不需要借助生物体外的任何设施就能完成的信息通信，而后者则是必须依靠体外设施来实现的人与人之间的信息通信。

最后，与薛定谔的《生命是什么》一样，本书也是一部人人能读懂的科普著作，它绝不是科幻，虽然某些内容确实有点像科幻。

杨义先　钮心忻

2020 年 7 月于温泉

目　录

上篇　自然通信

下篇　人工通信

上篇　自然通信 ▶▶▶

大约在 150 亿年前，一个体积无限小、密度无限大、温度无限高、时空曲率无限大的小点（奇点）突然发生了大爆炸。于是，空间和时间便从量子真空中诞生了。这时，时空中充满了与海森堡不确定性原理相符的量子能量扰动。

在大爆炸后的 10^{-43} 秒之前，宇宙的密度约为 10^{94} 克 / 厘米 ^{3}，超过质子密度的 10^{78} 倍。此时，万有引力、强相互作用力、弱相互作用力和电磁力这 4 种力都还混为一体，无法区分彼此。

大爆炸后 10^{-43} 秒至 10^{-35} 秒期间，温度达到 10^{32} 摄氏度，宇宙从量子涨落背景中出现。此时，宇宙已冷却到引力可分离并独立存在的状态，而且传递引力作用的引力子已经存在。不过，除引力之外，此时宇宙中的其他 3 种力（强相互作用力、弱相互作用力和电磁力）仍混为一体。

大爆炸后 10^{-35} 秒至 10^{-12} 秒期间，宇宙的温度约为 10^{27} 摄氏度，这时引力已完成分离，夸克、玻色子、轻子等粒子已形成，宇宙已冷却到强相互作用力可分离出来的状态，但弱相互作用力和电磁力仍统一于电弱相互作用力中。这时，宇宙还发生了持续时间为 10^{-33} 秒的暴涨，时间和空间经历了 100 次加倍（即 2^{100}），得到的宇宙尺度是先前尺度的 10^{30} 倍。在暴涨前，宇宙还处于光子的相互联系范围内；但暴涨停止时，今天人类所能在宇宙中探测到的东西都已在各自的区域内稳定下来了。

大爆炸后 10^{-12} 秒至 0.01 秒期间，宇宙的温度约为 10^{15} 摄氏度，质子、中子及其反粒子等都已形成，玻色子、中微子、电子、夸克及胶子等都已稳定。此时，宇宙变得足够冷，以至电弱相互作用力也分解为电磁力和弱相互作用力。至此，宇宙中的全部 4 种基本作用力均已出现。此后，轻子家族（电子、中微子及相应的反粒子）需要再等宇宙冷却 10^{-4} 秒后才能从与其他粒子的平衡相中分离出来。其中，中微子一旦从物质中解耦，将自由穿越空间。

大爆炸后 0.01 秒至 0.1 秒期间，宇宙的温度约为 1000 亿摄氏度。此时，宇宙中以光子、电子、中微子为主，中子与质子数量之比高达十亿比一，热平衡态体系急剧膨胀，温度和密度不断下降和减小。

大爆炸后 0.1 秒至 1 秒期间，宇宙的温度约为 300 亿摄氏度，中子与质子数量之比迅速下降到 0.61：1。

大爆炸后 1 秒至 10 秒期间，宇宙的温度约为 100 亿摄氏度，中微子向外逃逸，出现了正负电子湮没反应。不过，此时核力尚不足以束缚中子和质子。

大爆炸后 10 秒至 35 分钟期间，宇宙的温度约为 30 亿摄氏度。此时，氢、氦等稳定原子核开始形成。特别是当宇宙冷却到 10 亿摄氏度以下时（大爆炸发生约 100 秒后），粒子转变就不可能再发生了。

大爆炸后 35 分钟至 1 万年期间，宇宙的温度约为 3 亿摄氏度，原初核合成过程停止，但还不能形成中性原子。

大爆炸后 1 万年至 30 万年期间，宇宙的温度约为 10 万摄氏度，宇宙进入物质期，即现在所说的"物质"开始出现。在宇宙形成的早期，光主宰着各种能量形式。但随着宇宙的膨胀，电磁辐射的波长被拉长，相应光子的能量也跟着减小。1 万年后，物质密度追上并超过了辐射密度。从这时起，宇宙和它的动力学就开始由物质主导了。

大爆炸 30 万年后，宇宙的温度约为 3000 摄氏度，这时化学结合作用使中性原子形成，宇宙的主要成分为气态物质，并逐步在自引力作用下凝聚成密度较高的气体云块，直至形成恒星和恒星系统。于是，我们今天能见到的宇宙形态就基本形成了，今天的主要物理定律也开始发挥作用了。

总之，量子真空在暴涨期达到全盛，此后便以暗能量的形式弥漫于全宇宙，而且随着物质密度和辐射密度迅速减小，暗能量越来越明显（暗能量可能占据宇宙总能量密度的 2/3 左右），从而推动了宇宙加速膨胀。

此处为啥要用这么多笔墨来描述大爆炸的发生过程呢？主要原因有如下两个。

其一，从形式上看，宇宙大爆炸与本篇第 2 章中的生长通信过程几乎是一模一样的。其实，宇宙大爆炸并非许多人所想象的那种地雷式的一次性爆炸，而是一种并行式的连续爆炸。形象地说，大爆炸与婴儿的孕育过程很相似，最初的那个奇点相当于受精卵，它先是一分为二，变成两个拷贝。然后，每个拷贝又几乎同时发生爆炸，再一分为二，变成 4 个子拷贝。每个子拷贝再发生爆炸，还是一分为二，变成 8 个孙拷贝。孙拷贝接着再发生爆炸，如此循环往复。随着连环爆炸的不断进行，该"奇点"（受精卵）以指数速度迅速膨胀。经过短短的"十月怀胎"，该受精卵"爆炸"而形成的"宇宙"质量就增加了约百万亿倍，其体积也扩大了约1000万倍！当然，受精卵的这种"大爆炸"并不会永远全面持续下去，同时也不会全面停止，除非该个体的生命结束。实际上，某些拷贝在进行到某次"爆炸"后，将停止再分裂，并最终形成相应的人体器官。某些拷贝将终生不断进行新陈代谢，还有一些拷贝的"爆炸"过程会时断时续，至于在什么区域以及何时停止或持续"爆炸"，主要取决于DNA中包含的某种"开关"信息。

其二，宇宙大爆炸发生100多亿年后，即距今大约46亿年前，地球终于诞生了。不过，刚开始时，地球上的环境非常恶劣，生命不可能出现。直到约38亿年前，情况才相对好转，生命开始出现。此时，原始地球的大气中虽无氧气，但有很多二氧化碳，于是蓝藻通过光合作用吸入二氧化碳并释放氧气。这便是最早的光合放氧生物。蓝藻的繁殖方式是无性生殖，繁衍速度非常快，其光合作用所产生的氧气也越来越多，这就为随后产生更多的生物奠定了坚实的基础。于是，生物之间的自然通信就开始了。

本篇将重点介绍生物之间的自然通信发展史，特别是遗传信息发展史。当然，生物之间传输的信息绝不仅限于遗传信息。实际上，按薛定谔在《生命是什么》中的观点，任何生命的维持都离不开负熵。而按香农的观点，信息也是一种负熵。所以，信息在任何生物的生命过程中都扮演着不可替代的重要作用。比如，若生物不能获得食物信息，它就会被饿死；对采取有性繁殖的生物来说，若不能获得配偶信息，该物种就会因断后而灭绝等。而本篇中所谓的自然通信就是指无需人工干涉而实现的信息通信，这样的通信系统很多，甚至多得无法穷举。比如，对应于生物的任何一种知觉，就至少存在一类通信系统；对应于生命过程中的任何信息，就一定存在某种通信系统来发送和接收这些信息。

虽然本篇中介绍的许多重大事件的绝对时间很难说清，但它们的相对时间，特别是前后顺序还是可以根据逻辑推导出来的。特别需要指出的是，人类的"面对面对话"其实也是一种信息通信系统。严格说来，这还应该算作人工通信系统，因为语言是人造的而非自然的。但是，为了区别于通信领域习以为常的人工通信系统，我们仍把以对话为代表的、不需要体外设施配合的通信系统都放在本篇中进行介绍。

第1章 >>>

遗传通信

任何通信系统都具有 3 个基本要素，即信源、信宿和信息载体，也可分别称为发信方、收信方和信息载体。发信方将包含信息的载体从信源端发送给信宿端，然后收信方从该载体中提取出对方所传递的信息。这里的载体可以是多种多样的，其中所包含的信息也可以千变万化，包括但不限于 DNA 所包含的遗传信息、细胞所包含的分裂或停止分裂信息、纸张所包含的文字信息、声波所包含的语言信息、电流所包含的有线信号、电磁波所包含的无线电信号等。总之，能够携带信息的所有东西，无论它们是有形的还是无形的，都可以被看成相应通信系统中的信息载体。能够携带信息载体的所有东西仍然可以作为信息载体。比如，DNA 是信息载体，细胞携带着 DNA，所以细胞也可当作信息载体。能够传递任何信息载体的系统也都可以被看作一种通信系统。这里的信息是指任何可用来消除随机不定性的知识，它们是创建宇宙万物的最基本的单位。

在遗传通信系统中，亲代可看成信源或发信方，子代可看成信宿或收信方，DNA 或整个基因组可看成信息载体，那么所传输的信息便是遗传信息。所以，遗传通信系统可看成基因组的"由亲代到子代"的纵向通信系统。本章将介绍遗传通信系统的信息内容、信息编码、信息解码、传输误差及累积后果等，还将专门介绍前沿的 DNA 计算机，因为它可能催生无缝的人机接口，为今后实现某种程度上的"意念通信"奠定基础。

由于本书始终站在通信角度看问题，所以我们将尽量淡化相关生物学概念，特别是那些比较抽象的结果，毕竟我们希望通信界能更多地了解生物学，而不是用生物学的高精尖把大家吓跑。我们相信，只要认可了"生物学既是通信之始，也是通信之终"，读者就不难回头研读相关生物学书籍，并促进通信技术的发展。

1.1 遗传信息的内容

自从 38 亿年前地球上开始出现生命至今，遗传通信系统就在各种生物之间进行着一代传一代的纵向通信了，而且这种通信过程还将永远持续下去，直到某种生物灭绝或地球上的全部生物灭绝为止。现在地球上的植物有 50 多万种，动物有 150 多万种，因此，今天大约有 200 万种遗传通信系统在不断地进行着纵向通信。只是由于人为破坏等原因，现存物种数量急剧减少，甚至只有原来的 1/10，因此，遗传通信系统的种类和数量也在急剧减少。

遗传通信系统所传递的信息内容到底是什么呢？或者说，遗传信息到底意味着什么呢？

关于这个问题的答案，说简单也简单，因为谁都知道在植物界是"种瓜得瓜，种豆得豆"，在动物界则是"龙生龙，凤生凤，老鼠生儿会打洞"。从染色体角度来看，亲代与子代的染色体数目和形状都是完全一样的。比如，只要是人，他就一定有 46 条染色体，其中 23 条来自父亲，另外 23 条来自母亲，即子代同时遗传了父母双方的遗传信息。这些信息被存储在子代的基因中，同时今后又将继续通过遗传通信系统传递给孙代。如此代代相传，直到永远。针对子代的任何一个性状，若父母对应于该性状的基因都是显性基因，或者都是隐性基因，那么子代的性状则可能表现为父亲或母亲的性状；若父母中的一方为显性基因，另一方为隐性基因，则子代的性状就一定表现为带显性基因的一方的性状。

关于遗传信息的内容，说复杂也很复杂，因为至今人类也没搞清楚到底哪些生物形态是从亲代遗传下来的，哪些是后天的外部环境因素造的。不同种类的生物，其遗传信息的内容当然也很不相同，甚至其染色体的数目和形状都不同。即使在同种生物中，不同个体向自己的后代遗传的信息也不相同，虽然彼此之间的差异非常小。比如，从基因角度看，人类不同个体之间的基因相似度高达99.99%，差异仅为 0.01%。当然，子代与亲代间的基因差异又远远小于子代与其他无血缘关系的个体之间的基因差异，这也是"基于基因的亲子鉴定"的理论根据。从指纹角度看，任何两个人的指纹都不同，而这种差异与血缘关系无关，即亲代与子代之间的指纹差异并不一定小于他们与外人之间的指纹差异。

不过，关于遗传信息内容的局部结论还是有一些的。比如，关于人类外貌的遗传信息，就有如下形象的初论。

肤色遗传：具有某种"平均"特征。比如，若父母的肤色较黑，其子女的皮肤就绝不会白嫩；若一方白而另一方黑，那么在胚胎发育中经"平均"后，子女就很可能具有不黑不白的"中性"肤色，偶尔也会出现更偏向某一方的情况。

下颌遗传：下颌的形状具有明显的遗传特性，这是子代与亲代最相像之处。比如，尖下巴的父亲生的儿子十有八九也会是尖下巴，而且父子俩会像从同一个模子里铸出来的一样。

双眼皮遗传：父亲的双眼皮将有超过 70% 的可能性遗传给子女，即使某些子女出生时是单眼皮，他们长大后也会获得像父亲那样的双眼皮。据统计，双眼皮父亲的子女在幼儿期大约有 20% 是双眼皮，中学期间将增至 40%，大学期间将增至 50%，成人后还会继续增加。

大眼睛遗传：相对于小眼睛来说，大眼睛是显性遗传，即父母中只要有一方是大眼睛，他们的孩子就一定是大眼睛。长睫毛也是显性遗传，即父母中只要有一方是长睫毛，他们的孩子就一定是长睫毛。相对于浅色眼球来说，黑色等深颜色眼球是显性遗传，比如黑眼球的人和蓝眼球的人所生的孩子一定是黑眼球。

鼻型遗传：宽而高的鼻子、鼻头低而略翘的鼻子、鼻根瘪而鼻头翘的鼻子等都属于显性遗传；相反，鼻头呈丸子状的鼻子、鼻头纵向低凹的鼻子等则属于隐性遗传。此外，大耳垂等也都是从亲代那里获得的遗传特征。

嘴唇遗传：嘴唇的厚薄情况也很容易遗传。比如，上嘴唇变薄、下嘴唇鼓起、鼻子和嘴巴之间有一条浅沟等都是显性遗传。若父母中有一方具有这些基因，那么其子女也会长成这样的可能性将为50%。

身高遗传：在决定身高的因素中，35%来自父亲，35%来自母亲，30%来自后天的外部环境和自身的身体状况。比如，若父母都矮的话，则子女可能也不高，但可通过适当的体育运动来增加身高。

肥胖遗传：虽然肥胖父母的子女不一定都肥胖，但他们的子女也肥胖的可能性比其他人要大得多，将达到50%～60%。若父母中有一方肥胖，则其子女也肥胖的可能性为32%～33.6%。

秃头遗传：男性秃头主要归因于遗传性体质。若父亲秃头，则遗传给儿子的可能性大约为50%；而若母亲有女性雄性秃或掉发严重等问题，则儿子绝不会秃头。

青春痘遗传：某些特殊种类的青春痘也是遗传的结果。

少白头遗传：这是一种低概率的隐性遗传，即使父母都是少白头，其子女也是少白头的可能性并不会很大。

声音遗传：声音隔代遗传的可能性为50%，男孩声音的大小和高低更像父亲，而女孩则更像母亲。但是，这种由父母生理解剖结构的遗传所影响的音质多数可以通过后天的发音训练来改变。父母都是歌唱家时，其子女成为歌唱家的可能性就比常人大得多。

腿形遗传：腿的长短也会遗传，当然通过体育锻炼也可适当增加腿长。

近视遗传：大约20%的近视是遗传的结果，高度近视是常染色体隐性遗传所致。若父母都是基因性高度近视，则子女也会高度近视。若父母中只有一方是基因性高度近视，而另一方不携带高度近视基因，则子女不会因遗传而近视，虽然仍可能因用眼不科学而造成后天近视。若父母都不近视，但都带有近视的隐性基因，那么其子女也会是基因性近视。若父母都是高度近视，那么无论他们是否为基因性高度近视，则其子女也是高度近视的可能性将超过90%。若父亲高度近视，母亲虽不近视，但是近视基因的携带者，那么其子女也近视的可能性为50%。若父亲高度近视，母亲视力正常且不是近视基因携带者，那么其子女近视的可能性只有10%。在中国，大约20%的人是近视基因携带者。

除了外貌，许多其他方面也会遗传，比如血型。若父母的血型都是 O 型，则子女的血型是 O 型，不会出现 A 型、B 型和 AB 型；若父母二人的血型分别是 A 型与 O 型，则子女的血型可能是 A 型或 O 型，而不会是 B 型或 AB 型；若父母二人的血型都是 A 型，则子女的血型可能是 A 型或 O 型，而不会是 B 型和 AB 型；若父母二人的血型分别是 A 型与 B 型，则子女的血型可能是 A 型、B 型、AB 型或 O 型；若父母二人的血型分别是 A 型与 AB 型，则子女的血型可能是 A 型、B 型、AB 型，而不可能是 O 型；若父母二人的血型分别是 B 型与 O 型，则子女的血型可能是 B 型或 O 型，而不可能是 A 型和 AB 型；若父母二人的血型都是 B 型，则子女的血型可能是 B 型或 O 型，而不可能是 A 型和 AB 型；若父母二人的血型分别是 B 型与 AB 型，则子女的血型可能是 A 型、B 型或 AB 型，但不可能是 O 型；若父母二人的血型分别是 AB 型与 O 型，则子女的血型可能是 A 型或 B 型，而不可能是 O 型和 AB 型；若父母二人的血型都是 AB 型，则子女的血型可能是 A 型、B 型或 AB 型，而不可能是 O 型。

双胞胎现象一般也以家族遗传为主。不管男方或女方，只要其直系亲属中有自然双胞胎，那么再生双胞胎的概率就比较大。若女性具有双胞胎基因，那么生双胞胎的概率就会更大。当然，也有女性排卵问题使得两颗卵子同时在体内受精的情况。此外，服用叶酸补充剂也可能增加排卵次数，使多个卵子进入子宫，因而也会产生双胞胎。当然，这些不属于自然双胞胎，就与遗传无关了。

可能被遗传的人类体征还有头发的直与卷、大拇指是否弯曲、舌头能否卷曲、耳屎是否为油性、脸上有无酒窝以及智商高低等。

此外，在遗传信息中还包含许多能导致多种疾病的基因信息。这样的疾病称为遗传病，它们既可能是先天性的，也可能在后天发病。比如，先天愚型症（又称唐氏综合征）、多指（趾）症、先天性聋哑、血友病等都是因为遗传因素而发病。而假肥大型肌营养不良症要到儿童期才发病，慢性进行性舞蹈病一般要到中年以后才出现症状。有些遗传病需要遗传因素与环境因素共同作用才会发作。比如，哮喘病的遗传因素占 80%，环境因素占 20%；胃及十二指肠溃疡的遗传因素占 30% ~ 40%，环境因素占 60% ~ 70%。遗传病常在一个家族的多人中发作，也可能只有一人发作，如苯丙酮尿症等。

遗传病可以分为以下四大类。

第一类是染色体病或染色体综合征，此时遗传物质的改变在染色体层面上是可见的，表现为染色体数目或结构上的改变等。染色体数目异常的疾病有：先天愚型症，它是由于 21 号染色体数目多了一条而形成的；性腺发育不良症，是由女性 X 染色体少了一条所导致的；克氏综合征，其成因可能是一个含 XX 染色体的雌配子结合了一个含 Y 染色体的雄配子，也可能是一个正常的雌配子结合了另一个含 XY 染色体的雄配子。染色体结构异常的疾病有"猫叫综合征"，它是由 5 号染色体的部分缺失所造成的。

第二类是单基因病，它是由某一对等位基因的突变而导致的。目前已经发现的单基因病有 6500 余种。此类遗传病又可再细分为以下几种。

常染色体显性遗传病：如并指（趾）、多指（趾）、成骨不全、地中海贫血、软骨发育不全、球形红细胞增多、家庭性结肠息肉症等。此类遗传病的遗传特点为连续遗传、无性别差异、家族性聚集等。另外，患者多为杂合子，若夫妻一方患病，则其子女的发病率为 1/2；若夫妻双方都是杂合子，则其子女的发病率为 3/4；若夫妻双方都是纯合子，则其子女全都发病；若双亲无此病，则其子女一般不发病。（纯合子是指同一位点上的两个等位基因是相同的，如 AA、aa；而杂合子则是指同一位点上的两个等位基因是不相同的，如 Aa。）

常染色体隐性遗传病：如白化病、苯丙酮尿症、先天性聋哑、镰刀形细胞贫血病、婴儿黑蒙性白痴、半乳糖血症、糖原代谢病 I 型、粘多糖病 I 型、肝豆状核变性等。此类遗传病的遗传特点为隔代表现、无性别差异、患者双亲虽无此病但都是致病基因携带者。另外，在近亲婚配者的子女中，此类病症的发病率更高。若患者是纯合子，则其父母往往表面正常；若夫妻中只有一方患此病，则其子女虽不会发病，但将是致病基因携带者；若夫妻一方患病而另一方是致病基因携带者，则其子女中有 1/2 发病，另外 1/2 将是致病基因携带者。

X 染色体显性遗传病：如抗维生素 D 佝偻病、遗传性肾炎等。此类遗传病比较罕见，其遗传特点为连续遗传、交叉遗传、女性多于男性、患者双亲中必有一方也是患者、男性患者的女儿均为患者。另外，若父亲正常而母亲是患者，则其子女患病的概率为 1/2。

X 染色体隐性遗传病：如血友病、假肥大症、红绿色盲症、尿崩症等。此类遗传病的遗传特点为隔代遗传、交叉遗传、男性多于女性。另外，此病还有如下遗传规律：女性患者的父亲肯定也是患者；若父母无病，则其女儿也无病；若父亲患病而母亲正常，则其子女都不会发病，但女儿是致病基因携带者；若母亲患病而父亲正常，则其儿子均为患者，女儿不会发病；若母亲是杂合子而父亲正常，则其儿子患病的可能性为 1/2，女儿有 1/2 的可能性是致病基因携带者；若母亲是杂合子而父亲患病，则其儿子患病的可能性为 1/2，女儿则有 1/2 的可能性是患者，另有 1/2 的可能性是致病基因携带者。

Y 染色体遗传病：如外耳道多毛症等。此类遗传病的遗传特点为限雄遗传、连续遗传、交叉遗传。

第三类是多基因病，即由多个基因的变异导致的疾病。此类疾病既与遗传因素有关，也与环境因素有关。常见的多基因疾病有哮喘、唇裂、腭裂、癫痫、脊柱裂、无脑儿、精神分裂症、原发性高血压、先天性心血管疾病、青少年型糖尿病等。

第四类是细胞质遗传病，又称为线粒体基因病，如神经肌肉衰弱等。此类遗传病的特点是：若母亲发病，则其子女全部发病。

常见的遗传病主要有以下几种。

高血压：若父母均患高血压，则其子女患高血压的概率高达 45%；若父母一方患高血压，则其子女患高血压的概率大约为 28%；而双亲血压均正常时，其子女患高血压的概率仅为 3%。

糖尿病：有糖尿病阳性家族史的人群患糖尿病的概率明显高于有糖尿病阴性家族史的人群，特别是父母都患糖尿病时，其子女患糖尿病的可能性高于普通人 15 ~ 20 倍。

血脂异常：其病因有多种，遗传因素只是其中之一。由遗传基因缺陷所致的血脂异常多具有家族聚集性，而且有明显的遗传倾向。

乳腺癌：有明显的家族遗传倾向，5% ~ 10% 的乳腺癌都是家族性的。若某人有一位近亲患乳腺癌，则其患病的危险性将增加 1.5 ～ 3 倍；如有两位近亲患乳腺癌，则其患病的概率将增加 7 倍。发病的患者越年轻，其亲属中再患乳腺癌的风险就越大。

胃癌：有明显的家族聚集性。胃癌患者的一级亲属（父母、兄弟姐妹和子女）再患胃癌的风险比一般人高出约 3 倍。比如，拿破仑的祖父、父亲及 3 个妹妹都因胃癌去世，在他的整个家族中，包括他本人在内，共有 7 人患胃癌。

大肠癌：由家族遗传导致的大肠癌占大肠癌发病总人数的 10% ～ 15%。若某人的亲属中有大肠癌患者，则他患此病的风险比普通人高出 3 ～ 4 倍；若其近亲中有两名或更多大肠癌患者，则他就属于大肠癌高危人群。

肺癌：若某人的直系亲属中有肺癌患者，则其患肺癌的概率比普通人高 2 倍。肺癌的遗传性在女性身上表现得尤为明显。

哮喘：此病的遗传因素大于环境因素。若父母都患有哮喘，则其子女患哮喘的概率高达 60%；若父母一方患有哮喘，则其子女患哮喘的可能性为 20%；如果父母都无哮喘，则其子女患哮喘的可能性只有 6% 左右。

抑郁症：抑郁症患者的亲属患抑郁症的概率高达普通人的 10 ～ 30 倍，而且血缘关系越近，患病概率就越高。在抑郁症患者的亲属中，一级亲属患抑郁症的概率为 14%，二级亲属（伯、叔、姑、姨、舅、甥侄、祖父母以及孙子孙女）为 4.8%，三级亲属（堂、表兄弟姐妹）为 3.6%。

老年痴呆：这是一种多基因遗传病。父母或兄弟中有此症者患此症的可能性要比无家族史者高出 4 倍左右。

肥胖症的遗传因素占 25% ～ 40%，母亲的骨质疏松症很容易遗传给女儿。此外，常出现在男性身上的遗传病主要有血友病、蚕豆病、红绿色盲、遗传性耳聋、先天性无丙种球蛋白症、遗传性视神经萎缩等。

本节为啥要介绍遗传通信系统中所传输信息的生理学含义呢？这主要是想让读者体会一下遗传通信系统的传输内容相当丰富，而本节所述内容只是九牛一毛，甚至人们至今都还没有搞清楚所有遗传信息的全部生理学含义。不过，在下一节中我们将发现，若从符号编码角度来看，遗传通信系统其实只是以极高的精准度传递了一些"四字母串"而已，就如现代数据通信系统只是在传输比特串一样。当然，自然的遗传通信系统与人工的数据通信系统的最大差别在于，后者有一套人为的、含义非常明确的"码书"，即所传输的每个比特串的信息含义都非常清楚，它们被明明白白地写在"码书"上；而在遗传通信系统中，所传输的每个"四字母串"的生物学含义对人类的认知来说如天书一般，我们只知道本节所介绍的这些皮毛而已。但对相关生物的基因解释系统来说，这些遗传信息的含义一清二楚，毫无半点含糊，以致生物能按照遗传信息中的指令，在过去的 38 亿年中以极高的精准度忠实地执行相应的传输操作，哪怕已进行了数亿次"中继传输"（从亲代到子代的遗传都可看成一次"中继传输"），哪怕还经历了地球环境的若干次沧海桑田式的剧烈变化，但其误差的总积累仍然很小。当然，本节所讲的各种遗传现象其实是人类目前对生理学"码书"的极为粗糙的"破译"。

1.2　遗传信息的编码

为了更容易理解遗传通信系统中对遗传信息的编码，首先回忆一下直观的无线电报通信系统，它由软件和硬件两部分组成。其中，硬件部分就是无线电收发报机，它可看成电报通信系统的"魄"，但这不是本节的重点；软件部分就是信息编码，准确地说是莫尔斯电码，它是电报通信系统的"魂"，是最重要的部分。电报通信系统的信息编码就是表 1.1 中所示的"码书"，分别用一些长度各不相同的代码串来表示 26 个英文字母和常见的数字符号等，而且代码中的符号只有点、划、短停顿（用于标示点和划之间的停顿）、中停顿（用于标示每个词之间的停顿）以及长停顿（用于标示句子之间的停顿）等 5 种，它们的声音分别对应于"滴""嗒"、短时静默、中等静默以及长时静默。

比如，字母 A 用一个长度为 3 的代码串表示为"点、短停顿、划"，字母 B 用一个长度为 7 的代码串表示为"划、短停顿、点、短停顿、点、短停顿、点"，问号"？"用一个长度为 11 的代码串表示为"点、短停顿、点、短停顿、划、短停顿、划、短停顿、点、短停顿、点"。

表 1.1 莫尔斯电码的"码书"

字符	电码符号	字符	电码符号	字符	电码符号
A	· —	N	— ·	1	· — — — —
B	— · · ·	O	— — —	2	· · — — —
C	— · — ·	P	· — — ·	3	· · · — —
D	— · ·	Q	— — · —	4	· · · · —
E	·	R	· — ·	5	· · · · ·
F	· · — ·	S	· · ·	6	— · · · ·
G	— — ·	T	—	7	— — · · ·
H	· · · ·	U	· · —	8	— — — · ·
I	· ·	V	· · · —	9	— — — — ·
J	· — — —	W	· — —	0	— — — — —
K	— · —	X	— · · —	?	· · — — · ·
L	· — · ·	Y	— · — —	/	— · · — ·
M	— —	Z	— — · ·	( )	— · — — · —
				—	— · · · · —
				·	· — · — · —

  于是，当收发双方都基于同一本"码书"时，电报通信的原理就非常清晰了。如果发信方想发送某个字母，就只需通过无线电波的通断操作，让对方听到该字母在"码书"中所对应的代码串的声音就行了。而收信方在听到这串声音后，再根据"码书"查找所听到的那串声音对应的字母，就可以知道发信方发送的是哪个字母了。如果每个字母和字符都能发送给对方的话，那么任何文章也就能发送给对方了。

  现在回头来看看遗传通信系统的情况，此时亲代和子代所使用的"码书"是相同的。实际上，同一个物种在遗传通信系统中所使用的"码书"都是相同的，否则子代的生长将漫无目的，并最终以死亡的方式被淘汰。虽然该"码书"对相应生物的基因密码解释系统（更准确地说是该生物的细胞）来说已经异常熟悉，但是人类至今还不完全清楚这些"码书"的具体生理学含义，只知道一些零星的解释。比如，若某人的 21 号染色体多了一条，那么他就会患先天愚型症；若某人的 5 号染色体部分缺失，那么他就会患猫叫综合征。不过，对许多物种来说，人类已经从形式上基本搞懂了它们的遗传信息编码——实际上就是由若干个"四字母串"组成的代码串，用生物学语言来说就是所谓的基因组。本节将从通信角度介绍基因组的一些情况，以便通信领域的读者结合莫尔斯电码来深入理解。

　　类似于"英文信息的最基本的单元是字母"，遗传信息的最基本的单元就是大家耳熟能详的基因。因此，若将基因的编码形式搞清了，那么也就清楚了遗传通信系统中遗传信息的编码形式。在生物世界中，小到细菌，大到人类，它们的基因都是由一堆数量和长度各不相同的、名叫 DNA 的细线组成的，而且这些细线上都"刻满"了由 4 个字母 A、T、G、C 组成的字母串。实际上，这里的 A、T、G、C 分别代表 4 种化学物质。不过，由于它们的名字太生僻，所以这里就忽略其生物学内涵，或将它们简称为 4 种碱基就行了。因此，更进一步地说，若能将某种生物的所有 DNA 细线上所"刻"的字母串都搞清楚，那么该生物的所有基因的编码形式就清楚了，该生物的遗传信息编码也就清楚了。这便是生物学界所谓的基因组计划，或叫基因定序。

　　目前，人类已在基因定序方面取得了不少重大突破，甚至已基本搞清了若干种生物的遗传信息编码，即完成了它们的全部基因定序工作。比如，有一种名叫 φx174 的噬菌体细菌，它的全部基因只有 5383 个密码子。这里的密码子又称为基因密码，是指一些长度为 3 的"四字母串"，其具体含义将在下一节中介绍，此处暂且将它理解为一个长度为 3 的代码串就行了。比如，AGC 就是一个密码子。另外，天花病毒的全部基因共含有 18.6 万个密码子，线粒体的全部基因共含有 18.7 万个密码子，叶绿体的全部基因共含有 12 万个密码子。早在 1995 年，人们就完成了某种含有 180 万个密码子的细菌的全部基因定序工作，从中读出了 1734 个特殊区域。换句话说，这些区域可通过不同时空、不同数量的交互作用，产生独立自主的生命个体，即人工呈现新的生命现象。在这 1734 个区域中，可以分辨出其生理功能的区域大约有 1000 个。

当然，还有更多物种的遗传信息编码仍然未知。即使完成了基因组定序工作，也只意味着搞清了遗传信息的编码形式，而没搞懂其"码书"的内容，更没搞清其"码书"随着时间和空间变化的情况。所以，万里长征才刚起步。为了突出重点，下面以人类基因组为主线，介绍遗传通信系统中遗传信息的编码情况。

首先，看看人类遗传信息编码的宏观结构。若承载人类基因组的DNA被展开成一条细线的话，该细线的长度就将达到惊人的1米左右，该细线的长度是DNA分子宽度的1亿倍。形象地说，用100亿条这样的细线拧成的"粗绳"甚至也能被装进一根长头发中。更不可思议的是，这么长的一条基因组细线竟在被折叠成一个微小的"毛线团"后，生生地被有条不紊地塞进了直径不足10微米的细胞核内；而且该细线上被"刻"了大约30亿个密码子，它们组成了大约4万个基因，每个基因大约包含30万个密码字符，每个字符都取自A、T、G、C四者之一。换句话说，从形式上看，在人类遗传通信系统中，被传输的信息的长度大约为100亿个"四字母串"。

其次，再看看人类遗传信息编码的中观结构。实际上，人类遗传信息的这100亿个"四字母串"并非简单地串接在一起，它们也具有丰富的内部结构。这100亿个代码串组成的那条1米长的细线可以被分割成46条长度各不相同的线段，其中各有23条线段分别遗传自父亲和母亲（至于到底是如何进行遗传的，我们将在下一章"生长通信"中统一介绍，此处就不分散读者的注意力了）。更进一步，来自父亲的每一条线段都对应于一条与之等长的、来自母亲的线段，生物学家称之为染色体。来自父母的全部46条（23对）染色体的形状和编号见图1.1。

其中，前22对染色体

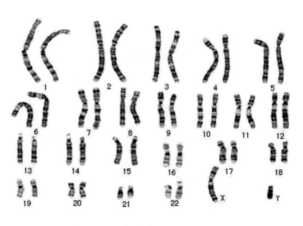

图 1.1　人类染色体的形状和编号

称为常染色体，在男女体内都有。第 23 对染色体却比较特殊，被称为性染色体。男性体内的第 23 对染色体是 XY，女性体内的第 23 对染色体是 XX。这些成对的染色体都被沿相同的螺旋方向搓成了 23 根"双股麻绳"，而且非常同步。在以螺旋方式相互缠绕的这 23 根"双股麻绳"中，若一股绳上"刻"着 A，则另一股绳上的相同位置一定"刻"着 T，反之亦然。一股绳上的 G 一定与另一股绳上的 C 相对应，反之亦然。更形象地说，这 23 根"双股麻绳"上依次"刻"着（A:T）或（G:C）符号对，它们被生物学家称为碱基对。可见，"双股麻绳"中的任何一股都可以唯一确定另一股。在人类基因组中，（A:T）碱基对的含量高于（G:C）碱基对的含量，后者只占约 38%。不过，在 2 号染色体中，（G:C）碱基对的含量较高。每条染色体上有上千个基因。表 1.2 显示了 23 对染色体中每对所含的基因个数、碱基对个数以及碱基的占比等情况。

表 1.2 人类各染色体中基因和碱基对的粗略分配情况

染色体	基因个数	所含碱基对个数	碱基占比	染色体	基因个数	所含碱基对个数	碱基占比
X	1000	154913754	5.0%	11	1626	134452384	4.4%
Y	200	57741652	1.9%	12	1374	132289534	4.3%
1	2769	247199719	8.0%	13	477	114127980	3.7%
2	1776	242751149	7.9%	14	800	106360585	3.5%
3	1445	199446827	6.5%	15	900	100338915	3.3%
4	1000	191263063	6.2%	16	1139	88822254	2.9%
5	1261	180837866	5.9%	17	1471	78654742	2.6%
6	1400	170896993	5.5%	18	408	76117153	2.5%
7	1400	158821424	5.2%	19	1715	63806651	2.1%
8	950	146274826	4.7%	20	762	62435965	2.0%
9	1086	140442298	4.6%	21	357	46944323	1.5%
10	1042	135374737	4.4%	22	500	49528953	1.6%

从该表中可知，1 号染色体所含的基因数量最多，近 2800 个，是其他常染色

体平均水平的两倍多；19 号染色体所含基因的密度最大，在约 6381 万个碱基对中就包含了 1700 多个基因；Y 染色体、18 号染色体和 21 号染色体所含的基因最少；X 染色体上大约有 1000 个基因。此外，基因组上大约有 1/4 的区域不存在基因片段，目前仍有约 9% 的碱基对序列还未被确定。当然，表 1.2 中所列出的只是到目前为止的估计值，今后随着研究的进一步深入，可能还会从这些染色体中解析出更多的基因。幸好本书不是生物学科普图书，所以不必追求精准的生物学数据，读者只需明白在遗传通信系统中，遗传信息编码的形式和"码书"的编撰确实都非常困难，远远难于电报通信的莫尔斯电码就行了。

最后，再看看人类遗传信息编码的微观结构。通过持续数十年的、庞大的人类基因组计划，人们终于知道了人类基因组的部分细节。比如，人类基因的数量（不足 4 万个）远远小于曾经的预期，甚至只是线虫和果蝇这样的低等动物的基因数量的 2 倍；"人有而老鼠没有"的基因只有区区 300 个。如此少的基因竟能产生人体所具有的复杂功能，这说明基因组的大小和基因的数量在生命演化过程中可能并不具有特别重大的意义，也说明人类基因更有效。已被定位和基本确定了功能的基因大约有 2.6 万个，其中有 30 多种致病基因被初步确定。人与人之间大约 99.99% 的基因是相同的，同种族之间的基因差异小于不同种族之间的基因差异，但在整个基因组序列中，人与人之间的基因差异仅为万分之一，因此人类的所谓"种属"其实并无本质区别。血缘关系越近，彼此的基因差异就越小，这也是利用基因来鉴别亲子关系的理论根据。男性的基因突变率是女性的 2 倍，而且大部分人类遗传疾病源自 Y 染色体，所以，男性在人类的遗传和演化中可能起着更重要的作用。在人类基因组中，有 200 多个基因来自"插入人类祖先基因组中的"细菌基因。这种插入基因在无脊椎动物身上都很罕见。这表明这些细菌基因在人类演化的晚期，在人类免疫系统建立之前，被寄生于人体的细菌强行插入人类基因中，从而实现了细菌基因组与人类基因组的基因交换。用当前时髦的话来说，早在远古时代，人类其实就曾被细菌实施过"转基因手术"了。

除了人类的染色体外，目前人们对许多其他物种的染色体也有了一些初步了解。比如，大部分动植物和真菌是二倍体，即它们的每条染色体都有两个同源拷贝，因此染色体的数目都是 2 的倍数。当然，也有超过两个拷贝的情况发生，例如小麦就是六倍体，它有 7 种不同的染色体，各有 6 个拷贝，总计 42 条染色体。表 1.3 给出了常见生物的染色体数目。

表 1.3　常见生物的染色体数目

生物名称	猕猴	黄牛	猪	狗	猫	马	驴	蚊	大家鼠
染色体条数	42	60	38	78	38	64	62	6	42
生物名称	水貂	豚鼠	兔	家鸽	鸡	火鸡	鸭	家蚕	小家鼠
染色体条数	30	64	44	80	78	80	80	56	40
生物名称	果蝇	山羊	水螅	洋葱	大麦	水稻	小麦	玉米	金鱼草
染色体条数	8	60	32	16	14	24	42	20	16
生物名称	豌豆	蚕豆	菜豆	烟草	番茄	松树	中棉	曲霉	向日葵
染色体条数	14	12	22	48	24	24	26	8	34
生物名称	月见草	链孢霉	青霉菌	衣藻	青菜	绵羊	甘蓝	家蝇	陆地棉
染色体条数	14	7	4	16	20	54	18	12	52
生物名称	香豌豆	蜜蜂	佛蝗						
染色体条数	14	32+16	24+23						

虽然人类的遗传信息编码形式还未完全搞清楚，基因组定序工作还远未完成，但是基因技术已开始有其用武之地了。

基因测序是指从血液或唾液中分析、测定某人的基因序列，以预测个体罹患多种疾病的可能性和行为特征等，甚至可以锁定个人病变基因，提前预防和治疗相关基因疾病。某些基因疾病的无创产前筛查技术已比较成熟了。具体来说，只需采集孕妇的外周血，通过对血液中游离的 DNA（包括胎儿的游离 DNA）进行测序和分析，便可知道胎儿是否患有染色体数目异常的某些疾病，比如 21– 三体综合征（即唐氏综合征，此时 21 号染色体变异为三拷贝）、18– 三体综合征（又称爱德华氏综合征，此时 18 号染色体变异为三拷贝）、13– 三体综合征（此时 13 号染色体变异为三拷贝）以及 5p– 猫叫综合征（此时 5 号染色体短臂部分缺失）等。据说，苹果公司创始人乔布斯就曾采用基因测序方法，希望以此抵御癌症的侵袭。

著名影星安吉丽娜·朱莉也做过基因测序，并为此预防性地切除了自己的乳腺。此外，本·拉登也曾做过基因测序。原来美军在击毙了本·拉登后，首先提取了他的 DNA，然后与他家人的 DNA 样本进行比对，从而最终确定了他的身份。

DNA 亲子鉴定是指利用基因技术来鉴定两人之间的亲子关系。在人类的 23 对染色体中，同一对染色体的同一位置上的一对基因（称为等位基因）应该是一个来自父亲，另一个来自母亲，而且两个随机个体具有相同 DNA 图形的概率仅为 3×10^{-11}，几乎为零。若同时用两种探针进行比较，则两人具有完全相同的 DNA 图形的概率小于 5×10^{-19}。由于全球只有约 70 亿人口，所以，除非是同卵双胞胎，否则几乎不可能有两个人的 DNA 图形完全相同。若检测到某个 DNA 位点的等位基因中的一个与母亲相同，那么另一个就该与父亲相同，否则就存在疑问了。血液、毛发、唾液、精液、肌肉、口腔细胞等都可用于提取亲子鉴定所需要的 DNA 图形。利用 DNA 进行亲子鉴定，只需针对十几至几十个 DNA 位点进行检测就行了。若全都没有疑问，则可确定亲子关系；若有 3 个以上的位点不同，则可排除亲子关系；若只有一两个位点不同，则应考虑基因突变的可能，这时为保险计，可增加一些位点的检测。通过 DNA 亲子鉴定，"否定亲子关系"的准确率几近 100%，"肯定亲子关系"的准确率也高达 99.99%。DNA 亲子鉴定技术也可用于许多法医鉴定场景。

基因工程又称基因拼接技术或 DNA 重组技术。基因工程是指利用不同来源的基因，按照预先设计的蓝图，在体外构建出新基因，然后将其导入活细胞，使这个基因在受体生物细胞内进行诸如复制、转录、翻译表达等操作，以改变生物原有的遗传特性或获得新品种等。具体来说，用人为方法将所需要的某一供体生物的 DNA 提取出来，在离体条件下用适当的工具酶进行切割后，将其与作为载体生物的 DNA 分子连接起来，然后与载体一起导入某一更易生长和繁殖的受体细胞中，让外源物质在其中安家落户。基因工程技术为研究基因的结构和功能提供了有力手段，克服了远缘杂交的障碍，扩大了定向改造生物的可能性，甚至可使动物与植物之间以及人类与其他生物之间的遗传信息进行重组和转移。比如，可将人类的基因转移入大肠杆菌中，将细菌的基因转入植物中。

　　基因工程在 20 世纪取得了许多重大进展，主要体现在以下两个方面：一是克隆，二是转基因物种。其中，启用克隆技术的著名例子当数 1997 年克隆羊"多莉"的诞生。此羊是通过无性繁殖产生的第一只哺乳动物，它完全秉承了"给予它遗传细胞核的那只母羊的"遗传基因。另外，在转基因物种中，由于已植入了新基因，物种具有了某些全新的性状。如今，转基因技术得到广泛应用，出现了许多转基因产品：生长快、耐不良环境、肉质好的转基因鱼，乳汁中含有人类生长激素的转基因牛，不会引起过敏的转基因大豆，转基因抗虫棉，转基因"超级细菌"（能吞噬和分解多种污染环境的物质，甚至能吞噬并转化汞、镉等重金属，分解有害物质），转入黄瓜的抗青枯病基因的转基因甜椒和马铃薯，转入鱼的抗寒基因的转基因番茄，导入储藏蛋白基因的超级老鼠，导入人类基因的具有特殊用途的猪和老鼠，等等。此外，医学上还将出现多种基因疗法，即把正常基因导入患者体内，使该基因发挥功能，从而达到治病目的。该方法的关键技术包括基因置换、基因修复、基因增补和基因失活等。

1.3　遗传信息的解码

　　电报通信系统的解码很简单，收信方只需根据收听到的声音，对照莫尔斯电码这本只有区区几行字的固定"码书"，便可查找出相应的字母。但是，在遗传通信系统中，解码过程就相当复杂了。一方面，"码书"实在太大。这倒不是因为基因数量很多（比如人类基因约有 4 万个），而是因为每一组基因与生物的性态之间并不存在一一对应关系（既有一个基因对应于多种性态的情况，也有多个基因对应于一种性态的情况，还有外部环境与基因共同影响生物性态的情况，甚至不知道哪些性态与遗传有关）。另一方面，与电报"码书"的固定性不同，遗传通信系统的"码书"还会因时间而变，因空间而变，因不同的收信方（即解码细胞）而变。总之，若想通过性态的倒逼来恢复出"码书"，则几乎是不可能的。不过，倒逼法在破解基因的局部奥秘方面还是非常有用的。

　　本节将从通信角度介绍遗传通信中有关遗传信息解码方面的初步进展。

非常出人意料的是，与电报通信系统中对原编码进行解码不同的是，在遗传通信系统中被解码的东西并不是"原编码"，细胞并不对 DNA 或基因组进行直接解码，而只是先通过某种转录机制（随后将介绍）把"原编码"变换为另一种"新编码"（其生物学专业名词叫 mRNA），然后对这个"新编码"进行解码，以此达到对"原编码"进行间接解码的目的。猛然一看，好像多此一举，但从通信的可靠性角度来看，这是非常绝妙的一招，38 亿年后人类才重新独立发明了这一招。比如，谁都用过米尺，但是普通人所使用的米尺其实都不准确。设想一下制造米尺的以下两种思路。其一，先做出一把标准米尺，接着以它为模板生产新的米尺（称为二代米尺），然后以二代米尺为模板生产出新的米尺（称为三代米尺），如此反复。那么无论生产工艺多么精准，只要经过若干代的复制，第 N 代米尺就一定会因"失之毫厘"而"差之千里"。其二，先制造标准米尺，然后在重要场合需要制造米尺时都以标准米尺为模板，于是这些米尺就会相当精确，至少其误差是可控的。许多人也许并不清楚，如今人类社会所采用的正是第二种思路。国际上曾以米原器作为标准，它自从 1799 年被人们采用稳定性最好的铂打造出来后，就一直被牢牢地锁藏在法国国家档案局里，并且在恒温恒湿环境中受到无微不至的呵护。所以，米原器又称为档案米。1960 年，第 11 届国际计量大会决定放弃以米原器为标准来定义米，改用氪 –86 的光谱作为计量依据。1983 年，国际上又以"光在真空中在 1/299792458 秒内行进的距离"来定义 1 米。其实，这两种做法的目的都是为了找到一个更精确、稳定的标准。

在遗传通信系统中，DNA 或基因组相当于那个米原器，它绝不走出细胞核半步，更不接受直接的解码，而是先制造出一个替身，再让替身来接受解码，从而完成相关的遗传任务。那么，这个替身到底是谁，它是如何被制造出来的，又是如何被解码的呢？下面就来简要介绍一下。当然，我们尽量采用 IT 语言而非生物学语言进行介绍，否则，单单那一大堆化学名词就会把读者吓跑，而本书只关注遗传过程的通信原理。

从上一节中我们已经知道，生物的遗传信息包含在一种名叫 DNA 的"字母序列"中，用 IT 专业的语言来说，就是包含在若干个称为染色体的"四字母串"（A、

T、G、C）当中。比如，人类的遗传信息包含在 23 对长度各不相同的"双股麻绳"中。为了对 DNA 字符串进行解码，细胞首先要以 DNA 为模板，"描绘"出一个名叫 mRNA 的替身。mRNA 也是一组"四字母串"，只不过此时的 4 个字母变为 A、U、G、C，它们仍然代表 4 种化学物质。

　　mRNA 的"描绘"过程可简化为：在 DNA 的相互缠绕的"双股麻绳"中，解耦出其中一股"刻"着由 A、T、G、C 所组成的"四字符串"的细线，而对另一股细线置之不理，然后凡是看见该细线上的一个 C 就"描绘"出一个 G，凡是看见一个 G 就"描绘"出一个 C，凡是看见一个 T 就"描绘"出一个 A，然而凡是看见一个 A 就"描绘"出一个 U（注意，此处不是 T）。如此一来，最终"描绘"出了若干个由 A、U、G、C 所组成的"四字母串"，它们就被称为消息 RNA，或记为 mRNA。比如，假使 DNA 模板上的一段单股字母串为 GCAT，那么由它"描绘"出来的替身 mRNA 上的那个字母串便是 CGUA。

　　根据该"描绘"过程，从数学角度看，某种生物的 DNA（或基因组）与其 mRNA 是等价的，即它们彼此能够相互唯一确定，只不过 mRNA 不再是双股，而只是单股了，其数量等于染色体的对数，即 DNA 中细绳总数的一半。但是，若从生物学角度来看，mRNA 只是过渡性产物，它在被细胞解码后很快就会消失。实际上，菌类、藻类、病毒等原核生物的 mRNA 的半衰期很短，一般为几分钟，最长的也只有数小时，RNA 噬菌体除外。动物、植物等真核生物的 mRNA 的半衰期较长，如胚胎中的 mRNA 的半衰期可达数日。在细菌的细胞中，单个 mRNA 可存活 1 小时以上，但平均寿命只有 1 ~ 3 分钟。哺乳动物细胞的 mRNA 的寿命从几分钟到几天不等。一般说来，mRNA 的稳定性越高（寿命越长），那么从该 mRNA 中产生的蛋白质就越多。mRNA 的有限寿命使得细胞能快速改变蛋白质合成，以响应其不断变化的需求。当前的 mRNA 在超过寿命期限后被降解，等到下次再需要解码时，细胞将会再以 DNA 为模板，"描绘"出新的 mRNA，然后进行相应的解码。

　　接下来就该对 mRNA 进行解码了。不过，在介绍该解码过程之前，我们还得再回顾一下电报通信系统的解码过程。其实，电报的解码可分为多个层次：最底层的解码便是前面反复叙述过的，即基于莫尔斯电码的解码。此时，收信方只需根据自己听到的声音，再结合"码书"的对照表，便可知道对方发送的到底是哪个字母。从通信技术角度来说，解码任务至此就已完成了。但是，若从语言角度看，真正的解码过程还没完成，甚至才刚刚开始，因为其背后还隐藏着另一部更大的"码书"，那就是字典。比如，若收信方不懂英文，那么即使他准确无误地收到了对方发送的一页英文字母，他仍然会是"两眼一抹黑"，不知对方到底在说啥。因此，还需要第二层次的解码，即读懂英文。当然，就算读懂了英文，还可能出现更高层次的解码任务。比如，从信息角度来看，收信方即使读出了对方发来的文字是"天王盖地虎"，但是这句话到底是日常语句还是土匪黑话呢？这便是所谓的信息加密问题，此时也许需要另一本"码书"（即密码本）才能最终完成解密。

回过头来再看 mRNA 的解码过程。此时也有多个层次，也需要若干本不同的"码书"，而且解码的层次越高，所需的"码书"就越复杂。也许最高层次和最令人满意的"码书"应该是通过阅读人类 mRNA 的 23 条染色体上的由 A、U、G、C 组成的"四字母串"就知道此人长什么样子，会不会生什么疾病，甚至其后代将会怎样，等等。但是，如此令人满意的解码情况至少在今天看来只能是梦想，虽然人们确实知道几类特殊疾病的遗传基因。不过，到目前为止，对 mRNA 的最低层次的解码工作已基本完成，这便是所谓的密码子解码，其逻辑思路如下。

首先，借由 mRNA 字符串所代表的指令（它们实际上是由基因串组成的命令），细胞质内将产生不同形状的蛋白质。每一种形状都会赋予该种蛋白质实施相关的动作，而正是这些动作才使细胞有了生命，进而使得该细胞所在的机体有了生命，当然也就产生了相关生物的生理性态。至于这种相关的性态到底是什么，目前还不知道其全部细节。这属于更高层次的解码，此处无法叙述。

其次，细胞质内蛋白质的各种形状可由 20 种名字相当古怪的氨基酸决定。为了避免造成不必要的阅读困难，我们在正文中将略去这些氨基酸的名称，但不得不在表 1.4 中将其罗列出来，否则各位 IT 领域的读者就更不知所云了。当然，这些氨基酸的名字也可用 20 个英文字母来代替。这些氨基酸可按任何顺序串接在一起，因此也可看成以 20 个英文字母为元素、长度可变的字母串。

最后也是最重要的是，上述 20 种氨基酸可由 mRNA 的字母串中的全部 64 个"由 3 个连续串接字母组成的"、称为密码子的东西按表 1.4 来确定。

因此，在蛋白质形状的层次上，整个解码的逻辑路线就完整了。mRNA 的字母串能像切馒头一样，按每 3 个字母为一组的顺序，连续切出密码子。这些密码子能按照表 1.4 确定一系列氨基酸，而这些顺序排列的氨基酸又能决定蛋白质的形状。最后，蛋白质的形状又能决定细胞的生命行为，细胞的生命行为又能决定生物的生理性态，当然也包括遗传性态等。

表 1.4 20 种氨基酸的密码子

第一个字母	第二个字母				第三个字母
	U	C	A	G	
U	苯丙氨酸	丝氨酸	酪氨酸	半胱氨酸	U
	苯丙氨酸	丝氨酸	酪氨酸	半胱氨酸	C
	亮氨酸	丝氨酸	终止符	终止符	A
	亮氨酸	丝氨酸	终止符	色氨酸	G
C	亮氨酸	脯氨酸	组氨酸	精氨酸	U
	亮氨酸	脯氨酸	组氨酸	精氨酸	C
	亮氨酸	脯氨酸	谷氨酰胺	精氨酸	A
	亮氨酸	脯氨酸	谷氨酰胺	精氨酸	G
A	异亮氨酸	苏氨酸	天门冬酰胺	丝氨酸	U
	异亮氨酸	苏氨酸	天门冬酰胺	丝氨酸	C
	异亮氨酸	苏氨酸	赖氨酸	精氨酸	A
	甲硫氨酸（起始符）	苏氨酸	赖氨酸	精氨酸	G
G	缬氨酸	丙氨酸	天门冬氨酸	甘氨酸	U
	缬氨酸	丙氨酸	天门冬氨酸	甘氨酸	C
	缬氨酸	丙氨酸	谷氨酸	甘氨酸	A
	缬氨酸（起始符）	丙氨酸	谷氨酸	甘氨酸	G

对 IT 领域的普通读者来说，当然没必要搞懂表 1.4 中各个奇怪名称的含义，

只需知道它们是 20 种氨基酸就行了。不过，关于表 1.4，我们还想做一些有趣的说明。

（1）在表 1.4 中有两处起始符（分别对应于密码子 AUG 和 GUG）和三处终止符（分别对应于 UAA、UAG 和 UGA），它们的作用类似于电报通信系统中的短停顿、中停顿和长停顿。具体来说，在顺序"阅读"mRNA 的"四字母串"时，若"读到"的密码子是起始符 AUG 或 GUG，就表示开始合成指定的蛋白质了。若"读到"的密码子是终止符 UAA、UAG 或 UGA，（它们相当于文章中的句号），便停止当前正在进行的蛋白质合成工作，直至找到下一个起始符时，才又开始合成蛋白质。换句话说，终止符所对应的密码子不能决定形成任何氨基酸，它是蛋白质合成的终点。此外，两个密码子之间无逗号，所以在"阅读"mRNA 时，将从起始符开始，按顺序一个不漏地"读"完所有密码子，直到出现终止符为止。

（2）同一种氨基酸可由几种不同的密码子来确定。比如，UCU、UCC、UCG、UCA 等密码子所确定的氨基酸都是丝氨酸。更进一步来说，密码子具有简并性，即除了甲硫氨酸（对应于密码子 AUG）和色氨酸（对应于密码子 UGG）之外，其他每种氨基酸都至少可由两个密码子确定。这样就可以在一定程度上使氨基酸序列不会因某个碱基被意外替换而出现错误。形象地说，这也是遗传通信系统的另一种差错控制机制。实际上，在遗传通信系统中有许多类似的、分散在各处的、以不同方式出现的差错控制机制。由此可见，生物遗传通信系统确实非常重视传输误差的控制，难怪它能在长达 38 亿年的时间里，在数亿次"中继"传输之后，历经无数次生物灾难，还能将误差问题控制在可接受的范围内。

（3）密码子不重叠，即在 mRNA 的对应于多个染色体的符号串上，"阅读"密码子的过程可同步进行。此外，密码子还具有通用性，即不同的生物密码子基本相同，甚至所有生物都共享同一套密码子。因此，根据进化论，密码子应在生命历史的早期就出现了，而且有证据表明密码子的设定并不是随机的，或者说 mRNA 的字母串中的各字母之间存在一定的关联，虽然目前并不知该关联的细节。

（4）除了最低层次的解码外，密码子还有许多其他应用。比如，密码子能提高基因的异源表达，具有翻译的起始效应，可影响蛋白质的结构与功能，特别是还具有基因定位功能，能预测演化规律等。因此，类似的密码子使用模式预示着物种相近的亲缘关系或生存环境。目前，人们已能通过比较密码子偏性的差异程度来分析物种间的亲缘关系和演化历程等。

至此，我们已用最接近通信系统的语言表述了遗传通信系统中遗传信息的最低层次的解码流程。其实，若用生物学语言来说，由 DNA 的 A、G、C、T 字母串到 mRNA 的 A、U、G、C 字母串的过程就称为转录，而由 mRNA 中的密码子到各种形状的蛋白质的过程就称为转译，它告诉我们蛋白质是如何借由某种遗传信息而组合起来的。转录和转译都只是另一种名叫基因表达的更高层次的解码的中间环节而已，并且每一层次上的解码的原理都大同小异，其最主要的区别在于它们使用了不同的"码书"，当然也包括对这些"码书"的各种调控（比如转录调控、转录后调控、转译调控、转译后调控等）以及对这些"码书"中各"码字"的预处理（比如 RNA 加工、非编码 RNA 的成熟、RNA 输出、折叠、蛋白质运输等）。由于对基因表达等的描述实在需要太多的生物学内容，所以在此忽略。但是，必须强调的是，无论从编码和解码的哪个层次来看，生物的遗传过程都是典型的信息通信过程。深入分析这些遗传细节，也许能启发通信专家们设计出差错率更低、能效更高、更接近人类的新型通信系统，比如像"意念通信"那样的人机接口。

作为本节的结尾，我们再用文字系统来类比一下基因系统，以此更深刻地揭示基因通信的本质。实际上，若将某种生物的全部基因看成一种语言，那么该语言就由 A、G、C、T 四个字母拼写而成，下面将其简称为"基语"。因此，从字母个数来说，"基语"比英文的 26 个字母还简单。当然，实际上它远比人类语言复杂，至少到目前为止是这样的。在今后的某一天，人类在彻底破译了"基语"后也许会惊奇地发现原来"基语"如此美妙，甚至远比英文等人类语言更美妙。

第一，每个基因可看成"基语"中的一个字。语言中每个字的含义可通过查阅字典而获得，而"基语"的字典就是目前还未知的遗传信息解码的高层次的"码书"。在"基语"中，有些字具有非常明确的含义。比如，性别基因 XY 和 XX 就分别意味着男和女。"基语"中的绝大部分"字"都是多义的，其中多数含义目前还未知，人们只是搞清了部分含义。比如，p53基因就是人体抑癌基因，其野生型能使癌细胞凋亡，从而防止癌变。该基因还能帮助细胞修复其缺陷。此外，p53的突变型会提高癌变率。又如，有一种RB基因，它足以让1岁以内的新生儿罹患眼部肿瘤等。更进一步，其实所有生物的基因中都有许多共同部分，而这些形式完全相同的基因在不同生物的体内可能具有不同的含义，也可能具有相同或相近的含义。比如，SV40病毒基因同时存在于人和猿猴的体内，不但"字形"相同，而且"字义"相同，即它能致使人和猿猴罹患癌症。

第二，"基语"中有些字的字义会随着语境的变化而变化，甚至从褒义变为贬义。在汉语中，这样的字随处可见。比如，"狂"字在白领办公室中更偏向贬义，但在竞技场上就更偏向褒义。在"基语"中，这样褒贬皆可的字也有。比如，镰刀形贫血症基因既能使其携带者罹患基因性贫血症，又能帮助其携带者对疟疾产生很强的免疫力。当然，还有多字一义的情况。比如，在汉语里，"娘""妈""母亲"等的含义都一样。同样，在"基语"里，名为IA、IB和i的3个复等位基因都控制着人类的血型等。

第三，"基语"中的"字"也有其相应的形成过程。实际上，在简单原始生物中，基因的数量很少，即其"基语"中的"字"很少。后来，随着生物演化过程的不断进行，"基语"中的"字"也就越来越多。平均来说，每几个世纪就会增加一个"字"。当然，这是从生物世界的角度来看的，并非特指某种生物。实际上，每个具体生物的基因字是相当稳定的。除非发生了基因突变，否则子代的基因字将不会增加。总之，"基语"会不断地从简到繁进行着各种演化，以至如今所有生物体内都拥有一部用"基语"写成的"指令手册"，它指挥着该生物的生长和繁殖等生理行为。同时，若能对这些"指令手册"进行考古研究，就可以推演出相关生物的演化过程，比如它们所属的血系分支情况等。

第四，多个基因的顺序排列将形成"基语"中的"词"。绝大部分"词"全无含义，正如绝大部分汉字随机排列后并无意义一样。因此，在染色体中，基因的排列顺序（甚至是字母A、G、T、C的排列顺序）其实都不是随机的。从效率上看，无意义的排列显然对相关生物来说不是最佳情况。根据"不适者死亡"的竞争法则，它们一定会在漫长的演化过程中被逐渐淘汰。对于相同的基因，若排列顺序不同，其含义就可能也不同。比如，"山猫"两字的顺序颠倒，变成"猫山"后含义就大变了。不同生物"基语"中的某些"词"串接起来后，也可能成为有意义的"新词"。比如，将鸭子和橘子的某些 DNA 片段连接后，也可能创造出另一种生物"基语"中的某个"新词"。这便是所谓的基因剪接和重组，又称基因工程。

第五，各"词"按不同的"语法规则"组成相应的"句子"。当然，在不同生物的体内，"语法规则"完全不同。两种生物的"语法规则"越接近，其血缘关系就会越接近。对于同种生物，"字源"相同的"字"的含义也可能相同或相近。这是因为在每条染色体上，功能相近的基因排在一块时，它们很可能是由同一基因传衍而来的。更进一步，将许多句子排在一起就可能组成一篇文章，将许多文章排在一起就可能形成一本图书，将许多图书放在一起又可能形成丛书，将许多丛书放在一起就可能形成图书馆。人类基因便可看成由 23 本图书组成的丛书，每个人所对应的这套丛书都不是完全相同的，它们相当于同一套丛书的不同版本，即都是大同小异的。这套丛书中约含有 30 亿个字母（当然，如果考虑碱基对的话，就应该是 60 亿个字母，而它们都只是 A、G、C、T 这 4 个字母的不断复用而已），包含约 4 万个不同的字，对应于人类的约 4 万个基因。每本图书对应于 23 条染色体中的某一条。它们的主题显然各不相同，但都与人体的生理性态有关。每本图书中的文章对应于相应染色体中的某些连续排列的基因串（或叫作基因片段）。

总之，虽然人类无法完成遗传通信系统中的解码工作，但相关生物（其实是相关生物的细胞）能非常精准而迅速地完成解码工作，而且是最高层次的解码工作。换句话说，遗传通信系统其实是非常先进的系统。那么，这种系统在传输差错控制方面怎样呢？下一节将回答这个问题。

1.4　遗传信息的差错

对任何通信系统来说，最重要的前提之一就是其传输的可靠性要高或差错率要低。若差错率太高，那么它压根儿就不能用；若系统太粗糙，当然就更容易出错；若外部环境太恶劣，差错率也就会居高不下；若传输的信息太多，而使用的时间太长，就更难免会偶尔出错。本节将从差错控制机制、主要差错原因和差错积累等方面，介绍遗传通信系统的相关情况。

首先，看看遗传通信系统的差错控制机制。在前面各章节中，我们已在适当的地方顺便介绍了遗传通信系统的若干差错控制机制，比如，用 mRNA 担任 DNA 的替身，由多个密码子确定同一种氨基酸，DNA 具有双螺旋结构（这使得在每对染色体中，如果出现差错的话，可由一股"字符串"精确地恢复出另一股）。这些差错控制机制都是分子级的，都相当精细，而且肯定还有更多类似的差错控制机制未被人们发现。其实，除了这些分子级的手段外，遗传通信系统还有更宏观的差错控制手段，其中最有效的纠错手段也许当数"不适者死亡"这一残酷的生物演化法则了。如果遗传信息在亲代到子代的传输过程中出现了误差，那么子代个体将要么罹患某些疾病，要么很难适应生存环境。总之，其生存和繁殖的难度将大大增加，最终被淘汰的可能性也会增大。一旦相关生物个体死亡，发生在它身上的传输差错就将一次性地被永远消除。另外，比个体死亡更残酷（当然，纠错能力也更强）的差错控制机制便是某种生物的集体灭绝。实际上，无论是自然因素（比如气候突变、小行星撞击地球等）、人为因素或其他任何因素造成物种灭绝，从遗传通信角度看，都相当于一次性地彻底纠正了发生在此种生物群体中的、过去若干年来积累的传输误差。同时，这也使得我们今天在回溯生物演化进程时可看到更清晰的脉络。

当然，与人工通信系统不同的是，遗传通信系统的差错控制还面临着许多两难问题，既要允许出现微量的差错又要把握好度。假若遗传通信系统绝对没有一点儿误差，那么地球上的生物可能就只有一种，因为新物种的出现几乎都是在漫长的演化过程中由遗传信息的传输误差所造成的。另外，即使这唯一的物种再强大（比如它像恐龙那样成功），但是一旦发生了意外的、刚好能使该物种毁灭的灾难，地球上的生物就将同时全部消失。这显然不是生物遗传的目的。人工通信系统有一种非常有效且简单的纠错方法，那就是所谓的"差错重传"。若发现传输过程中出现了差错，那么收发双方就可以忽略本次通信，并将相关的信息内容重新再发一次。显然，遗传通信系统没有这种"差错重传"的纠错机制。总之，无论是人工通信系统还是以遗传通信系统为代表的自然通信系统，在通信过程中出现差错才是绝对的，而不出现差错是相对的，只是需要将相关的差错控制在可接受的范围内。

其次，再看看遗传通信系统为啥会出现传输误差。这主要是因为遗传通信系统面临着太多的挑战。在任何通信系统的信息传输过程中，最容易出错的地方是中继站，中继次数越多，出现差错的可能性就越大。而在遗传通信系统中，必须经历的"中继"次数太多了。实际上，每次遗传过程就相当于一次"中继"。更准确地说，生物细胞的每一次分裂都可以看成一次"中继"。所以，在生物的38亿年演化历程中，遗传通信系统所经历的"中继"次数简直难以计数，不知道有多少亿次。另外，遗传通信系统所处的外部环境太恶劣，变化幅度太大，一会儿是冰川，一会儿是酷暑，一会儿是洪水，一会儿是干旱，一会儿又是从天而降的灭顶之灾。总之，引发传输误差的因素实在太多，下面重点介绍后果最严重的一种，即生物的基因突变。

所谓基因突变就是指某种生物个体的基因组发生了突然的、可遗传的变异。从遗传通信角度来看，这就是说产生了传输误差；从分子角度看，就是碱基对（A:T）、（G:C）的排列顺序或结构发生了改变。基因虽然十分稳定，但在一定条件下也可以从原来的存在形式突变为另一种新形式，即在某些位点上突然出现一个新基因代替了原有基因。这个新基因就叫作突变基因，它将在下一次的"中继"过程中遗传给子代的基因组。

若只有一个基因发生可遗传的突变，那么它就称为点突变。广义的突变还包括染色体畸变。当然，点突变和畸变的界限并不是很明确，所以，本书的读者不必加以区分。基因突变可能发生在生物个体发育的任何时期，更容易发生在 DNA 复制时期，即细胞分裂这个"中继"期。它与 DNA 损伤修复、癌变和衰老等都有关系。基因突变也是生物演化的重要因素之一。基因突变既可以是自发的，也可以是人工诱发的。基因突变的种类很多，若按表型效应来分，则有形态突变、生化突变和致死突变等；若按碱基变化情况来分，则有碱基置换突变和移码突变两大类。其中，碱基置换突变是指 DNA 中的一个碱基对被另一个不同的碱基对所取代，又可细分为转换（即 A 与 G 互换，C 与 T 互换）和颠换（A 与 C 互换，G 与 T 互换）两种形式。由于 DNA 有 4 种碱基，故可出现 4 种转换和 8 种颠换。但在自然发生的突变中，转换多于颠换。碱基对的转换既可由碱基类似物的掺入造成，也可由一些化学诱变剂所致。而移码突变是指 DNA 片段中的某一位点被插入或丢失了一个或几个（非 3 的倍数）碱基对，从而引发了一系列编码顺序错位的突变。它可以引起该位点以后的遗传信息都出现异常。若在 DNA 复制前插入，则会造成一个碱基对的插入；若在复制过程中插入，则会造成一个碱基对的缺失。两种结果都会引起移码突变。在缺失突变中，若缺失的范围包括两个基因，那就好像两个基因同时发生了突变，因此又称为多位点突变。这是一种染色体畸变。而在插入突变中，一个基因的 DNA 被插入了一段外来的 DNA，于是它的结构被破坏，从而导致突变。

从突变造成的影响角度来看，基因突变还可分为以下 4 种。第一种是同义突变，即碱基置换后，虽然每个密码子都变成了另一个密码子，但由于密码子的简并性（多个密码子确定同一种蛋白质），突变前后密码子所编码的氨基酸都不变，故实际上不会发生突变效应。同义突变约占碱基置换突变总数的 25%。换句话说，这 25% 的传输差错就被遗传通信系统自行纠正了。第二种是错义突变，即碱基置换使 mRNA 的某个密码子变成了另一个密码子。错义突变可导致机体的结构和功能发生异常，引发疾病。第三种是无义突变，即某个正常的密码子突变为终止密码子，造成蛋白质合成过程被提前终止，产生无活性的多肽片段。这时蛋白质或酶的功能会受到影响。第四种是终止密码突变，它与无义突变相反，基因中的某个终止密码子突变为某个正常的密码子。

所有基因突变都具有如下特性。

（1）普遍性。基因突变在自然界的各个物种中都普遍存在。

（2）随机性。突变发生的时间、发生突变的基因以及发生突变的生物个体等都是随机的。

（3）稀有性。野生型基因以极低的概率发生突变。比如，在高等生物中，在 $10^5 \sim 10^8$ 个生殖细胞中可能才有一个发生突变。

（4）可逆性。野生型基因经过突变成为突变型基因后，可能再通过突变而成为野生型基因，这一过程称为回复突变。当然，回复突变十分罕见，这说明突变基因也很稳定。

（5）少利多害性。一般的基因突变都会产生不利影响，导致相关生物被淘汰或死亡，只有极少数发生突变的生物的生存能力反而增强。

（6）不定向性。例如，黑毛动物可能突变为白毛动物，反之亦然。

（7）有益性。虽然一般基因突变都是有害的，但也有极少数突变是有益的。

（8）独立性。某一基因位点的一个等位基因发生突变并不影响另一个等位基因是否发生突变。

（9）重演性。同一物种的不同个体之间可以多次发生同样的突变。

此外，基因突变还可分为隐性突变和显性突变。前者不会在本代个体中表现出来；后者的突变效果则会立即显现在本代个体中，并与生物的原性状并存，形成镶嵌现象或嵌合体。

造成基因突变的因素很多，其中主要的外因包括物理因素（比如 X 射线、激光、紫外线、伽马射线等的过量照射）、化学因素（比如亚硝酸、黄曲霉素、碱基类似物等化学物质会使基因在复制时发生错误）、生物因素（比如某些病毒和细菌的侵袭）、温度因素（高寒地带温度的骤变会引起多倍体变异）以及时间因素（在基因不断复制的过程中，可能会发生一些错误，引起突变）等。在 DNA 复制过程中，基因内部的脱氧核苷酸的数量、顺序、种类发生了局部改变，从而改变了遗传信息。这属于基因突变的内因。

从人类的应用角度看，基因突变有时有用，有时有害。比如，在益处方面，基因突变可以帮助人类诱变育种。通过人工诱发，生物产生大量而多样的基因突变。这时，人们可以根据需要，从突变个体中选育出优良品种，比如杂交水稻、三倍体无籽西瓜、八倍体小黑麦、短腿安康羊等。基因突变可用于防治病虫害，即用诱变剂处理雄性害虫，使之发生致死的或条件致死的突变，然后释放它们，让它们和野生雄性昆虫进行竞争而产生致死的或不育的子代。基因突变还可用于诱变物质检测，从而改善环境，避免人类的正常基因被诱变而引发癌症等疾病。

在遗传通信系统长达 38 亿年的不间断"中继"传输过程中，传输的差错率何时最高呢？这个问题可以在考古学中找到答案。其实，在历史上，遗传通信系统的传输差错率至少出现了两次高峰，它们分别对应于寒武纪和奥陶纪的两次生命大爆发，因为每个新物种的产生其实都是遗传通信系统出现传输差错的结果。在第一次高峰之前，地球上的生物（包括植物和动物等）几乎没留下任何实质性的痕迹。在第二次高峰之后，生命又经历了 5 次大灭绝。第一次大灭绝发生在距今 4.4 亿年前的奥陶纪末期，大约 80% 的物种绝灭。第二次大灭绝发生在距今 3.65 亿年前的泥盆纪后期，海洋生物遭受灭顶之灾。第三次大灭绝发生在距今 2.5 亿年前的二叠纪末期，超过 95% 的生物灭绝。第四次大灭绝发生在距今 2 亿年前的三叠纪晚期，爬行动物遭受重创。第五次大灭绝发生在距今 6500 万年前的白垩纪晚期，自侏罗纪以来长期统治地球的恐龙惨遭灭绝。此后，哺乳动物开始突变演化出大约 4000 个物种，而每个物种间的差别之大足以将它们放入生物分类学的 15 个不同的目中，包括人类所在的灵长目。目前，虽不知这些生命大灭绝的原因是什么，但肯定不是遗传通信系统出现了传输差错。所以，下面只分别简要介绍那两次生命大爆发的情况。

考古学家发现，在 5.42 亿年前到 5.3 亿年前的寒武纪地层中，在 1000 多万年的时间内，突然出现了门类众多的无脊椎动物化石，包括三叶虫、金臂虫、软舌螺类、开腔骨类、蠕形动物、海绵动物、内肛动物、环节动物、水母状生物、无绞纲腕足动物、具附肢的非三叶虫类节肢动物等，甚至还有云南虫等低等脊索动物和半索动物等。它们几乎同时出现，而且与现代动物的形态基本相同。在更早期的地层中，却未找到其明显的祖先化石，这便是古生物学家所说的寒武纪生命大爆发，即遗传通信系统传输差错率的第一个高峰期。其中，最具代表性的生物群是云南澄江生物群、加拿大布尔吉斯生物群和凯里生物群，它们构成了世界三大页岩型生物群。

第二次生命大爆炸发生在大约 5.1 亿年前的奥陶纪之初。先是一些海藻类生物开始大量繁殖，为滤食性生物提供了大量食物。海绵则成为珊瑚礁的主要建造者，珊瑚也开始大量繁殖。关于遗传通信系统传输差错率的第二个高峰，生物学家的解释是：大约在 6.5 亿年前，地球上局部区域的温度上升，使得一些构成生命的营养成分流入大海，成为生命形成的基础。待到奥陶纪时，海平面上升，地球温度更适宜生命的诞生和生长，再加上发生在 4.85 亿年至 4.44 亿年前的奥陶纪生物大辐射，于是出现了史上规模最大的一次生命大爆发。在这次持续 4000 多万年的生命大爆发事件中，目、科、属和种等较低级别的生物分类单元大量增加。待到奥陶纪大辐射后，海洋中科一级生物的多样性达到寒武纪大爆发后的 3 倍多。

当然，生命大爆炸的另一种可能性是遗传通信的差错率并未突然上升，只是由于地球生存环境的改善，那些本该死亡或被淘汰的基因突变物种幸运地存活了下来。不过，这并不是本书的关注点。此外，除了寒武纪和奥陶纪这两次遗传通信传输误差率大幅上升之外，38 亿年来遗传通信系统传输误差的整体分布情况到底怎样呢？当然，这里关注的只是物种级的传输误差，即基因突变引发了新物种的诞生。在每次亲子遗传时，被传输的基因都会或多或少地发生一些变化，出现一些传输差错，但这些差错在可接受的"龙生龙，凤生凤"范围内，而不会出现"龙生凤"的怪事。

为了回答上述看似不靠谱的问题，先来查查你的家谱。在不考虑同卵双胞胎的情况下，每个人都与其基因组相互唯一确定，所以，你的各代祖先和子孙们都可看成不同的"基因点"，你的家谱则是一棵以你的第一代祖先为根、其他各代为枝的家谱树。如果从今天全球 70 多亿人各自的家谱树出发，按顺序倒推到足够长的时间后，情况将会怎样呢？最近，科学家通过对地球上 100 万种不同物种的 500 多万个动物及人类的基因条形码进行线粒体 DNA 分析后，惊讶地发现只需倒推到 20 万年前，所有现代人的家谱树就最终归结为一个点！是的，就是一个点。换句话说，当今所有现代人都起源于 20 万年前的那对夫妻，暂且称他俩为亚当和夏娃吧。我们都是他俩当时进行遗传通信时出现传输误差的后果而已，当时的一次基因突变才促使了现代人类祖先的诞生。更进一步说，不仅人类如此，而且如今90% 以上的动物也是如此，只需把时间倒推到约 25 万年前，它们也都是同一对"夫妇"的后代。

当然，无论上述亚当和夏娃的故事是否为真，我们都可用类似于家谱树的"传输差错发生树"（以下简称"差错树"）来刻画整个遗传通信过程中传输差错的演进情况。从 38 亿年前开始，让时间按顺序向现在推进，若在历史上的某个时间点，某种生物的某次亲子遗传中出现了物种级的传输差错，那么就在当时的差错树中，在该物种的顶端画一个新的分叉点。随着时间的不断推移，差错树将越长越大，分叉也会越来越多。当然，如果最早的时候同时出现了两个或多个物种的话，那么差错树将不再是一棵树，而是一片树林。不过，有证据显示，差错树可能真的不是一片树林，而确实只是一棵树。有科学家将蛋白质按功能分为了 3 个版本，并且发现负责制造第一版本蛋白质的基因在所有生物的细胞中都能找到，比如把糖类转化为能量的蛋白质。第二版本蛋白质则只出现在真核细胞中，比如负责把DNA 包裹存储在细胞核里的组织蛋白以及负责传导运动的肌动蛋白等。至于第三版本蛋白质，它只出现且不同时出现在动物和植物体内，比如胶原蛋白和叶绿素。负责制造第一版本蛋白质的基因约有 1000 种，而且个个都非常古老。比如，细菌都拥有制造第一版本蛋白质的每一种基因，而真核生物体内的染色体上则累积了许多血缘相近的基因家族。因此，差错树的那一个仅有的根很可能就是某种细菌。总之，为了叙述方便，我们假设差错树只是一棵树。所以，该树的生长情况就是遗传通信系统中差错传输的演进情况。

关于这棵差错树，我们不打算向未来展望。随着基因工程的发展，今后将人为造出许多新物种，从而使得差错树更加枝繁叶茂，以至完全无法预测将会出现什么新物种。所以，此处只做一些历史回顾。这时，我们将看到若干有趣的现象。比如，当某种生物灭绝后，该生物在差错树中的位置将被永远定格，其顶端不会再生长出任何新的分枝。又如，任何两种目标生物（不论它们是桃子和青蛙、大象和蟑螂还是黑猩猩和人）都曾在过去的某个时点拥有一位最近的共同祖先物种，这两种目标生物都是其祖先物种在某次遗传通信中出现传输差错的后果。

更具体地说，在该差错树上约 7 万年前的分叉中，可以找到标明现代人祖先——智人的那个分叉。再向树根方向迈进一个分叉的话，将会找到标明人属的那个分叉。该分叉上的其他几个小分叉都已在 4 万年至 10 万年前消失了。再迈一步，将找到标明人科的那个分叉，该分叉上的其他几个小分叉也都已消失。再迈一步，将找到标明类人形超科的那个分叉，该分叉上的其他几个小分叉便是长臂猿、人猿（包括巨猿、大猩猩及黑猩猩）等灵长类动物。科学家经检测发现，现代人与黑猩猩的基因组排序非常相近，彼此间的差异不超过 2%；现代人与大猩猩的基因也非常相似。再迈一步，将找到标明灵长目的分叉。再迈一步，将找到标明哺乳纲的分叉，此时距今 2 亿年左右，当时的动物都是胎生的，都有乳房和毛发等。再迈一步，将找到标明脊索动物科的分叉，此时大约距今 6 亿年，当时的动物都拥有带脊椎的背骨和相似的解剖构造。再迈一步，将找到标明多细胞动物界的分叉，此时的动物都拥有一位多细胞祖先。再迈一步，将找到标明真核生物超界的分叉，此时的生物将包括多细胞动物和植物、真菌以及拥有细胞核的单细胞生物等，它们全都源自第一个具有细胞核的细胞。最后，再迈一步，所有生物也许全都来自这棵差错树的根部，即共同的始祖细胞。虽然这个始祖细胞早在数十亿年前就已经死亡，但它体内的基因也许至今还在你的体内活动着呢。实际上，这个始祖细胞具有今天所有细胞都还保留着的若干特质。比如，它拥有一个编码了约 1000 个负责复制及代谢工作的、属于第一版酶素的 DNA 基因组，还拥有一套遗传密码和一组以 RNA 为基础的转译装置等。

关于这棵差错树，科学家还提出了许多玄妙的猜测。有一种假说认为在 20 多亿年前，有一个原始的紫细菌钻进了一个原始的真核细胞中，然后它就在此安居乐业，过上了乐不思蜀的无忧生活。随着时光的流逝，该细菌和它的子孙们最终丧失了"入蜀能力"，只能寄居在真核细胞内，于是就变成了今天几乎所有真核生物细胞内都有的线粒体的共生始祖。再后来，又有一些能将阳光转换为糖分的蓝绿菌也钻进了真核细胞内，使得今天绿色植物的祖先开始拥有了叶绿体的前身。

至此，遗传通信系统在过去 38 亿年的通信过程中出现的物种级差错的分布情况就介绍完了。虽然生物学家至今还在努力填补差错树的众多空白，但是从通信角度来看，遗传通信系统的纠错情况已经弄清楚了。总之，遗传通信系统的传输差错率确实远远低于任何人工通信系统。

1.5　DNA 计算机展望

若只是从时间进程的角度来看，本节的内容就肯定要排到最后面的章节中，毕竟所谓的 DNA 计算机到目前为止还没有实现。而我们之所以要将本节的内容提前介绍，一来是想趁热打铁，让读者在刚刚熟悉了 DNA 和基因等生物学的一点基础知识后赶紧了解 DNA 在 IT 领域的最新应用（还可能是革命性的应用）。这再一次说明，包括通信专家在内的 IT 人士确实应该适时了解一些生物学知识，生物学一定会变成通信界的一块"他山之石"。二来是想再提"意念通信"之梦。如果真像科学家所设想的那样，今后 DNA 计算机能与人类的神经系统进行无缝连接，那么"意念通信"就不会是天方夜谭了。本节内容主要取自我们的另一部拙作《密码简史》中的"未来密码"部分。

在介绍 DNA 计算机到底是什么之前，先说说它将如何影响现代保密通信，或者说它将如何对许多现代密码通信算法造成毁灭性的打击。当然，也顺便介绍一下 DNA 计算机的创意者。这方面的知识太前沿，不可能详述。

伦纳德·阿德曼教授，即著名的 RSA 通信密码中的那个"A"，早在 20 世纪 60 年代读本科时就爱上了生物学，并且别具一格地用数学的眼光将生物学看成由 4 个字符组成的有限串以及通过酶作用在这些字符串上的函数。因此，在本章前面的几节中，我们当然也有理由用通信的眼光将生物的亲子遗传过程看成由 4 个字符组成的有限串的通信过程。20 世纪 90 年代，阿德曼更是全力以赴，试图将计算机科学与生物学结合起来。他发现，DNA 可以取代传统的计算方法，在很大程度上完成并行运算。比如，他通过一个 NP- 完全问题的特例——七顶点有向图的哈密顿路径问题（在一个有向图中，从指定的起点出发，前往指定的终点，途中经过且只经过所有其他节点一次），很清晰地解释了 DNA 计算的神奇之处：DNA 片段可以迅速连接成哈密顿路径问题的潜在解！对于较大的图，若用电子计算机来进行计算，则其运算量将呈指数级增长，根本不可能完成。但是，DNA 计算机所耗费的时间将非常短，虽然目前的准备时间还很长。比如，那个七顶点图的准备时间竟需要整整一周。但是，随着技术的不断成熟，相应的准备时间将大幅缩短。

用阿德曼的方法去求解大规模的哈密顿路径问题，将有一个优势：虽然试管中的每种"寡核苷酸"（某种化学物质）都需要很多份，但用来表示图形的"寡核苷酸"的数量只与图的大小成线性增长关系。比如，在上面的七顶点图中，阿德曼使用了大约 3×10^{13} 份"寡核苷酸"来表示每条边。这远远超过了必需的数量，而且很可能得到多条表示解决方案的 DNA 链。阿德曼在总结他的 DNA 算法的优势时指出，在连接阶段，每秒执行的操作量将可能是当前超级计算机的上千倍。他还给出了一些改进思路，既提高了效率，又减少了对存储空间的需求。

从通信密码破译的角度来看，阿德曼的上述成果意味着什么呢？这样说吧，DNA 计算将有可能威胁到 NP- 完全问题的求解，而通信系统中的许多公钥密码的数学基础刚好就是 NP- 完全问题，比如基于背包的公钥密码等。更令现代通信密码学家惊讶的是，1996 年波内、立顿和邓沃斯三人联名发表了一篇论文，介绍了如何利用 DNA 计算机来攻破著名的 DES 通信密码。在他们的攻击中，DNA 被用来编码每个可能的密钥，然后同时使用所有的密钥来尝试破译工作。这便是 DNA 计算的超强并行处理威力。

好了，关于 DNA 计算机对通信密码的可能威胁已经点到为止了。随着 DNA 计算机的不断成熟，现代通信密码将面临更多的来自 DNA 计算机的威胁。下面开始介绍 DNA 计算机的一些基本知识。

DNA 计算机是一种生物形式的计算机，它基于大量 DNA 分子的自然并行操作及生化处理技术，产生类似于某种数学过程的组合结果，并通过对这些结果的抽取和检测来完成问题求解的过程。由于最初的 DNA 计算需要将 DNA 溶于试管中，所以，这种计算机由一堆盛满有机液体的试管组成，因而它也被称为"试管计算机"。

DNA 计算机利用 DNA 建立一种完整的信息技术形式，以经过编码的 DNA 序列（相当于计算机内存）为运算对象，通过分子生物学的运算操作，解决复杂的数学难题。它的"输入"是细胞质中的 RNA、蛋白质及其他化学物质，它的"输出"则是很容易辨别的分子信号。DNA 计算的新颖性不仅在于算法和速度，而且在于它采用了生物技术而非硬件技术来实现数学计算。目前 DNA 计算研究已涉及许多方面，如 DNA 计算的能力、模型和算法等。人们已开始将 DNA 计算与遗传算法、神经网络、模糊系统和混沌系统等智能计算方法相结合。

与电子计算机相比，DNA 计算机具有很多优点。

（1）体积小，小到在一支试管中便可同时容纳 1 万亿台 DNA 计算机。

（2）存储量大，1 立方米 DNA 溶液可存储 1 万亿亿比特的数据，相当于 10 亿张 CD 的容量。

（3）运算速度快，每秒可超过 10 亿次。十几小时的 DNA 计算量便可相当于自计算机问世以来全球所有运算的总量。

（4）耗能低，能耗仅相当于普通计算机的十亿分之一。若 DNA 计算机被放置在活体细胞内，其能耗还会更低。

（5）并行能力强。数以亿计的 DNA 计算机可同时从不同角度处理一个问题，工作一次可以进行 10 亿次运算，以并行的方式工作，大大提高了效率。

此外，DNA 计算机还具有其他一些优势，比如能使科学观察与化学反应同步，能在逻辑分析、密码破译、基因编程、疑难病症防治以及航空航天等领域发挥独特的作用。DNA 计算机甚至能进入人体或细胞内，充当监控装置，发现潜在的致病变化，还可在人体内合成所需的药物，治疗癌症、心脏病、动脉硬化等各种疑难病症，甚至将在恢复盲人视觉方面大显身手。

今后，一旦 DNA 计算技术全面成熟，那么真正的人机结合就会实现，"意念通信"更会水到渠成。大脑本身就是一台自然的 DNA 计算机，只要有一个接口，DNA 计算机就能通过这个接口直接接受人脑的指挥，成为人脑的外延或扩充部分，而且它以从人体细胞中吸收营养的方式来补充能量，不需要外界的能量供应。这听起来简直就像精彩的科幻故事！今后，向大脑植入以 DNA 为基础的人造智能芯片将像接种疫苗一样简单。无疑，DNA 计算机的出现将给人类文明的发展带来质的飞跃，给整个世界带来巨大的变化。

DNA 计算机概念由阿德曼于 1994 年提出后，立即引起了世界各国科学家的极大关注。1995 年，来自全球的 200 多位专家共同探讨了 DNA 计算机的可行性，他们认为在酶的作用下，某基因代码通过生物化学反应，确实可以转变为另一种基因代码，转变前的基因代码可以作为输入的数据，反应后的基因代码作为运算结果。利用该过程，完全可以制造新型生物计算机，它将是代替电子计算机的主要候选技术。于是，全球科学家便展开了接力式的研究，早期的主要进展可简要归纳如下。

2001 年 11 月，以色列研制出了首台 DNA 计算机，它的输出、输入和软硬件完全由"在活体中存储和处理编码信息的 DNA 分子"组成。该计算机的体积仅相当于一滴水，它虽较原始，也无任何相关应用，却是 DNA 计算机的雏形。次年，研究人员又进行了改进，吉尼斯世界纪录称之为"最小的生物计算设备"。

2002 年 2 月，日本开发出了首台能真正投入商业应用的 DNA 计算机。它包含分子计算组件和电子计算机部件两部分。前者用来计算分子的 DNA 组合，以实现生物化学反应，搜索并筛选正确的 DNA 结果；后者则可以对这些结果进行分析。

2003 年，世界首台可玩游戏的互动式 DNA 计算机在美国问世，它主要以生化酶为计算基础。

2004 年，中国首台 DNA 计算机问世。它其实是以色列 2001 年 DNA 计算机的改进版，用双色荧光标记同时检测输入与输出的分子，用测序仪实时监测自动运行过程，用"磁珠表面反应法固化反应"来改进可控性操作技术等，可在一定程度上模拟电子计算机处理 0、1 信号的功能。

2005 年，以色列利用 DNA 计算机运行了 10 亿种由 DNA 软件分子设计的程序。这种 DNA 计算机采用了新的溶液处理工艺，有可能发现细胞中与多种癌症有关的异常信使 RNA，从而为癌症诊断提供信息。

2006 年，美国利用 DNA 计算机快速、准确地诊断了禽流感病毒。这种 DNA 计算机能更快更准地检测西尼罗河病毒、禽流感病毒等。

2007 年，美国利用 DNA 计算机实现了 RNA 干扰机制。这种 DNA 计算机可进行基本逻辑运算，能应用于人工培养的肾细胞，还能关闭编译某种荧光蛋白的目标基因。

2009 年，美国利用大肠杆菌研制成细菌计算机，它可解决某些复杂数学问题，而且计算速度远高于任何硅基计算机。

2011 年 7 月，以色列利用 DNA 计算机探测了多种不同类型的分子，它们可用于诊断疾病和控制药物释放，实现诊断治疗一体化。同年 9 月，美国利用 DNA 计算机摧毁癌细胞。它们能进入人类细胞，通过对 5 种肿瘤特异性分子进行逻辑组合分析，识别出特异癌细胞，再触发癌细胞的毁灭过程。这一成果为开发出特异的抗癌治疗方案奠定了基础。10 月，英国利用细菌研制出了生物逻辑门，这是一种完全模块化的结构，可以组装在一起，从而为未来建立更复杂的生物处理器铺平了道路。

DNA 计算机的数学机理表现在以下两个方面。

其一，生物体所具有的复杂结构实际上就是编码在 DNA 序列中的原始信息经过一些简单处理后得到的结果。或者说，经过一系列 DNA 简单操作，便可得出一个复杂结果。

其二，求一个含变量 w 的可计算函数的值时，也可通过求一系列含变量 w 的简单函数的复合来实现，即通过对 w 运用简单的函数关系，就可获得关于 w 的复杂函数 $f(w)$。

实际上，DNA 计算的原理与数学操作非常类似，单股 DNA 可看作由 4 种不同的符号 A、T、C 和 G 组成的序列串，就像电子计算机中的 "0" 和 "1" 一样。DNA 序列串可作为译码信息，在 DNA 序列上可执行一些简单操作。这些操作由大量的能处理基本任务的酶来完成。不同的酶用于不同的算子。比如，限制内核酸酶可作为分离算子，它能识别特定的 DNA 短序列（即限制位）。任何一个在其序列中包含限制位的双链 DNA 在限制位处被酶切断。DNA 连接酶可作为连结算子，将一条 DNA 链的末端连接到另外一条 DNA 链上。

目前，DNA 计算的研究内容主要集中在以下几个方面：DNA 计算的生物工具和算法实现技术、DNA 计算的模型及其计算能力和数学实现、DNA 计算机的基本计算（比如 DNA 的布尔电路运算、数字 DNA、算术运算、分子乘、分子编程和应用）等。

当然，DNA 计算机还仅处于探索阶段，主要障碍至少来自两个方面：一是在物理上如何处理大规模系统和复制时的误差，二是在逻辑上如何解决计算问题的多用性和有效性。

与成熟的电子计算机相比，虽然目前 DNA 计算机确实还暂时相形见绌，但是分子计算的观念拓宽了人们对自然计算现象的理解，尤其是对生物学中的基本算法的理解。同时，分子计算概念向人类提出了众多挑战，比如：在生物学和化学中，如何理解细胞和分子机制，使它们有益于作为分子算法的基础；在计算机科学和数学中，如何寻找适当的问题和有效的分子算法；在物理学和工程学中，如何构建大规模的可信的分子计算机等。

第2章 ▶▶▶
生长通信

生物最基本的特征只有两个：一是繁殖，二是生长。

第1章首次从通信角度出发，重新诠释了繁殖的核心（遗传过程），从而填补了起始于38亿年前的、曾被遗忘的一段通信史，即遗传过程其实是一个通信过程，通信的内容就是亲代的DNA，或者说是承载于DNA上的遗传基因信息。本章将继续从通信角度出发，重新诠释生物的生长过程，希望再填补另一段同样起始于38亿年前的、被遗忘的通信史，即生长过程其实也是一个通信过程，而且是更复杂的通信过程。其中，细胞及其内含物质扮演了多重角色。比如，生长的关键是细胞分裂，而某个细胞的分裂过程也可看成一个亲代细胞与两个子代细胞之间的通信，其通信的内容则是DNA、细胞核、细胞质和细胞膜等物质及其中所含的生长信息。在这些信息的控制下，子代细胞将决定在何时何地进行何种分裂。即使在未分裂期间，细胞内也不断地进行着各种通信。比如，相关的蛋白质会从细胞膜的一侧，携带复杂的信息内容流向另一侧。这样说吧，在活的生物机体中，几乎每个分子都随时在进行着复杂的通信，而且每个分子既是物质又是信息，既是信息又是信息的载体，既是发信方又是收信方，关键取决于从哪个层次上去看问题。一旦某个生物个体死亡，其机体内的这些通信过程就会纷纷停止；反之，一旦这些通信系统中的某些部分停摆，那么就有可能引发其他通信系统也停摆，甚至最终导致机体死亡。由于生长通信过程太复杂，所以，本章只能依据已知的生物学成果，从相对宏观（比如，无法考虑细胞内的所有信息物质）的角度来介绍生长通信系统。

2.1　先天信息的载体

从通信角度看，信息其实是不能被直接传输的，只能通过传输信息的载体来间接传输信息。当然，信息载体的载体也是载体。比如，生物的所有先天遗传信息都隐藏在基因组中，DNA 便是基因的载体，而细胞又是 DNA 的载体，所以，通过细胞的传输，照样也能达到传输先天遗传信息的目的。实际上，第 1 章所介绍的遗传通信就是一种特殊的传输生殖细胞的通信，它与传输普通细胞的通信既有区别又有密切的联系。本节先介绍生长通信系统中传输先天信息的另一种重要载体——细胞。

2.1.1　细胞简史

在信件通信中，纸张是文字的载体，而文字又是信息的载体。由于人们对纸张已相当熟悉，所以，在信件通信系统中就完全没必要再介绍纸张了。但是，对于作为生长信息的重要载体的细胞，普通读者并不太熟悉，更不用说细胞内还有许多至今未知的通信过程，因此，有必要对细胞进行一些基本介绍。

细胞是生物体中基本的结构和功能单位，就目前已知情况来看，除病毒之外的所有生物均由细胞组成，但病毒的生命活动也必须在细胞中才能体现。一般来说，细菌等绝大部分微生物及原生动物都是由一个细胞组成的，它们称为单细胞生物；而高等植物与动物则是多细胞生物（比如，正常人体就由大约 60 万亿个细胞组成），各细胞之间会不断进行通信，每个细胞内的不同物质之间也会彼此进行通信。细胞的体形极其微小，只有在显微镜下才能看见，其形状也多种多样。细胞具有运动、营养和繁殖等机能。

细胞的最早发现者是英国科学家罗伯特·胡克（1635—1703）。大约在 1665 年，他在用自制的光学显微镜观察软木塞的切片时，发现了许多蜂窝状的小格子。

于是，他就将这些小格子称为细胞。其实，如今看来，胡克所看到的格子并不是活细胞，而是早已死亡的、仅残存细胞壁的死细胞。不过，后世科学家认为他功不可没，仍将他视为发现细胞的第一人。

当然，真正首先发现活细胞的人是荷兰生物学家安东尼·范·列文虎克（1632—1723）。大约在 1674 年，他凭借自己制作的放大倍数为 200 倍的显微镜，观察到了血液中的红细胞。更传奇的是，他还于 1677 年史无前例地在显微镜下看到了活动着的精子，并惊讶地发现原来精子是一种能活动的小虫子。

1809 年，法国生物学和博物学家让·巴蒂斯特·拉马克（1744—1829）指出，所有生物体都是由细胞组成的，细胞里都含有一些会流动的"液体"。不过，拉马克并没给出具体的观察证据。直到 1824 年，法国植物学家亨利·杜特罗切特（1776—1847）才在其学术论文中提出了"细胞确实是生物体的基本构造"。由于植物细胞比动物细胞多出了一个细胞壁，因此，在显微技术还不成熟时，植物细胞就比动物细胞更容易被观察到。所以，杜特罗切特的这种说法最先被植物学家所接受。

1830 年以后，显微镜的制作克服了镜头模糊与色差等缺点，分辨率也提高到 1 微米，并且显微镜开始逐渐普及。改进后的显微镜已能清楚地显示细胞及其内含物。于是，1839 年德国植物学家马蒂亚斯·施莱登（1804—1881）从对植物的大量观察中得出结论：所有植物都是由细胞构成的。由于当时受胡克思想的影响，大家对细胞的观察都只侧重于细胞壁而不是细胞的内含物，因而对无细胞壁的动物细胞的认识就比植物细胞晚得多，也肤浅得多。德国动物学家西奥多·施旺（1810—1882）对动物细胞进行了大量研究，并首次描述了动物细胞与植物细胞的相似情况。又过了约 10 年，科学家才陆续发现新的证据，证明细胞都是从原来就存在的细胞分裂而来的。总之，截至 20 世纪初期，细胞学说才大致形成，并被简述为三点：细胞是一切生物的构造单位，细胞是一切生物的生理单位，细胞是由原已存在的细胞分裂而来的。

2.1.2　细胞壁

从宏观角度看，细胞可当作 DNA 的信息载体；从微观角度看，细胞本身又是一个通信系统，只不过目前还不清楚其全部通信细节而已。如果打开细胞这个通信系统，目前已知的便是：细胞主要由细胞核与细胞质构成，其表面有细胞膜。高等植物的细胞膜外有细胞壁，细胞质中常有质体，质体内有叶绿体、液泡以及线粒体。动物细胞无细胞壁，细胞质中常有中心体，而高等植物的细胞中则无中心体。

细胞壁相当于细胞个体通信系统的边界。凡是被分类在细菌、真菌和植物中的生物，其细胞中都有细胞壁；而在原生生物中，有些有细胞壁，有些则没有；动物细胞都没有细胞壁。植物细胞壁的主要成分是纤维素，而且是经过系统编织的网状外壁。它可分为中胶层、初生细胞壁和次生细胞壁。其中，中胶层是植物细胞刚分裂后的子细胞之间最先形成的间隔，其主要成分是果胶质。初生细胞壁是随后在中胶层两侧形成的，它的主要成分是果胶质、木质素和少量蛋白质等。次生细胞壁的主要成分是由纤维素组成的纤维，这些纤维相互垂直排列成筛眼，再由木质素等多糖类黏结在一起。真菌的细胞壁由几丁质、纤维素等多糖类组成。其中，几丁质含有碳水化合物和氨，性柔软，有弹性，与钙盐混杂时会硬化，形成节肢动物的外骨骼。几丁质不溶于水、酒精、弱酸和弱碱等液体，具有保护功能。细菌的细胞壁以肽聚糖为主要成分。

2.1.3　细胞膜

细胞膜相当于细胞个体通信中的滤波器，它是紧贴在细胞壁内侧的一层极薄的膜，由蛋白质分子和磷脂双分子层组成。水和氧气等小分子物质能自由通过细胞膜，而某些离子和大分子物质则不能自由通过。因此，细胞膜除了对细胞内部具有保护作用外，还具有控制物质进出细胞的作用。细胞膜既不让有用物质任意渗出，也不让有害物质轻易进入，还能进行细胞间的信息交流。至于所交流的信息到底都有什么，目前还不太清楚，但至少有 DNA。若用电子显微镜进行观察，则可发现细胞膜主要由蛋白质分子和脂类分子构成，而且细胞膜的中间层是磷脂双分子层，它是细胞膜的基本骨架。在该骨架的外侧和内侧则有许多球状蛋白质分子，它们以不同深度镶嵌在磷脂分子层中，或覆盖在磷脂分子层的表面。这些磷脂分子和蛋白质分子大都可以流动，因此，细胞膜也具有一定的流动性，其流动过程当然就是一种信息传输过程。

实际上，在细胞个体通信系统中，信息物质跨越细胞膜的通信方式可分为被动运输和主动运输两种。

被动运输通信是指顺着细胞膜两侧，由高浓度区域向低浓度区域扩散，分为自由扩散和协助扩散。在自由扩散中，信息物质通过简单的扩散作用进出细胞，细胞膜两侧的浓度差及所扩散物质的性质对自由扩散的速率都有影响。比如，脂溶性物质更容易进出细胞。常见的能进行自由扩散的信息物质包括苯、水、氨、氧气、甘油、乙醇、尿素、胆固醇、二氧化碳等。在协助扩散中，进出细胞的信息物质借助载体蛋白进行扩散。细胞膜两侧的浓度差以及载体的种类和数目等对协助扩散的速率都有影响。比如，红细胞吸收葡萄糖便是依靠协助扩散而完成的。

主动运输通信是指物质从低浓度一侧扩散到高浓度一侧，需要载体蛋白的协助，同时还需要消耗细胞内化学反应所释放的能量。这是一种由化学能驱动的通信过程。主动运输保证了活细胞能按照生命活动的需要，主动选择吸收所需要的营养物质，或排出代谢废物和对细胞有害的物质等。各种离子经细胞膜由低浓度到高浓度的扩散都得依靠主动运输通信。凡能进行跨膜运输的物质都是离子和小分子。当大分子进出细胞时，包裹大分子物质的囊泡就从细胞膜上分离或与细胞膜融合（胞吐和胞吞），而大分子本身则不需跨膜便可进出细胞，即大分子被通信滤波器过滤了。

2.1.4　细胞质

细胞质相当于个体细胞通信系统中的信令通信部分，它所传输的是各种通信命令，比如细胞液如何流动等。细胞质是细胞膜所包裹着的黏稠而透明的物质。在细胞质中，还可看到一些具有折光性的颗粒，它们多数具有一定的结构和功能，类似于生物体的各种器官，因此也叫作细胞器。它们各自执行个体细胞通信中的控制和指挥功能。例如，在绿色植物的叶肉细胞中就能看到许多绿色颗粒，它们就是一种细胞器，叫作叶绿体，相当于通信系统的电源部分，因为绿色植物的光合作用就是在叶绿体中进行的。在细胞质中，有时还能看到一个或几个液泡，其中充满着液体。它们叫作细胞液。在成熟的植物细胞中，液泡合并为一个中央大液泡，其体积占整个细胞的一大半。细胞质被挤压成薄薄的一层。细胞膜以及"液泡膜和细胞膜这两层膜之间的细胞质"合称为原生质层。植物细胞的原生质层是一层半透明膜。细胞液传输信息的规则是：当细胞液的浓度低于外界溶液的浓度时，细胞液中的水分就透过原生质层进入外界溶液中，从而使得细胞壁和原生质层都出现一定程度的收缩。由于原生质层的伸缩性比细胞壁的伸缩性大，所以，当细胞不断失水时，原生质层就与细胞壁分离，即发生了质壁分离。当细胞液的浓度高于外界溶液的浓度时，外界溶液中的水分就透过原生质层进入细胞液，从而使得原生质层逐渐复原，即质壁分离的复原。

　　细胞质并非处于凝固静止状态，而是在缓缓地运动，并完成相应的通信任务。在只有一个中央液泡的细胞内，细胞质往往围绕液泡循环流动。这样便促进了细胞内物质的转运，也加强了细胞器之间的相互联系。细胞质的运动是一种消耗能量的生命现象，细胞的生命活动越旺盛，细胞质就流动得越快；反之，则越慢。当细胞死亡后，其细胞质的流动也就停止了。

　　在真核细胞中，还有一种很特别的、称为细胞骨架的东西，相当于该个体细胞通信系统中的通信驱动部分。它是真核细胞中蛋白纤维的一种网络结构，由位于细胞质中的微丝、微管和中间纤维构成。其中，微丝确定细胞的表面特征，使细胞能运动和收缩；微管确定膜性细胞器的位置和运输膜泡的轨道；中间纤维使细胞具有张力和抗剪切能力等。细胞骨架不仅在维持细胞形态、帮助细胞承受外力、保持细胞内部结构的有序性等方面发挥重要作用，而且参与许多重要的生命活动。比如，在细胞分裂过程中，细胞骨架将牵引染色体分离。此外，在细胞物质的转运中，各类小泡和细胞器等都可沿着细胞骨架定向转运。

2.1.5 主要的细胞器

细胞中还有一些细胞器，它们相当于个体细胞通信系统的功能器件，具有不同的结构，执行着不同的功能，共同完成细胞的生命活动。常见的细胞器主要有线粒体、叶绿体、内质网、高尔基复合体、核糖体、中心体、液泡、溶酶体、微丝及微管等。

线粒体相当于个体细胞通信系统中的主要能源器件，它是一种线状、小杆状或颗粒状的结构。在活细胞中，可用"詹纳斯绿"将线粒体染成蓝绿色。在电子显微镜下，可以看到线粒体内有丰富的酶系统，线粒体的表面由双层膜构成，其中内膜向内形成一些隔断，称之为线粒体嵴。线粒体是细胞呼吸的中心，是生物有机体借助氧化作用产生能量的主要结构，能将营养物质（如葡萄糖、脂肪酸和氨基酸等）通过氧化过程转化为能量，并将这些能量储存在三磷酸腺苷的高能磷酸键上，以满足细胞其他生理活动的能量需求。因此，形象地说，线粒体是细胞的动力工厂。

叶绿体是绿色植物细胞中的重要细胞器，其主要功能是进行光合作用。叶绿体也是一种通信能源器件。叶绿体由双层膜、基粒（类囊体）和基质三部分构成。其中，类囊体是一种扁平的小囊状结构，在类囊体薄膜上存在着进行光合作用所必需的色素和酶。基粒是由许多类囊体叠合而成的，基粒之间充满着基质，而基质中含有与光合作用有关的酶，特别是基质中还含有 DNA（生物的天生遗传信息基因的深层次载体）。

内质网是个体细胞通信系统中传输蛋白质信息的功能器件，它是细胞质中由膜构成的网状管道系统，广泛分布于细胞质的基质内。内质网与细胞膜和核膜相连通，对细胞内蛋白质和脂质等物质的合成和运输起着关键作用。内质网根据其表面是否附着核糖体，可分为粗面内质网和滑面内质网。其中，粗面内质网的表面附着有核糖体，具有运输蛋白质的功能，当然也就传输了蛋白质中所携带的相关信息内容。而滑面内质网内则含有许多酶，它们与糖脂类和固醇类激素的合成与分泌有关。

　　高尔基复合体也是个体细胞通信系统中的传输器件，是位于细胞核附近的网状囊泡。它是细胞内的运输和加工系统，能对粗面内质网运输的蛋白质进行加工、浓缩，并将其包装成溶酶体和分泌泡。

　　核糖体是一种椭球状微粒，有些附着在内质网膜的外表面，以供给膜上及膜外蛋白质；有些游离在细胞质的基质中，以供给膜内蛋白质。后者不经过高尔基复合体，而直接在细胞质中基质内的酶的作用下形成空间构形。核糖体是合成蛋白质的重要基地，也相当于为个体细胞通信系统生产功能器件的场地。

　　中心体是实现细胞间 DNA 信息通信的主要器件，它存在于动物细胞和某些低等植物细胞中。因为它的位置靠近细胞核，故名中心体。每个中心体由两列互相垂直排列的中心粒及其周围的物质组成。动物细胞的中心体与有丝分裂密切相关。中心粒也是一种细胞器，它的位置是固定的，且具有极性结构。在间期细胞（即处于两次分裂之间的细胞）中，经固定、染色后所显示的中心粒仅仅显示为一两个小颗粒，而在电子显微镜下，中心粒则是一个柱状体，长度为 0.3 ~ 0.5 微米，直径约为 0.15 微米。它由 9 组小管状的亚单位组成，每个亚单位一般由 3 个微管构成。这些微管的排列方向与柱状体的纵轴平行。

　　液泡是个体细胞通信系统中的通信主干线，它是植物细胞中的泡状结构。在成熟的植物细胞中，液泡很大，甚至可占据整个细胞体积的 90%。液泡的表面有液泡膜。液泡内有细胞液，其中含有糖类、无机盐、色素和蛋白质等物质，可达到很高的浓度。因此，液泡对细胞内的环境起着重要的调节作用，可使细胞保持一定的渗透压，并保持膨胀状态。动物细胞中同样有小液泡。

　　溶酶体相当于个体细胞通信系统的器件回收处理站，它是囊状的小体或小泡，内含多种水解酶，具有自溶和异溶作用。这里，自溶是指溶酶体消化和分解细胞内损坏和衰老的细胞器的过程，异溶则是指消化和分解被细胞吞噬的病原微生物及其细胞碎片的过程。溶酶体是细胞内具有单层膜囊状结构的细胞器，其内包含多种水解酶类，能分解很多物质。

微丝和微管相当于个体细胞通信系统中的电缆和电杆等，它们的主要功能是对细胞起着骨架支撑作用，以维持细胞的形状。比如，在红细胞中，微管呈束状平行排列于盘形细胞的周缘。微丝和微管也参与细胞的运动，比如有丝分裂的纺锤丝以及纤毛、鞭毛的微管等。

当然，除了上述细胞器之外，细胞质内还包含多种内含物，比如糖原、脂类、结晶、色素等。

2.1.6 细胞核

细胞核是细胞质里的一种近似球状的核体，它由更加黏稠的物质构成。在细胞间的通信系统中，它是 DNA 信息载体的核心；而在个体细胞通信系统中，其他所有部分其实都是在为它服务的。动物细胞的细胞核通常位于细胞的中央，成熟植物细胞的细胞核则往往被中央液泡推挤到细胞的边缘。细胞核中有一种物质，它很容易被洋红、苏木精、甲基绿、龙胆紫溶液等碱性染料染成深色，所以被称为染色质。生物体的遗传物质就位于染色质上。当细胞进行有丝分裂时，染色质在分裂间期按螺旋方式缠绕成染色体。多数细胞只有一个细胞核，有些细胞（如肌细胞、肝细胞等）则含有两个或多个细胞核。细胞核可分为核膜、染色质、核液和核仁等 4 部分。其中，核膜与内质网相连通，染色质位于核膜与核仁之间。染色质主要由蛋白质和 DNA 组成。DNA 是一种有机大分子，又叫脱氧核糖核酸，是生物的遗传物质。在有丝分裂过程中，染色体被复制时，DNA 也随之被复制一份并平均分配到两个子细胞中，使得后代细胞中染色体的数目恒定，从而保证了后代遗传性状的稳定。DNA 在复制时形成的单链便是 RNA，它负责传递遗传信息，控制合成蛋白质。RNA 包括转移核糖核酸（tRNA）、信使核糖核酸（mRNA）和核糖体核糖核酸（rRNA）等。细胞核的机能包括：保存遗传物质，控制生化合成和细胞代谢，决定细胞或机体的性状表现，把遗传物质从细胞（或个体）一代一代地传下去。但是，细胞核不能孤立发挥作用，只能与细胞质相互作用、相互依存，从而表现出细胞统一的生命过程。细胞核控制细胞质，使细胞质对细胞的分化、发育和遗传等都发挥重要作用。

一般来说，细胞非常小，但不同细胞的体积相差很大。比如，原核细胞的直径为 1 ~ 10 微米，真核细胞的直径为 3 ~ 30 微米，人类卵细胞的直径为 0.1 毫米，鸵鸟卵细胞的直径则为 5 厘米。不过，同类型细胞的体积一般还是相近的，不会随着生物个体的大小而增大或缩小。器官的大小与其中细胞的数量成正比，而与细胞本身的大小无关。这种现象称为"细胞体积守恒定律"。

所有细胞都有如下的一些共性：细胞表面均有由磷脂双分子层、镶嵌蛋白质及糖被构成的生物膜（即细胞膜），但是癌细胞无糖被，且容易游走扩散；所有细胞都含有两种核酸，即 DNA 与 RNA；所有细胞都是遗传信息复制与转录的载体；所有细胞都含有核糖体这种"蛋白质合成机器"，该"机器"在遗传信息流的传递中起着不可替代的作用；几乎所有细胞的增殖都以一分为二的方式进行分裂，只有少数例外（比如，某些蓝藻则是从老细胞内产生新细胞）；部分细胞能进行自我增殖和遗传，但高度分化的细胞无法自我增殖；所有细胞都能进行新陈代谢；所有细胞都具有运动性，包括细胞自身的运动和细胞内部的物质运动。

2.1.7 细胞的分类

细胞可分为真核细胞、原核细胞和古核细胞三类。

真核细胞是含有真核的细胞，它拥有一个或多个由双膜包裹的细胞核，遗传物质便包含于该核中并以染色体的形式存在。染色体由少量的组蛋白及某些富含精氨酸和赖氨酸的碱性蛋白构成。真核细胞拥有多条染色体，既能进行有丝分裂，又能进行原生质流动和变形运动；其光合作用和氧化磷酸化作用则分别在叶绿体和线粒体中进行。除细菌和蓝藻的细胞外，所有动物细胞和植物细胞都属于真核细胞。在真核细胞的细胞核中可以看到核仁，其 DNA 与组蛋白等蛋白质共同组成染色体。真核细胞的细胞质内膜系统很发达，其中存在着内质网、高尔基复合体、线粒体和溶酶体等细胞器，它们分别行使各自的功能。由真核细胞构成的生物称为真核生物，包括所有动物、植物以及微小的原生动物、单细胞海藻、真菌、苔藓等能进行有性繁殖的生物。

原核细胞中没有明显可见的细胞核，也没有核膜和核仁，其遗传物质集中在一个没有明确界限的、被称为拟核的低电子密度区。原核细胞的 DNA 为裸露的环状双股单一顺序的脱氧核糖核酸分子，通常没有结合蛋白，环的直径约为 2.5 纳米，周长为几十纳米。原核细胞不进行有丝分裂、减数分裂和无丝分裂，不发生原生质流动，缺乏高尔基复合体，观察不到变形虫样的运动。原核细胞的鞭毛呈单一结构，其光合作用、氧化磷酸化作用都在细胞膜中进行，它们没有叶绿体、线粒体、中间体、内质网和中心体等细胞器的分化，只有核糖体。原核细胞的转录和转译同时进行，四周质膜内含有呼吸酶，其 DNA 一经复制，细胞随即分裂为两个。由原核细胞构成的生物称为原核生物，它们均为单细胞生物，包括所有的细菌和蓝藻，且大都没有恒定的内膜系统。

古核细胞也称为古细菌，这是一类特殊的细菌，多生活在极端的生态环境中。它们具有原核生物的某些特征（比如，无核膜和内膜系统等），同时也具有真核生物的某些特征（比如，以甲硫氨酸开启蛋白质的合成，核糖体对氯霉素不敏感，RNA 聚合酶和真核细胞有一定的相似性，DNA 具有内含子并结合组蛋白等）。此外，古核细胞还具有既不同于原核细胞也不同于真核细胞的一些特征。比如，古核细胞的细胞膜中的脂类是不可皂化的，细胞壁不含肽聚糖，有的以蛋白质为主，有的含杂多糖，有的类似于肽聚糖，但都不包含胞壁酸、D 型氨基酸和二氨基庚二酸等。有的古核细胞极端嗜热，比如能生长在 90 摄氏度以上高温环境中的嗜热菌，其最适生长温度为 100 摄氏度，在 80 摄氏度以下即失活。又如，生活在意大利附近海底的一种古细菌能生活在 110 摄氏度以上的高温下，其最适生长温度为98 摄氏度，当温度降至 84 摄氏度时即停止生长。还有一种生活在火山口中的细菌，它们可以生活在 250 摄氏度的环境中。嗜热菌的营养范围很广，多为异养菌。许多嗜热菌能把硫氧化，并以此获取能量。有的古核细胞极端嗜盐，比如生活在死海和盐湖的高盐度环境中的极端嗜盐菌，那里的盐度可达 25%。极端嗜盐菌的细胞壁由富含酸性氨基酸的糖蛋白组成，当它们被从高盐环境中转移到低盐环境中后，其菌体反而会完全自溶，并由此造成细胞死亡。还有的古核细胞极端嗜酸，它们能生活在 pH 在 1 以下的环境中。它们往往也是嗜高温菌，常生活在火山地区的酸性热水中，能使硫氧化并将硫酸作为代谢物排出体外。有些古核细胞极端嗜碱，它们大都生活在盐碱湖和碱湖中，其生活环境的 pH 可达 11.5 以上，最适 pH 为 8 ~ 10。

　　总之，从微观上看，细胞本身就是一种非常复杂的通信系统；但从宏观上看，在仅考虑亲子细胞间的通信时，细胞又可作为遗传信息的载体。在亲子细胞间传输 DNA 时，采用的是非同寻常的细胞分裂法，即通过自身的不断分裂，把基因信息传递给子代细胞，从而达到通信的目的。本节尽量简洁地把细胞的基础知识讲清楚，以便在下一节中讲清细胞如何实现各种分裂，以进行生长通信系统的信息传输。

　　实际上，第 1 章所介绍的遗传通信只是细胞分裂通信的特例。比如，对人类来说，此时被分裂的原始细胞只是受精卵而已。当然，若把遗传通信看成从亲代到子代的纵向通信的话，那么下一节所介绍的通信则可看成生物体内确保生物正常生长和新陈代谢的横向通信，它可以通过分裂任何细胞来达到通信目的。当然，无论是纵向通信还是横向通信，它们所传输的信息都是一样的，都是 DNA 遗传信息。

2.2　先天信息的传输

　　薛定谔在《生命是什么》一书中将生命看成负熵，将 DNA 看成晶体。其实，生命，甚至生命所在的物种还可看成通信系统。当生命个体的各部分之间都保持着正常的横向通信交流时，生命就是活的，否则就已死亡；当物种的亲代与子代间还保持着正常的纵向通信交流时，该物种就没有灭绝。从生命或物种是否存活的角度来看，最重要的生命通信就是细胞之间的通信，或者说是细胞之间传输先天信息 DNA 的通信。

　　上一章介绍了生物繁殖，其核心就是代际之间遗传信息的纵向通信。由于当时不便介绍细胞的分裂过程，所以，只好略去了通信的具体实施过程，甚至连"细胞"两字都很少提及，而只强调了相关的通信结果。生物个体的生长将引发本节即将介绍的一种生长通信，它其实是在生物个体中细胞横向传递DNA信息的通信。因此，本节介绍的生长通信系统的历史也可追溯到出现生命的38亿年前，而且这种通信也将持续到生物个体的生命终结。当然，从生物学角度来看，上一章介绍的遗传通信其实只是本节介绍的生长通信的一个特例，因为受精卵的发育过程与普通细胞的分裂过程大同小异，只不过在生长过程中细胞的分裂都限于本体内，而在繁殖过程中，在子代脱离母体前，细胞的分裂在母体中进行，一旦孕育成熟，细胞分裂将在子体中独立进行。

基于细胞分裂的DNA信息传输是如何实现的呢？下面将给出目前已知的答案，它们其实是生物学中的基础知识，即细胞分裂。当然，有关细胞分裂目前仍遗留了许多未解决的问题，幸好它们几乎不影响我们介绍细胞分裂式通信系统。

细胞分裂，是指活细胞增殖及数量由一个分裂为两个的过程。分裂前的细胞称母细胞，分裂后形成的新细胞称子细胞。细胞分裂可以看成遗传信息从母细胞传输到子细胞的通信过程。细胞分裂通常包括细胞核分裂和细胞质分裂两步。在细胞核分裂过程中，母细胞把遗传物质DNA（当然也包括遗传信息）传给子细胞。

在单细胞生物中，细胞分裂就是个体的繁殖；在多细胞生物中，细胞分裂便是个体生长、发育和繁殖的基础，这也是本章取名为"生长通信"的主要原因。1855年，德国学者鲁道夫·魏尔肖（1821—1902）提出了"一切细胞都来自细胞"的著名论断，他认为个体的所有细胞都是由原有细胞分裂而来的。除细胞分裂外，还未找到细胞繁殖的其他途径。

关于原核细胞的分裂，目前还了解得不多，只对少数原核细菌的分裂有些具体认识。原核细胞的DNA分子或连在质膜上，或连在质膜内陷形成的名叫间体的质膜体上。随着DNA的复制，间体也被复制成两个，然后两个间体由于其间的质膜的生长而逐渐分开，与它们相连接的两个DNA分子环也被拉开，每个DNA分子环都与一个间体相连。在被拉开的两个DNA分子环之间，细胞膜向中央靠近，形成隔膜，于是就使得一个细胞分裂为两个，也就将DNA从一个细胞传给了另一个细胞，从而实现了遗传信息的通信。

真核细胞的分裂方式主要有3种：无丝分裂、有丝分裂和减数分裂。

2.2.1 无丝分裂和有丝分裂

无丝分裂又称直接分裂，是最简单的细胞分裂方式，其典型过程如下。核仁首先伸长，接着在中间缢裂分开，随后细胞核也伸长，并在中部从一面或两面向内凹进横缢，细胞核变成哑铃形。当细胞核的体积增大 1 倍时，细胞核就发生了分裂，即"哑铃"被一分为二，从而实现了 DNA 信息从亲代细胞到两个子代细胞之间的通信传输。与此同时，细胞也在中部缢裂成两个子细胞。由于在分裂过程中，不形成由纺锤丝构成的纺锤体或中心体发出的星形射线，不发生染色质浓缩成染色体的变化，故名无丝分裂。在无丝分裂中，核仁和核膜都不消失。进行无丝分裂时，遗传物质 DNA 虽也被复制，但有时可能不会被平均切割，所以，便出现了非正常分裂，或者说出现了通信传输误差，因为母细胞和子细胞内的遗传信息不再相同了。无丝分裂是最早被发现的一种细胞分裂方式。早在 1841 年，罗伯特·雷马克（1815—1865）就在鸡胚血球细胞中发现了无丝分裂。无丝分裂常见于低等生物和高等生物体内的衰老或病态的细胞中。而在高等生物中，无丝分裂出现的地点主要有高度分化的细胞、动物的上皮组织、疏松结缔组织、肌肉组织和肝组织，以及植物各器官的薄壁组织、表皮、生长点和胚乳等。

有丝分裂是真核细胞分裂的基本方式，它也是从亲代细胞到两个子代细胞间的 DNA 信息通信。有丝分裂又称间接分裂或连续分裂，它是一种最普遍、最常见的分裂方式。有丝分裂的特点主要是母细胞分裂成两个基本相同的子细胞，子细胞中染色体的数目、形状和大小都一样，每一条染色单体所含的遗传信息与母细胞基本相同，从而使得子细胞从母细胞处获得大致相同的遗传信息。

有丝分裂过程可分为两大步骤，即细胞核分裂和细胞质分裂。这相当于在有丝分裂通信中需要两次"中继"才能最终完成通信。

细胞核分裂的时间较长，它本是一个连续过程，但为了叙述方便，我们将该过程人为划分为间期、前期、中期、后期及末期等 5 个阶段。若以植物细胞为例，有丝分裂各阶段的特点可归纳为：间期，主要进行 DNA 复制和相关蛋白质的合成，此时核膜和核仁逐渐消失；前期，核内的染色质凝缩成染色体，核仁解体并彻底消失，核膜破裂，纺锤体开始形成；中期，染色体排列到赤道板上，纺锤体完全形成；后期，各染色体的两条染色单体分开，在纺锤丝的牵引下，分别由赤道移向细胞的两极；末期，形成两个子核。总之，整个分裂过程包括染色体分解、核仁和核膜出现、在赤道板位置形成细胞板、形成新的细胞壁等。动物细胞与植物细胞的细胞核分裂过程相似，只是在动物细胞中，中心体会发出星射线形成纺锤体，而植物细胞从两极直接发出纺锤丝。此外，在细胞核分裂的末期，动物细胞的细胞膜向内凹陷，形成两个子细胞，而植物细胞则在赤道板位置形成细胞板，将一个细胞分成两个子细胞。

细胞质分裂的时间较短。在细胞核分裂的后期，当染色体接近两极时，细胞质开始分裂。在两个子核之间的连丝中增加了许多短纺锤丝，形成一个纺锤丝密集的桶状区域，称之为成膜体。植物细胞的细胞质分裂时，微管的数量增加，在膜体中有来自高尔基复合体和内质网的泡囊，它们沿着微管指引的方向进行聚集、融合，释放出多核物质，构成细胞板，并从中间开始向周围扩展，直至与母细胞的细胞壁相连，成为胞间层。新的质膜由泡囊的被膜融合而成。新细胞壁形成后就把两个新形成的细胞核和周围的细胞质分隔成两个子细胞。在动物细胞中，在细胞分裂的末期，赤道板上的表层细胞质部位向中间凹陷缢缩。

2.2.2　减数分裂

减数分裂是在有性生殖的生物中生殖母细胞染色体数目减半的分裂过程，它是有丝分裂的一种变形，由相继的两次有丝分裂组成。换句话说，减数分裂其实就是遗传通信的信息传输过程。减数分裂是形成生殖细胞的重要过程。有性生殖需要通过两性生殖细胞的结合形成合子，再由合子发育成新个体，而生殖细胞中的染色体数目是体细胞中染色体数目的一半，所以，在形成生殖细胞时，染色体的数目将要减少一半，故将此种分裂称为减数分裂。下面简要介绍减数分裂如何形成精子和卵细胞。

先看看精子的形成过程。在睾丸中，通过有丝分裂产生了大量原始生殖细胞，即精原细胞，它们的染色体数目与体细胞的染色体数目相同。在精原细胞时期，染色体开始进行复制。当雄性动物性成熟后，其睾丸里的部分精原细胞就开始减数分裂，形成精细胞。精细胞经变性后就形成了男性生殖细胞——精子。精原细胞在减数分裂过程中将连续进行两次分裂：第一次分裂为四分体分离，此时染色体数目减半；第二次分裂时，两条姐妹染色单体分离，染色体数目不变。

在第一次分裂的前期，细胞中的同源染色体两两配对，也称之为联会（这里的同源染色体是指减数分裂时配对的两条染色体，其形状和大小一般都相同，其中一个来自父方，另一个来自母方）。联会后，染色体进一步螺旋化变粗，逐渐在光学显微镜下变得可见。每条染色体都含有两条姐妹染色单体，它们由一个着丝点相连。每对同源染色体则含有 4 条姐妹染色单体，称之为四分体。如果比较一下四分体时期和联会时期，将会发现，由于早在精原细胞时就发生了染色体复制，因此，它们所含的染色单体和 DNA 数目都相同。但不同的是染色体的螺旋化程度不一样，联会时染色体的螺旋化程度低，染色体细，甚至染色单体在光学显微镜下还难以分辨。在四分体时期，染色体的螺旋化程度高，染色体变粗。此时，在光学显微镜下，人们已能看清每条染色体的两条单体了。在细胞分裂的同时，细胞内的同源染色体彼此分离，于是一个初级精母细胞便分裂成两个次级精母细胞，而此时细胞内的染色体数目也减少了一半，细胞内不再存在同源染色体。至此，第一次分裂结束。

第二次分裂开始时，各四分体都排列在细胞中央，同源染色体"手拉手"地排成两排，纺锤丝收缩，牵引染色体向两极移动，导致四分体平分为二。配对的同源染色体分开，但着丝点并未分开，每一条染色体上仍有两条染色单体。接着发生细胞分裂，一个初级精母细胞分裂成两个次级精母细胞，而每个次级精母细胞中的染色体数目只有初级精母细胞的一半。初级精母细胞中有 4 条染色体，而次级精母细胞中只有两条染色体。染色体数目减半的原因是同源染色体分开，在次级精母细胞中已没有同源染色体了。第二次分裂的基本过程与有丝分裂相似，只是在中期染色体的着丝点排成一排，而在后期着丝点一分为二，两条姐妹染色单体成为两条染色体，并在纺锤丝的牵引下移向两极。接着，细胞分裂，两个次级精母细胞分裂成 4 个精细胞，减数分裂完成。精细胞再经过变形，形成精子。在这个过程中，丢掉了精细胞的大部分细胞质，带上了另一种重要物质——细胞核内的染色体，并形成了一条长长的尾，以便于游动。

再来看看卵细胞的形成过程，它与精子的形成大同小异。二者的相同点是：染色体复制一次，都有联会和四分体时期；经过第一次分裂，同源染色体分开，染色体数目减少一半；在第二次分裂过程中，有着丝点的分裂，最后形成的卵细胞的染色体数目也比卵原细胞减少了一半。二者的不同点是：每次分裂都形成一大两小三个细胞，小的叫极体，极体随后将退化，只剩一个大的卵细胞，这不同于一个精原细胞将形成 4 个精子；卵细胞形成后，不需要经过变形，而精子要经过变形才能形成。另外，卵细胞的体形较大，呈球状，不能游动。卵细胞所含的卵黄多，营养物质丰富，以保证受精后能发育成新个体。而精子的体形较小，有鞭毛，能游动，以确保实现受精过程。卵细胞第二次减数分裂的中期是在受精作用完成时才开始发生的。

现在终于可以介绍精子与卵细胞结合成为合子的过程了。这其实是上一章中遗传通信的出发点，但因当时缺少必要的铺垫，所以只好在此进行介绍。该过程也叫受精过程，精子的头部进入卵细胞，精子与卵细胞的细胞核结合在一起，因此，合子中的染色体数目又恢复到原来体细胞中的染色体数目，其中一半来自精子，另一半来自卵细胞。精子和卵细胞中的同源染色体都是成单存在，但精子带有其中的一条，卵细胞带其中的另一条。受精后，这两条同源染色体进入了同一个细胞中，它们就成双存在了。减数分裂使染色体数目减半，受精作用使染色体数目又恢复到原来的数目，从而使子代的染色体数目保持恒定。

2.2.3 无性分裂

无性分裂是无性生殖中的一种常见方式。此时，母体分裂成两个（二分裂）或多个（复分裂）大小和形状相同的新个体，从而实现从亲代细胞到两个或多个子代细胞的 DNA 信息通信。这种生殖方式在单细胞生物中较普遍，但对不同的单细胞生物来说，在其生殖过程中，细胞核的分裂方式有所不同，可分为以下 3 种。

（1）基于无丝分裂的无性分裂生殖。这种方式经常出现在细菌、蓝藻等原核生物的分裂生殖中。原核细胞的分裂包括两个方面：其一是细胞中 DNA 的分配，使得分裂后的子细胞能得到亲代细胞的一整套遗传物质；其二是细胞质的分裂，把细胞基本上分成两等份。复制好的两个 DNA 分子与质膜相连，随着细胞的生长，两个 DNA 分子被拉开。细胞分裂时，细胞壁与质膜发生内褶，最终把母细胞分裂成两个基本相同的子细胞。

（2）基于有丝分裂的无性分裂生殖。这种方式经常出现在甲藻、眼虫、变形虫等的分裂生殖中。其中，甲藻细胞染色体的结构及其独特的有丝分裂方式兼有真核细胞和原核细胞的特点，细胞开始分裂时核膜不消失，核内染色体搭在核膜上。分裂时，核膜在中部向内收缩形成凹陷的槽，槽内细胞质中出现由微管按同一方向排列而形成的类似于纺锤丝的构造。该构造调节核膜和染色体，分离出子细胞核，最终分裂成两个子细胞。眼虫在进行分裂生殖时，其核进行有丝分裂，在分裂过程中核膜并不消失。随着细胞核中部的收缩，两个子核分离出来，然后细胞由前向后纵裂为二，其中一个带有原来的一根鞭毛，另一个又长出一根新鞭毛，从而形成两个眼虫。变形虫的分裂生殖也属于典型的有丝分裂，此时核膜消失，随着细胞核中部的收缩，染色体被分配到子核中，接着胞质一分为二，将细胞分裂成两个子代个体。

（3）基于无丝分裂和有丝分裂的无性分裂生殖。这种方式常出现在草履虫的分裂生殖过程中。草履虫属原生动物纤毛虫纲，其细胞内有大小两种类型的核，即大核和小核。小核是生殖核，大核是营养核。草履虫在进行无性生殖时，小核进行核内有丝分裂，大核则进行无丝分裂，接着虫体从中部横缢，形成两个新个体。

2.2.4　细胞分裂通信系统的传输差错

从通信角度看，如果细胞分裂正常，那么相关的遗传信息就会被无误差地纵向（生殖）或横向（生长）传输；但是如果细胞分裂异常，就可能出现传输差错。

　　造成细胞分裂通信传输差错的因素很多。在自然情况下，出现传输差错的内因至少有：细胞周期性地受到一系列基因、酶或蛋白质等物质的精确调控，不同组织的基因选择性表达有可能会造成差异。外因至少有：细胞受到一些外界信号的刺激，比如细胞因子（如肽类生长因子）、激素和细胞外基质等的刺激。其中，肽类生长因子主要通过影响旁分泌和自分泌的方式作用于靶细胞，当这两种分泌均不足时，细胞的增殖与分化就会受到抵制。激素只作用于特定的目标细胞，能促进其生长与分化。细胞外基质将影响特定细胞的增殖与分化，它主要通过与细胞表面整联蛋白的作用来激活相关的酶，启动相关信号。细胞外基质对干细胞的增殖分化具有诱导作用。在正在发育和受到创伤的组织中，当透明质酸合成旺盛时，细胞外基质将促进细胞增殖与迁移，抑制细胞分化。当增殖到一定程度时，透明质酸会被水解。在胚胎期，若下调刺激信号的水平，抑制细胞周期的引擎就会抑制细胞分裂。在肌肉生成过程中，肌肉抑制素则是肌肉生长的负调控因子。

　　在非自然情况下，射线、低温、化学药剂和病毒等环境因素都会对细胞分裂产生影响。这些影响将通过内因起作用，通过导致基因突变或影响酶的活性而影响细胞分裂。

　　当然，影响细胞分裂的因素还有很多，而且极为复杂。比如，细胞的表面积与体积之比以及细胞核与细胞质的体积之比都存在某种平衡关系。细胞通过它的表面不断与周围环境或邻近的细胞进行物质交换，因此它就必须拥有足够的表面积，否则代谢作用就很难进行。但是，由于生物个体生长的原因，细胞的体积逐渐增大，表面积与体积之比就会变得越来越小，物质交换便不能满足细胞的需要，这就可能引起细胞的分裂，以恢复适当的比例。同时，由于细胞核中遗传信息的指引和控制范围有限，细胞核对太大范围的细胞质的调控作用就会相对减小，从而可能引起某些细胞分裂出现差错。比如，有人做过这样的实验：当人工培养的变形虫快要分裂时，就把它的细胞质切去一大块，于是这只变形虫就不再分裂了；待它长大后又要分裂时，再切去一块，它又不再分裂了；但是，若任其继续生长，当体积达到一定程度时，它又会开始分裂。

最近，科学家还发现了一种新的细胞分裂形式，即所谓的核分裂。这是一种对错误细胞分裂的天然补救机制，能预防某些细胞转化为癌细胞。在这种分裂中，从一个核变成两个核时，并未经过有丝分裂，而是直接由一个细胞变成了两个细胞。每个新细胞都遗传了一个完整无缺的细胞核，包含一套完整的染色体。该分裂方式发生的时间也与众不同，即发生在延迟生长阶段，而不是有丝分裂结束时。在核分裂中，90% 的子细胞将拥有正常的配对染色体。在生物个体经过的所有细胞分裂周期中，细胞质分裂偶尔会失败，但这种新分裂方式是一种补救机制，让细胞分裂能从故障中恢复正常。因此，从通信角度看，核分裂其实是对传输误差的又一种纠错机制。

细胞每分裂一次就会复制一次 DNA，随后将 DNA 的每一个拷贝分配到两个子代细胞中，从而完成遗传信息的一次通信，即细胞分裂通信。与上章介绍的遗传通信系统类似，在细胞分裂通信系统中，传输误差也是一个至今仍未彻底搞清楚的非常复杂的问题。比如，以人类为例，如果从受精卵分裂开始从未出错，子细胞永远都与母细胞一模一样，那么永远只会有一种细胞，根本就不可能出现人。人体内共有 200 多种细胞，它们都是在不同生长阶段的细胞分裂中，在适当的时间和空间中出现适当的"传输差错"的结果。另外，细胞分裂通信的传输误差又必须被控制在一定范围内。比如，若某个传输误差太大，以致分裂出了癌细胞，那么该细胞的主人就可能有性命之忧。在更多的情况下，细胞分裂通信系统又必须具有相当高的传输可靠性。比如，肝细胞分裂后形成两个新的肝细胞，肺细胞分裂后形成两个新的肺细胞等。在人的一生中，体内细胞始终都在不断分裂，若将每次分裂都看成分裂通信的一次传输"中继"，那么人一辈子所经历的"中继"次数将是个天文数字。

2.2.5　细胞分裂通信系统的寿命

任何通信系统都有自己的寿命，细胞分裂通信系统也不例外。实际上，与生物个体一样，细胞也会衰老和死亡，即它不再继续分裂了，不再继续传输信息了。

有人从胎儿的肺部取得成纤维细胞，并在体外给予它们充足的营养进行培养。刚开始时，这些细胞能正常分裂繁殖，但等到分裂了大约 50 次以后，它们就不再分裂，而进入"老年期"了。若从成人的肺部取得成纤维细胞，则它们在体外只分裂大约 20 次后就停止了。若成纤维细胞取自一种能活 175 岁的乌龟胚胎，那么它们将能分裂 90 ~ 120 次。若成纤维细胞取自只能活两三岁的小鼠胚胎，那么它们只能分裂 8 ~ 11 次。若成纤维细胞取自维尔纳综合征（即快速衰老症）患者，则它们只能分裂 2 ~ 4 次。这说明细胞能分裂的次数与提供细胞的动物的平均寿命密切相关。

细胞的死亡包括急性死亡（细胞坏死，如原生质的凝固）和程序化死亡（细胞凋亡）。细胞坏死是一个渐进过程。细胞凋亡则是一个主动的、由基因决定的自动结束其生命的过程。凋亡的细胞将被吞噬细胞所吞噬。对多细胞生物个体来说，细胞凋亡对正常进行发育、保持自稳平衡以及抵御外界各种因素的干扰等都起着非常关键的作用。例如，蝌蚪尾部的消失、脊椎动物神经系统的发育、手和足的成形等其实都是相关细胞凋亡的结果。由此可见，在人的生长过程中，既不能接受所有细胞都不死亡（否则手和足等就不能形成），又不能接受所有细胞都死亡（否则人就该死亡了）。那么，是否存在永远都不会死亡的细胞呢？嘿嘿，还真存在！有一种名叫"海拉"的细胞，它自 1951 年被从一位黑人妇女的宫颈癌细胞组织中取出后，在体外人工环境下一直保持着不断分裂，现在生命力仍然旺盛，压根儿就没有任何衰老和死亡的迹象。因此，假如某位器官均已成型的成年人身上的所有细胞都能永生，那么他也许就会永生了。

最后，在本节结束前，我们还想对基因的作用作些澄清。一方面，基因的重要性毋庸置疑，毕竟某些家族总是人才辈出，这当然与基因不无关系。另一方面，先天的基因也不能决定一切，甚至拥有同样基因的生命个体的生长结果也可能完全不同。比如，蜜蜂是具有社会特征的昆虫，按照不同的职能，可分为蜂王、工蜂和雄蜂。在一个蜂群中，通常有一只蜂王、300 ~ 400 只雄蜂和上万只工蜂。其中，雄蜂仅能存活 3 个月左右，其使命是与蜂王交配。蜂王具有强大的生育能力，一次可产卵 3000 枚左右。它们都是同卵多胞胎，所以拥有完全相同的基因。但在每次产下的 3000 枚受精卵中，仅有一枚能发育成新蜂王，其余的都将成为工蜂。蜂王的个头很大，而工蜂的个头很小，但它们的 DNA 完全相同，这是为啥呢？原来，秘密就隐藏在它们出生后的食物中。蜂王一出生就以营养丰富的蜂王浆为食，而工蜂出生后只能以花粉、花蜜为食。这就从另一个侧面说明环境因素的重要性。环境竟能轻而易举地改变一个物种的生长过程。又如，人类的同卵双胞胎尽管具有相同的 DNA 序列，甚至拥有几乎相同的生长环境，但他们总会存在这样或那样的差异。

2.3　后天信息神经系统

继 38 亿年前 DNA 先天信息通信系统开通后，物种又经过大约 30 多亿年的演化，终于在 5.4 亿年前的寒武纪生命大爆发时期出现了另一种传输后天信息的通信系统，即脊椎动物拥有的神经系统。该通信系统所传输的信息已不再限于生物机体内的先天信息了，而是既包括机体内的各种后天神经信息又包括机体外的诸如声、光、电等随机信息。虽然神经系统的研究在生物学界如火如荼，但在通信领域中几乎没啥反应，甚至有人误以为生物学中的信息与通信界的信息风马牛不相及。因此，本节将以人体为例，尽量用通信领域的语言来重新阐述神经科学的相关成果，希望以此引起通信界的重视，并顺便填补通信史的这段空白。但非常遗憾的是，本章后面的某些内容确实很难避免生物学和医学的专用名词，好在对于这些名词的大概含义，读者都可以从其名称上猜出几分。至于某些生僻的疾病名称，大家只需知道它们是一些病就行了。关于若干古怪的解剖学名词，大家也只需知道它们是人体内的某些器官或部位就行了，甚至只需知道它们的通信功能就行了。总之，希望神经通信系统的许多神奇之处能对设计新的人工通信系统有所帮助，甚至能启发相关人员从机理上颠覆过去的人工通信架构。这是数亿年的演化改良和"不适者死亡"的残酷淘汰之后最有说服力的优化结果，因为人类在设计出当前的人工通信之前对神经通信系统并不了解或压根儿就没想去了解。

　　除了通过自身分裂来传递先天信息之外，细胞还能通过别的方式传递别的信息吗？有些细胞确实能通过电流或机械波来传递各种后天信息，而具有此种功能的细胞称为神经细胞或神经元。神经细胞与其他细胞一样，也由细胞核、细胞膜和细胞质等组成，但是它的外形有所不同，如较大的细胞体以及细胞体上的众多很细的突起部分（简称为突起）。突起又可细分为树突和轴突。其中，树突短而分枝多，直接从细胞体上生长出来，形如树枝。轴突长而分枝少，为粗细均匀的细长突起，常生长于细胞体上名为轴丘的、形似小丘的部分。轴突不但分出侧枝，而且在其末端形成树枝状的神经末梢。这些末梢分布于某些组织和器官内，形成各种神经末梢装置。比如，感觉神经末梢形成各种感受器；运动神经末梢分布于骨骼和肌肉中，形成运动终极。从功能上看，树突的作用是接收其他神经细胞轴突传来的冲动（电信号或机械波等），并将该冲动传递给自己的细胞体。轴突的作用是接受外来刺激（不限于其他轴突的刺激），再将这些刺激由自己的细胞体传出。每个神经元可以有一个或多个树突，但只有一个轴突。神经细胞间传递信息的接触点称为突触。通过突触之间的连接，不同的信息在神经系统中实现传输。

2.3.1　神经细胞的分类

神经细胞是整个神经系统中最基本的结构和功能单位，它们既能联络和整合输入信息，又能传出输出信息。形象地说，每个神经细胞就是一个微型通信系统，它以突起为输入端，以细胞体为输出端，而电信号或机械波则是信息的载体。神经细胞有很多种，若根据细胞体上生长出的突起的多少来分类，那么可以把神经细胞分为以下三类。

（1）假单极神经细胞：其细胞体近似于圆形，只长出一个突起，突起在离细胞体不远处分成两支。其中，一支为树突，分布于皮肤、肌肉和内脏中；另一支为轴突，进入脊髓和脑部。

（2）双极神经细胞：其细胞体近似于梭形，有一个树突和一个轴突，分布在视网膜和前庭神经节中。

（3）多极神经细胞：其细胞体呈多边形，有一个轴突和许多树突，分布最广。

比如，脑和脊髓灰质中的神经细胞几乎都属于这一类。

若根据神经细胞的机能来分类，那么就可以将其分为传入（感觉）神经细胞、传出（运动）神经细胞和中间（联络）神经细胞。

（1）传入神经细胞：它们接受来自体内外的刺激，并将神经冲动传递给中枢神经，故也称之为感觉细胞。此类神经细胞的末梢有的呈游离状，有的分化出专门接受特定刺激的细胞或组织。此类神经细胞分布于全身，在反射弧中一般与中间神经细胞发生作用，也称之为发生突触（这里的反射弧是指执行刺激/反射活动的特定神经结构）。在最简单的反射弧（如维持骨骼肌紧张性的肌牵张反射等）中，传入神经细胞也可直接在中枢神经系统内与传出神经细胞发生作用。一般来说，此类细胞的神经纤维进入中枢神经系统后，主要以辐散方式与其他神经细胞发生突触联系，即通过轴突末梢的分支与许多神经细胞建立突触联系，使许多神经细胞同时兴奋或受到抑制，以扩大其影响范围。

（2）传出神经细胞：神经冲动由细胞体经轴突传至末梢，使肌肉收缩或腺体进行分泌，故也称之为运动细胞。传出神经纤维末梢既分布到骨骼肌处组成运动终板，也分布到内脏平滑肌和腺上皮处（此时它们将包绕肌纤维或穿行于腺细胞之间）。在反射弧中，传出神经细胞与中间神经细胞联系的方式一般为聚合式，即许多传入神经细胞和同一个传出神经细胞发生作用，使许多不同来源的冲动同时或先后作用于同一个传出神经细胞。这也称为中枢的整合作用，使反应更精确，协调更一致。

（3）中间神经细胞：它们接受其他神经细胞传来的神经冲动，然后再将该冲动传递给另一个神经细胞，故也称之为联络细胞。中间神经细胞分布在脑和脊髓等中枢神经内，它是三类神经细胞中数量最多的一种。中间神经细胞的排列方式很复杂，包括辐散式、聚合式、链锁状和环状等。复杂的反射活动是由传入神经细胞、中间神经细胞和传出神经细胞互相借助突触连接而形成的神经细胞链完成的。在反射中涉及的中间神经细胞越多，引起的反射活动就越复杂。人类大脑皮质的思维活动就是通过大量中间神经细胞进行的极其复杂的反射活动。中间神经细胞的复杂联系是神经系统高度复杂化的结构基础。

当然，若按轴突的长短来分类，神经细胞又可分为两类，即高尔基 I 型细胞和高尔基 II 型细胞。总之，神经细胞通过突触既接受刺激，又产生并传导兴奋，从而实现各种神经细胞之间的后天信息通信传输。

2.3.2 神经通信方式

作为一种通信系统，神经细胞传递信息时所用的载体是什么呢？该载体叫作神经信号，它其实是一种形似脉冲的电信号，频率一般为 1 千赫左右，高的可达 10 千赫。例如，当有冲动电位信号到来时，肌肉纤维便发生收缩反应，收缩的力度根据神经冲动频率的不同而不同。从宏观角度看，神经信号无非使身体产生兴奋和抑制两类反应，而且兴奋信号和抑制信号往往互相平衡，从而有利于产生较为稳定的神经信号传输。兴奋性神经细胞保证有效信号的传输，而抑制性神经细胞（相当于通信系统中的电阻）则保证信号的传输不至于失控。

神经细胞作为最小的通信单元，广泛分布于生物机体内的各个部分。这些通信单元不是杂乱无章地堆在一起的，而是按相当精致的方式组成了多种不同的通信系统（或称为神经系统），并实现各自的生理和心理功能。比如，由神经细胞组成的更复杂一点的通信系统叫神经，它是由聚集成束的神经纤维构成的。神经纤维很像人工通信中的光纤，它由一种名叫髓鞘的物质包裹着。神经纤维负责把脑和脊髓的冲动传递给各个器官，或把各个器官的冲动传递给脑和脊髓。神经纤维纵横交错，由若干神经组成的通信网络便是各种神经网络，它们具有信息采集与发送功能，表现为心理层面的刺激与反应。具体来说，经初步处理的信息通过神经纤维按层次传递，直达脑神经，在此进行最后的总处理，然后将处理结果返回给神经细胞，再通过效应器或腺体产生相关生理反应。生物电信号传到相邻的神经纤维后会转变为化学信号，通过物质载体进行过渡，再转化为电信号。神经主要分为感觉神经、运动神经和混合神经。

感觉神经由传入神经纤维集合而成，它的一端是感觉纤维末梢，分布于感受器，另一端与脑或脊髓相连。感受器感受机体内外的刺激后产生兴奋，并将其转化为神经冲动，经传入神经（如嗅神经、视神经、位听神经等）输送到中枢，产生感觉或反射。感觉神经能感知气味、光线、声波和位置，也能感知温度、疼痛、触摸和震动。若感觉神经发生病变，就会引发感觉功能衰退或丧失。

运动神经由传出神经纤维集合而成，它能将脑或脊髓所产生的冲动传递给有关内脏器官、肌肉和腺体，使效应器做出相应的反应。根据传出神经纤维所支配部位的不同，运动神经又可分为躯体运动神经和内脏运动神经。前者支配头、颈、躯干和四肢上的骨骼肌的运动，后者又叫作植物性神经，支配平滑肌、心肌和腺体的活动。运动神经的信令由脑或脊髓发出，但要接受大脑皮质和皮质下各中枢的控制和调节。

混合神经由传入神经纤维和传出神经纤维聚集而成，比如三叉神经、面神经、舌咽神经、迷走神经等都是混合神经，31 对脊髓神经也是混合神经。在每种混合神经内，传入神经纤维和传出神经纤维的组成也不尽相同，包括躯体传出纤维、躯体传入纤维、内脏传出纤维和内脏传入纤维等 4 种纤维。

2.3.3　周围神经通信系统

从宏观上说，由各种神经系统组成的通信系统可分为两大类，其中一类叫中枢神经系统，另一类叫周围神经系统。本节主要介绍周围神经系统，它是将在下一节中介绍的中枢神经系统的外围系统，或者说是中枢神经系统在结构和功能上的延续。其实，人类对周围神经系统的解剖学观察早在 1906 年就开始了。当时，科学家在胎儿和成人尸体标本上已观察到了神经纤维，并绘制了股神经、闭孔神经和坐骨神经断面图，标出了主要的运动神经和感觉神经所占据的区域。20 世纪40 年代以后，人们又用显微解剖分离法，对人体主要神经干中神经束的形成和排列进行了全面研究，总结出了一整套系统的四肢神经干内神经束的分布图，并对束型变化做了详尽说明。1988 年，人们又发现周围神经在近端束的排列非常复杂且反复交叉，但在远端，在合并之前可以分离出较长的一段距离。因此，用通信界的行话来说，神经通信系统的"布线"非常复杂，但乱中有序。

作为一类典型的信息通信系统，周围神经系统的输入来自感觉器官（例如眼）和不同身体部位（例如皮肤）的感受器。周围神经系统将中枢神经系统的神经冲动传到效应器官（肌肉和腺体），它所传输的信息也是以电流和机械波为代表的各种生物信号（后天信息）。周围神经系统由神经干、神经丛、神经节及神经终末装置等组成，其功能是将外周感受器和中枢神经系统连接起来。

周围神经系统的组成部分包括轴突、髓鞘以及结缔组织构成的神经膜。其中，髓鞘有两种形式，可据此区分出两种神经纤维，它们分别是有髓神经纤维的髓鞘（它由连续的施万细胞按顺序排列并包裹单根轴突而形成）和无髓神经纤维的髓鞘（它不产生鞘磷脂，比如皮肤上的许多神经纤维）。结缔组织构成的神经膜负责支持和保护神经纤维，使得周围神经相对结实且有弹性。这样的膜有三层：其一是神经内膜，它是包绕在髓鞘细胞和轴突外的薄而疏松的结缔组织膜；其二是神经束膜，它是包裹每束神经纤维的结缔组织膜，对进出周围神经纤维的物质具有屏障作用；其三是神经外膜，它是包绕在多条神经束外面的一层厚而疏松的结缔组织膜，构成了神经的最外层，含有脂肪组织、血管和淋巴管。因此，周围神经就像通信电缆，每一条轴突都是一根单独的电话线，髓鞘和神经内膜包裹在轴突周围起到绝缘作用。神经束膜将这些绝缘的线包裹成束。这些束再被神经外膜有序地包裹起来，就像电缆的最外层封皮一样。

从组织学角度看，周围神经系统也具有鲜明的特点。它由神经纤维和中枢神经系统外的神经细胞的胞体组成，所以，它与中枢神经系统之间有往返的纤维联系，它的神经细胞构成了连接中枢神经系统与外周结构的桥梁。周围神经系统中成束的神经纤维又由结缔组织膜包裹着，构成单条的周围神经。它在活体观察中呈坚固而发白的索状结构。

从解剖学角度看，周围神经系统可分为三部分：脑神经、脊神经和自主神经。

脑神经与脑相连，共 12 对，按出入颅腔的前后顺序分别是嗅神经、视神经、动眼神经、滑车神经、三叉神经、外展神经、面神经、位听神经、舌咽神经、迷走神经、副神经和舌下神经。概括起来，前 11 对脑神经起源于脑，第 12 对脑神经则起源于脊髓上部，所有的脑神经都通过颅骨上的孔裂连出颅部。嗅神经连于大脑的嗅球，视神经连于间脑视交叉，其余 10 对脑神经均与脑干相连。在 12 对脑神经中，嗅神经、视神经和位听神经是纯粹的感觉神经，它们将嗅觉、视觉和听觉冲动传向中枢。动眼神经、滑车神经、外展神经、副神经和舌下神经是纯粹的运动神经，它们把中枢的信息传给感受器。三叉神经、面神经、舌咽神经和迷走神经则既有感觉成分又有运动成分，是混合神经，其中的运动性神经支配眼肌、舌肌、咀嚼肌、表情肌和咽喉肌，也支配平滑肌、心肌和腺体。

下面介绍全部 12 对脑神经的生理位置及主要功能。嗅神经位于脸庞中部，形似鼻中隔。它包含位于鼻腔顶部嗅区的嗅细胞，能接受嗅觉刺激；还包含由中枢突触聚集而成的 20 多条嗅丝，通过穿筛孔连于嗅球，以传导嗅觉。视神经位于眼部正中，形似瞳孔，它与视物和视觉传导有关。动眼神经位于眼部上方，形似眼睑，支配上睑提肌和上直肌等主要眼外肌的运动。滑车神经位于眼部内侧，支配上斜肌，可使瞳孔向下转动。三叉神经位于面部前端，感受面部刺激。外展神经位于眼部外侧，支配外直肌，可使瞳孔转向外侧。面神经在脸庞中呈左右镜像对称，形成面部轮廓。前庭蜗神经位于脸庞中部的外侧缘，形似耳郭，它与耳朵有关，能感受听觉和位置。舌咽神经位于口部中央，形似腭垂，它支配大部分咽肌，能感受舌后 1/3 的一般感觉和味觉等。迷走神经位于颈部正中，形似喉结，它支配喉肌，传导喉黏膜的感觉。副神经位于颈部外侧，形似胸锁乳突肌，富有动感，它支配胸锁乳突肌和斜方肌，与颈部运动相关。舌下神经位于口腔前部，形似向前伸出口腔的舌头，它支配舌外肌和舌内肌，既可伸舌又能改变舌的形状。

脊神经共有 31 对，都起源于脊髓，从脊柱的椎间孔发出。从生理位置上看，脊神经可分为颈神经、胸神经、腰神经、骶神经和尾神经等 5 组，每对脊神经均由与脊髓相连的前根和后根在椎间孔处汇合而成。前根主要是运动性纤维，由脊髓灰质前角细胞发出的运动纤维、侧角和内交感性内脏运动纤维等组成。在第 2、3、4 骶神经的前根内，存在副交感性内脏运动纤维，它们来自脊髓灰质中间带的细胞。前角细胞的轴突分布在骨骼肌中，侧角和骶部交感与副交感细胞的轴突则分布在内脏、腺体和血管平滑肌等处。脊神经的前根内也有感觉纤维，它们来自脊神经节内的细胞，其中枢突经前根进入脊髓，以传导痛觉。后根则是感觉性纤维，由发自脊神经节假单极神经元的中枢突组成。脊神经节的后根位于椎间孔内面的膨大部，由假单极神经细胞的胞体聚集而成，它的中枢突组成后根并进入脊髓，而其周围突触则以各种形式的感觉神经末梢分布于皮肤、肌肉、关节和内脏中，将躯体和内脏的感觉冲动传给中枢。所以，每一对由前、后根会合而成的脊神经都是混合性纤维。

脊神经共有 31 对，其中包括颈神经 8 对、胸神经 12 对、腰神经 5 对、骶神经 5 对以及尾神经 1 对。脊神经通过椎间孔穿出椎管，其中前 7 对颈神经从相应的颈椎上方穿出，第 8 对颈神经从第 7 颈椎和第 1 胸椎之间穿出，其他的脊神经皆按此顺序分别在本节和下一节椎骨之间的椎间孔穿出。脊神经在椎孔内的位置是：前方同椎间盘与椎体相邻，后方靠近突关节与韧带。当这些结构受到运动损伤时，将累及脊神经，并出现感觉与运动障碍。

自主神经包括交感神经和副交感神经。其中，交感神经是自主神经的一部分，从脊髓胸 1 至腰 2 节段的灰质中间外侧柱的位置发出节前神经细胞，经过脊髓神经前根，从相应节段的白交通支进入椎旁交感神经链，并在链内上行或下行，与链内或链外神经节内的节后神经细胞发生突触联系。节后神经细胞随相应的脊神经行至末梢，支配心脏血管、腹腔内脏、平滑肌及腺体等，以调节这些组织和器官的功能活动。若刺激交感神经，就可能引起心肌收缩加强，心跳加速，腹腔内脏和皮肤末梢血管收缩，新陈代谢亢进，瞳孔散大，疲乏的骨骼肌工作能力增强等。人体内的多数组织和器官均受交感神经及副交感神经的双重支配，并在功能上具有拮抗作用。从整体上看，这其实是在大脑皮层的管理下，使内脏活动相互协调和相互促进的结果。

副交感神经由脑干的某些核团及脊髓骶段的灰质中间外侧柱发出的节前神经细胞组成，其传输路径与某些脑神经（比如面神经、舌咽神经及迷走神经）或脊神经相同，并最终到达器官内部或旁边，与节后神经细胞发生突触联系，然后随节后神经细胞分布于内脏器官、平滑肌和腺体等处，并调节这些组织和器官的功能。刺激副交感神经，可能引起心跳减慢、胃肠蠕动增强、括约肌松弛、瞳孔缩小、腺体分泌增加等。

2.4 后天信息中枢系统

比上节的周围神经系统更复杂的通信系统是本节将要介绍的中枢神经系统，也是人体神经系统的主体部分。它是由许多大型通信系统组成的巨型通信系统。该通信系统的输入可以是全身的传入信息；在对输入进行整合加工后，相应的输出则是各种反射活动，包括形成协调的运动性输出，或产生感觉和记忆存储（比如将输出结果存储起来作为今后学习的神经基础。注意，存储也是一种通信，只不过是现在与未来的通信）。例如，在遇到伤害时就会逃避，这便是一种反射动作。此时，伤害性刺激所引起的信息传入中枢后，经中枢系统的加工处理，再经运动神经传出，便引起了肌肉的活动，产生逃跑这种输出结果。中枢神经系统接收传入的信息后，也可将其传输到脑的特定部位，其输出结果也可能是产生某种感觉。这一点从任何人的主观经验中都可以得到明确表现。有些感觉信息传入中枢后，经过学习还可在中枢神经系统内留下痕迹，成为新的记忆。形象地说，中枢神经系统的主要功能是传递、存储和加工信息，产生各种心理活动，支配与控制人的全部活动，当然其中也包括思维活动。

特别需要强调的是，中枢神经系统不但是通信系统，而且是所有人工通信系统的根本，因为任何人工通信系统的真正收信方和发信方其实都是中枢神经系统。从表面上看，电话通信是一方的嘴巴和另一方的耳朵之间的通信，但实际上是由发信方的中枢神经系统将信息输出给自己的嘴巴后，再由自己的嘴巴输入给电话。同理，收信方的耳朵在收到信息后，也会立即将其发送给自己的中枢神经系统，至此才算完成一轮对话。换句话说，当前的任何人工通信系统都得经过中枢神经系统这个通信系统中继才能最终完成通信任务。因此，盲人和聋哑人现在暂时无法进行视频和音频通信。若今后"意念通信"得以实现，那么只要中枢神经系统正常的人就能进行正常通信交流，哪怕他有感觉方面的障碍。

中枢神经系统还有一个非常重要的特征，即协调与整合。这里的协调是指在整体作用中，各种作用结合成为和谐运动的过程。整合则是把单独的、部分的活动变成为一个完整的活动。当然，在中枢神经系统中，通信的输出不再与其输入成一对一的关系，可以是多个输入转化成单个输出，或者相反。例如，当左腿抬起时，右腿便会努力伸直以支撑体重。此时，左腿的屈肌在收缩，而伸肌在放松。

作为一个庞大的神经细胞群，中枢神经系统的主要作用是调节某一特定的生理功能，所以，便有了呼吸中枢、体温调节中枢、语言中枢等分系统。通常，一些简单的反射中枢的分布范围较窄。比如，膝跳反射中枢位于腰部脊髓，角膜反射中枢位于脑桥。但是，调节某些复杂生命活动的中枢的分布范围很广。比如，调节呼吸的中枢就分布于延髓、脑桥、下丘脑及大脑皮层等多个部位，其中延髓呼吸中枢最重要，其余各级中枢则通过影响延髓呼吸中枢来调节呼吸。可见，反射中枢并非只是中枢神经系统内某一有限的孤立区域。即使同一水平的某一神经中枢，其内部各神经细胞之间也有错综复杂的联系，它们相互影响，决定着该中枢的机能活动状态。神经中枢的活动可通过神经纤维直接作用于效应器，也可通过体液途径间接作用于效应器。该体液途径就是所谓的内分泌调节。由于各种反射神经中枢都有确定的位置，故通过检查某一反射的表现或直接观察某些效应器官的活动，就可以推测中枢的机能变化，并以此来诊断疾病或判断病情。例如，角膜反射的中枢位于脑桥，用棉絮轻触角膜边缘，正常反应是闭眼。若角膜反射迟钝或消失，则表示脑桥受损或人已昏迷。又如，跟腱反射的中枢位于骶髓 1 ~ 2 节，叩击跟腱时，正常的反应是足向跖面屈曲。若跟腱反射减弱或消失，则表示相应的中枢可能受损。

2.4.1 人类的中枢通信系统

人类的中枢神经系统早在胚胎的第 3 周初就开始发育了。首先，从胚胎的身体背侧发育出纵贯胚胎的中轴——神经管。神经管的大头端演变成脑，小尾端演变成脊髓。神经管的翼板成为脊髓的背侧部分，它主要接收感受器的传入信息。神经管的基板成为脊髓的腹侧部分，其功能是运动性的。神经管的管腔在脑内的部分演变成脑室，在脊髓中的部分演变成中央管。胚胎在刚开始发育时，其实只有 3 个脑，即前脑泡、中脑泡和菱脑泡，后来衍化为端脑、间脑、中脑、小脑、脑桥和延髓等。在神经管的形成过程中，神经褶边缘的一些神经外胚层细胞随神经管的形成而下陷，然后在神经管外侧形成左右两条细胞索，称之为神经嵴。神经嵴再分化为周围神经系统的神经节、神经胶质细胞和肾上腺髓质嗜铬细胞等。

中枢神经系统内的许多神经纤维都有髓鞘，它们聚集在一起，用肉眼观看时呈白色，故称为白质；相反，在神经细胞的细胞体集中的部位包含着大量神经细胞的树突和突触，用肉眼观看时呈灰色，故称为灰质。在脊髓中，灰质位于中央管的周围，而白质围于灰质的表面。大脑及小脑的灰质主要分布在表层，分别称为大脑皮层和小脑皮层；而白质则位于深层。在中枢神经系统内，由功能相同的神经细胞体集聚组成的、具有明确范围的灰质团块称为神经核。脑干中的一些既非感觉性又非运动性的神经核（如红核、橄榄核等）位于脑干的不同部分。在脊髓中进行的神经活动主要是按节段进行的整体性反射活动，它们通过脑与脊髓之间的联系来完成这些反射。在中枢神经系统内，还有许多纵向走行的神经纤维束。在脑和脊髓的左、右两侧之间也有许多连合纤维，其中最粗大的便是大脑两半球之间的胼胝体。

脊髓和脑是中枢神经系统的两大关键部分。具体来说，中枢神经系统其实是由脑和脊髓中聚集的大量神经细胞组成的网络或回路。因此，下面分别对脊髓和脑进行适当的介绍。

脊髓是中枢神经系统的低级部位，位于椎管内，其前端在枕骨大孔处与脑相接，外连所有周围神经。31 对脊神经分布于它的两侧，后端达盆骨中部。由此可见，从通信角度来看，中枢神经系统其实是一个总线通信系统，脊髓相当于总线，脑则是中央处理器，而众多的周围神经等则是与总线相连的各部分。

在脊髓的外面包裹着 3 层结缔组织膜（称为脊膜），它们由内向外分别是脊软膜、脊蛛网膜和脊硬膜。其中，脊蛛网膜与脊软膜之间形成了相当大的腔隙，称之为蛛网膜下腔，其中充满了脑脊液。脊硬膜与脊蛛网膜之间形成了狭窄的硬膜下腔，其中充满了淋巴。从外形上看，脊髓好似上、下两端略扁的圆柱体，末端称为脊髓圆锥，具有两个膨大部，分别称为颈膨大和腰膨大。由盆神经、尾神经、脊髓圆锥及终丝等共同形成了称为"马尾"的东西。从横切面看，脊髓的中央是蝴蝶形灰质，其周围由白质组成。灰质中央有中央管。灰质向后外突出的部分称为后角，它与脊神经的后根相连，内含中间联络神经细胞；向前方突出的部分称为前角，内含运动神经细胞，其纤维构成脊神经前根；侧角内含植物性神经细胞。白质由神经纤维组成，按位置可分前索、侧索和后索，分别把脑和脊髓及脊髓的各段联系起来。

脊髓的功能体现在以下两个方面。其一为传导功能，即全身（除头外）深、浅部的感觉以及大部分内脏器官的感觉都要通过脊髓白质才能传导到脑，才能产生相应的感觉。而脑对躯干、四肢横纹肌的运动调节以及对部分内脏器官的调节也都得通过脊髓白质的传导才能实现。若脊髓受损，则其上传下达的功能将受到影响，从而导致感觉障碍，甚至瘫痪。其二为反射功能，即脊髓灰质中有许多低级反射中枢，可以完成某些基本的反射活动，如肌肉的牵张反射、排尿排粪反射、性功能活动的低级反射，以及跖反射、膝跳反射和内脏反射等躯体反射。在正常情况下，脊髓的反射活动都是在高级中枢的控制下进行的。当脊髓突然横断，与高级中枢失去联系时，便会产生暂时性的脊休克。若脊髓受损，就会中断某一水平的生理功能。

脑是中枢神经系统的高级部分，位于颅腔内，向后在枕骨大孔处向脊髓延续。人脑是由约 140 亿个脑细胞构成的、重约 1400 克的海绵状神经组织，它是中枢神经系统的主体。从构造上看，按部位的不同，脑可分为后脑、中脑和前脑。

后脑位居脑的后下部，包括延脑、脑桥和小脑三部分。延脑位于脊髓的上端，与脊髓相连，呈细管状，大小如手指。延脑的主要功能是控制呼吸、心跳、吞咽及消化，此部分非常关键，以至稍微受损就可能危及生命。脑桥位于延脑之上，是由神经纤维构成的、比延脑肥大的管状体。它的两端分别连接延脑与中脑，若受损，则可能使睡眠失常。小脑位于脑桥之后，形似两个相连的、带皱纹的半球，其功能主要是控制身体的运动与平衡。若小脑受损，身体就不能自由活动。

中脑位于脑桥之上，恰好处在整个脑部的中间。中脑是视觉和听觉的反射中枢。在中脑的中心有一个网状神经组织，称之为网状结构，它的主要功能是控制觉醒、注意力、睡眠等意识状态。网状结构的作用可扩及脑桥、中脑和前脑。中脑与后脑的脑桥和延脑合称为脑干，脑干是生命中枢。

前脑是脑中最复杂的部分，也是最重要的部分。前脑主要包括大脑皮质、边缘系统、丘脑、下丘脑和脑垂体等 5 部分。

（1）大脑皮质：它是前脑中最重要的部分，平均厚度为 2.5 ~ 3.0 毫米，面积约为 2200 平方厘米，其上布满了下凹的沟和凸出的回。分隔左右两个半球的深沟成为纵裂，纵裂底部由胼胝体相连。在大脑半球的外侧面，自顶端起与纵裂垂直的沟称为中央沟，由前下方向后上方斜行的沟称为外侧裂。在半球内侧面的后部有顶枕裂。中央沟之前的区域为额叶。中央沟后方、顶枕裂前方、外侧裂上方的区域称为顶叶。外侧裂下方为颞叶，外侧裂后方为枕叶。胼胝体周围的区域称为边缘叶，每叶都包含很多回。在中央沟的前方有中央前回，后方有中央后回。大脑半球深部是基底神经节，主要包括尾状核和豆状核，合称为纹状体。它的机能主要是调节肌肉的张力，以协调运动。

（2）边缘系统：它是位于胼胝体之下的、包括多种神经组织的复杂神经系统，其构造与功能目前尚不清楚。除包括部分丘脑和下丘脑外，边缘系统还包括海马体和杏仁核等。不过，目前已知海马体的功能与学习、记忆有关，杏仁核的功能与动机、情绪有关。

（3）丘脑：它是一个卵形的神经组织，其左右两内侧部相连，断面呈圆形。这一区域称为丘脑黏合块，周围的环状裂隙为第三脑室。丘脑的位置在胼胝体下方，担任转运站的角色。从脊髓传来的神经冲动首先中止于丘脑，然后由此分别传送至大脑皮质的相关区域。若丘脑受损，则将扭曲感觉，以至患者无法正确了解周围的世界。

（4）下丘脑：它位于丘脑之下，其体积虽比丘脑小，但功能比丘脑复杂。下丘脑是自主神经系统的主要控制中心，从脑底面看，由前向后依次为两侧视神经构成的视交叉、灰结节（漏斗）和乳头体。它直接与大脑皮质的各区相连，又与主控内分泌系统的脑垂体连接。下丘脑的主要功能是控制内分泌系统，维持新陈代谢、调节体温，并与饥、渴、性等生理性动机和情绪有关。若下丘脑受损，则将影响饮食习惯与排泄功能等。

（5）脑垂体：它位于下丘脑之下，大小如豌豆。它在位置上虽属前脑，但在功能上则是内分泌系统中最主要的分泌腺之一。此外，胼胝体连接大脑的两个半球，使两个半球的神经网络得以彼此沟通。

若按功能分区，则脑可细分为脑干、间脑、大脑、小脑、脑膜、脑室和脑脊液等。

（1）脑干：包括由后向前排列的延髓、脑桥、中脑和红核等。延髓为脑干的末端，呈前宽后窄的楔形。它的腹侧有锥体和斜方体，背侧分为闭合部和开放部。脑桥位于延髓的前方，分为基底部和被盖，基底部横向隆起，两端有三叉神经穿出。中脑位于脑桥和间脑之间，内有一管，称之为中脑导水管。它的后端与第四脑室相通，前端与第三脑室相通。中脑导水管将中脑分为背侧的四叠体和腹侧的大脑脚。红核是一对卵圆形的灰质大核团，位于大脑脚前部。它是下行运动传导路径上的重要转换站。

（2）间脑：它的前外侧连接大脑的基底核，内有第三脑室，呈环状环绕，主要分为丘脑和下丘脑。

（3）大脑：又分为大脑新皮质、基底神经节、嗅脑、边缘叶、白质以及侧脑室等部分。大脑新皮质分布于大脑的背面、前侧面、外侧面和后侧面，可分为前部的额叶、后部的枕叶（视觉区）、外侧部的颞叶（听觉区）和背侧部的顶叶（一般感觉区）。基底神经节是大脑内部位于白质中的一些较大的灰质团状物，是大脑皮质运动中枢，主要由尾状核和豆状核构成。嗅脑构成了端脑的底面，包括嗅球、嗅回、嗅三角、梨状叶、海马体等部分。边缘叶是大脑的两个半球间相对的皮层，包括扣带回和胼胝回等。它执行调节内脏和生殖活动的功能。大脑白质中含有 3 种纤维，分别是连合纤维（连接左右大脑半球的皮质纤维，形成胼胝体）、联络纤维（连接同侧半球的各脑回和各叶的纤维）和投射纤维（连接大脑皮质与中枢的其他各部分的上、下行纤维）。侧脑室位于大脑半球内部，每侧各有一个，分别称为第一脑室和第二脑室，通过室间孔与第三脑室相通。

（4）小脑：略呈球形，位于延髓和脑桥的背侧。小脑的背侧面有两条浅沟，它们将小脑分为两部分，即小脑半球和蚓蚓部。

（5）脑膜：与脊髓膜相似。实际上，在脑的外面也有 3 层脑膜，由内而外分别是脑软膜、脑蛛网膜和脑硬膜，其间分别形成蛛网膜下腔和硬膜下腔，但无硬膜外腔。

（6）脑室：包括侧脑室、间脑内的第三脑室、中脑内的中脑导水管、小脑、脑桥和延髓内的第四脑室以及脊髓内的中央管。它们相互连通，其中充满脑脊液，共同组成脑室系统。

（7）脑脊液：是一种特殊的液体，由侧脑室、第三脑室和第四脑室的脉络丛产生，充满于脑室系统以及脑和脊髓的蛛网膜下腔，在大脑纵裂处流入静脉内，完成脑脊液的循环。

2.4.2 中枢通信系统的故障原因

作为一个复杂的超级通信系统，神经系统当然也会发生各种故障，并使其主人罹患多种精神疾病，表现为若干精神活动障碍。导致神经通信系统出现故障的因素主要有中毒、病毒感染、遗传缺陷、营养障碍等。

中毒：包括以下几种情况。一是金属中毒，如铅中毒可导致外周运动神经麻痹等，汞、砷、铊中毒亦会影响神经系统。二是有机物中毒，如酒精中毒、巴比妥类中毒可抑制中枢神经系统，有机磷中毒会使胆碱能神经过度兴奋。三是细菌毒素中毒，如肉毒中毒可导致颅神经麻痹和四肢无力，白喉毒素可导致神经麻痹，破伤风毒素可导致全身骨骼肌强直性痉挛。四是动物毒素中毒，腔肠动物、贝类、毒蚊、蜘蛛、河豚等所含的毒素亦可导致神经症状，比如肌肉软弱、瘫痪、抽搐、共济失调等。

病毒感染：它引发的精神疾病一般可分为急性、亚急性、慢性和胚胎脑病等四类。许多病毒都可感染神经系统，但它们对神经组织的感染部位和致病性不同。病毒感染人体的途径主要有皮肤、黏膜、胃肠道和呼吸道，也包括输血、器官移植等医源性途径。病毒感染引发的常见精神疾病包括：狂犬病病毒引起的狂犬病、流行性乙型脑炎病毒引起的流行性乙型脑炎、B型库克萨基病毒引起的流行性胸痛、脊髓灰质炎病毒引起的脊髓灰质炎、慢性病毒感染引起的库鲁病以及麻疹病毒的突变株引起的亚急性硬化性全脑炎等。此外，病毒感染所致的中枢神经系统疾病还有单纯疱疹病毒脑炎、肠道病毒感染、先天性巨细胞病毒感染、免疫缺陷病毒脑病等。

遗传缺陷：引发神经系统疾病的遗传因素多为常染色体隐性遗传，而高、低血钾性周期性瘫痪则为常染色体显性遗传。遗传缺陷引发的精神疾病主要有代谢病（如苯丙酸尿症、糖原贮积病、黏多糖病、脂质贮积病）、变性病（如脑白质营养不良、帕金森氏病、肌萎缩侧索硬化、遗传性视神经萎缩等）和肌病（如进行性肌营养不良）等。

营养障碍：维生素 A 缺乏可致颅内高压症，维生素 B 族缺乏可影响神经系统，维生素 B1 缺乏可引发脚气病并表现为多数周围神经受损，维生素 B12 缺乏可导致亚急性联合性退行性变，蛋白质热能营养不良将引发夸希奥科病（此时患者可有震颤、运动缓慢、肌阵挛等神经症状）。

无论是中枢神经系统还是周围神经系统，它们作为不同层次的通信系统是否也具有通信传输的差错控制功能呢？当然有，比如生物的免疫系统就是一种最全面的差错控制系统。相关研究已表明，神经系统与免疫系统之间存在某种交互作用，神经系统可以影响免疫系统和免疫细胞，而免疫系统也会影响感觉和认知机制。比如，中枢神经系统拥有自己的淋巴网络，它允许抗原和免疫细胞从大脑和脑膜室中排放到颈部淋巴结深处，从而达到免疫效果。又如，在脑膜中充斥着多种免疫细胞，它们可以帮助大脑检测和抵御抗原，并维持大脑的正常功能。再如，脑膜的巨噬细胞和单核细胞等都会参与因大脑受损而造成的脑膜损伤的修复和炎症反应过程。脑受损后，小胶质细胞将沿着胶质界膜发生形态学变化，在幸存的星形胶质细胞周围形成一个蜂窝状网络，以此分隔坏死的组织，恢复受损的脑组织的正常边界。

除了前面章节介绍的神经通信系统、细胞分裂通信系统和遗传通信系统这些超级通信系统之外，人体内还有其他通信系统吗？当然有，而且为数不少。这些通信网络还连接成了像互联网一样的网中网，全面覆盖了信息采集、加工、传输、应用和存储等方面。总之，整个人体其实就是一个庞大的通信系统，下一节还将给出更多的证据。

2.5 其他体内通信系统

人体内部的通信系统实在太多，无法穷尽。其实，正如本章第一节所介绍的那样，哪怕在一个小小的细胞中都存在着许多至今还不清楚的通信系统。本节再介绍两个工作原理相对比较清楚的重要通信系统，即内分泌通信系统和体液通信系统。

2.5.1 内分泌通信系统

前面已知，神经细胞可以主导多种神经通信系统。那么，是否还有别的什么细胞也能主导其他一些体内通信系统呢？答案是：当然有。比如，内分泌细胞就是其中之一，而且由这类细胞主导的通信系统是除神经系统之外的另一种重要的人体机能调节系统。该通信系统称为内分泌通信系统。

从通信角度看，内分泌细胞是一种典型的发信方细胞，它所发出的信息叫作激素。若以其分泌的激素来分类的话，内分泌细胞可分为两大类：分泌含氮激素的内分泌细胞和分泌固醇激素的内分泌细胞。内分泌细胞广泛分布于人体的许多部位，有的组成了在形态结构上独立存在的肉眼可见的器官，称之为内分泌腺。内分泌腺的结构特点是，其中的细胞排列成索状、团状或泡状，虽无排送分泌物的导管，但毛细血管丰富。人体内还有以细胞团的方式组成的内分泌组织，它们分散于其他器官和组织中，也能分泌不同的激素。比如，脑能分泌胃泌素、释放因子和内啡肽等，肝脏能分泌血管紧张素等，肾脏能分泌肾素、前列腺素等。

内分泌通信系统的通信过程可描述为：内分泌腺和组织细胞等分泌一些激素

（即发出一些信息），这些激素（信息）被直接释放进血液和淋巴液，经血液循环和淋巴循环到达全身各处，传送给某些潜在的收信方，即可能受到影响的器官（靶器官）或细胞（靶细胞），从而调节这些器官和细胞的生理活动。发信方（内分泌腺）之间在形态上大多没有直接联系，但在功能方面密切相关，每个内分泌腺（发信方）几乎都与其他的内分泌腺（发信方）有着直接或间接的功能联系。比如，脑垂体分泌的多种激素会影响多种内分泌腺的功能，而后者又能通过反馈调节机制制约脑垂体的活动。具体来说，脑垂体前叶分泌的促甲状腺激素能促进甲状腺分泌甲状腺素，但当血液中的甲状腺素增多时，则又会反过来抑制脑垂体前叶分泌促甲状腺激素，从而使甲状腺分泌的甲状腺素减少。这种反馈调节机制是维持激素水平相对稳定的重要因素。

内分泌通信系统与神经通信系统在生理学方面也是密切相关的，它们构成了像互联网一样的网中网。比如，神经系统中的下丘脑中部即为内分泌组织，它可合成催产素等。鸦片多肽激素既能作用于神经系统，又能作用于内分泌系统中的脑垂体。神经通信系统和内分泌通信系统在维持机体内环境稳定方面既互相影响又互相协调。比如，在维持血糖水平稳定的机制中，既离不开内分泌通信系统分泌的胰岛素等激素，也离不开神经通信系统中的交感神经等。总之，只有在神经系统和内分泌系统均正常时，机体的内部环境才能维持最佳状态。

内分泌通信系统所发出的信息多种多样，即分泌的激素多种多样。它们具有如下几个特点：同一种激素信息可在不同的组织或器官中合成，比如生长抑素就能分泌于下丘脑、胰岛和胃肠等处；多肽性生长因子能分泌于神经系统、内皮细胞、血小板等处；在中枢神经系统的控制下，激素信息一般以相对恒定的速度或节律释放；生理或病理因素也可影响激素的基础性分泌，还可用传感器来监测和调节激素水平，以维持机体内主要激素间的平衡。

内分泌通信系统的收信方既可以是某些器官，也可以是器官内的某类细胞。收信方的收信位置也不相同，如含氮激素的收信位置是靶细胞的质膜，类固醇激素的收信位置一般位于靶细胞的细胞质内。当然，收信方在收到传输信息后的反应各不相同，收信的过程也不相同。儿茶酚胺和多肽激素将与收信方（受体）的细胞表面结合，通过对受体细胞基因的影响，发挥其生物效应。而胰岛素则在与受体细胞表面结合后，共同进入受体细胞内形成复合物，然后与其他受体细胞结合，以产生生物效应。激素与受体的结合是可逆的，还符合一条名叫"质量与作用定律"的规律。

下面介绍内分泌通信系统中的主要发信方（即分泌激素的器官和组织）、收信方（即激素的靶器官）、所发送的信息以及这些信息引发的结果等。

第一个发信方是甲状腺。它位于气管上端的两侧，呈蝴蝶形，分左右两叶，中间以峡部相连。正常人在吞咽时，甲状腺将随喉部上下移动。甲状腺的前面仅有少数肌肉和筋膜覆盖，故稍肿大时可在体表摸到。甲状腺由许多大小不等的滤泡组成，泡腔内有胶状物，为腺体细胞分泌的储存物。滤泡之间有丰富的毛细血管和少量结缔组织。

甲状腺所发信息（甲状腺素）的收信方很多，它所引起的生理功能主要有以下 3 种。

其一，影响新陈代谢。比如，产生热效应，提高大多数靶器官的耗氧率，增强产热效应。所以，甲状腺功能亢进患者的基础代谢率可升高 35% 左右，而甲状腺功能低下患者的基础代谢率可降低 15% 左右。甲状腺素可对三大营养物质的代谢产生作用。在正常情况下，甲状腺素的主要作用是促进蛋白质合成，特别是使骨骼和肝脏等部位的蛋白质合成明显增加，然而甲状腺素分泌过多反而会使蛋白质大量分解，因而出现消瘦无力等现象。在糖代谢方面，甲状腺素可促进糖的吸收，同时还能促进外周组织对糖的利用。总之，它加速了糖和脂肪的代谢，特别是促进许多组织中糖、脂肪及蛋白质的分解氧化过程，从而增加机体的耗氧量和产热量。

其二，促进生长发育，主要是促进代谢过程，特别是对骨骼和神经系统的发育有明显的促进作用。所以，若儿童的甲状腺功能在生长时期减退，他就会发育不全，反应迟钝，身体矮小。

其三，提高神经系统特别是交感神经系统的兴奋性，还可直接作用于心肌，使心肌收缩增强，心率加快。所以，甲状腺功能亢进患者常表现为容易激动、失眠、心动过速和多汗等。

第二个发信方是甲状旁腺，共有 4 个，分别位于甲状腺两侧的后缘内，左右各两个。甲状旁腺所发出的信息（甲状旁腺素）的收信方仍然很多。甲状旁腺素能调节机体内钙、磷的代谢。若收信方是肾小管，那么该激素既抑制肾小管对磷的重吸收，又促进肾小管对钙的重吸收。若收信方是骨细胞，那么该激素将促进骨细胞释放磷和钙进入血液，以提高血液中的磷、钙含量。所以，甲状旁腺的正常分泌会使血液中的钙含量不致过低，磷含量不致过高，从而使血液中钙与磷的含量保持适当的比例。

第三个发信方是脑垂体，它是一个椭圆形的小体，重量不足 1 克，位于颅底垂体窝内。该发信方能向多个收信方发出多种信息（即分泌多种激素），产生多种生理效果。当脑垂体分泌生长激素时，将促进骨的生长。若幼儿缺乏该激素，则会使长骨的生长中断，导致侏儒症；若该激素过剩，则会使全身长骨发育过盛，导致巨人症。当脑垂体分泌催乳素时，可促进乳腺增殖以及乳汁生成和分泌。当脑垂体分泌卵泡刺激素和黄体生成素等促性腺激素时，可促进雄、雌性激素的分泌，以及卵泡和精子的成熟。当脑垂体分泌促肾上腺皮质激素时，将促使肾上腺皮质激素的分泌。当脑垂体分泌促甲状腺激素时，将使甲状腺增大，使甲状腺素的生成与分泌增多；若该激素缺乏，将引起甲状腺功能低下症状。当脑垂体分泌抗利尿激素时，将影响肾脏，促进水的重吸收，调节水的代谢。若缺乏这种激素，就会出现多尿现象，称之为尿崩症；若该激素分泌过多，就会使血管收缩，血压升高，所以又称之为血管加压素。当脑垂体分泌催产素时，将刺激子宫收缩，并促进乳汁排出。此外，脑垂体还能分泌促甲状旁腺激素、促黑激素等。

第四个发信方是胰岛。它是分散在胰腺的腺泡之间的细胞团，可再细分为 5 种：A 细胞，分泌胰高血糖素；B 细胞，分泌胰岛素；D 细胞，分泌生长抑素；PP 细胞，分泌胰多肽；D1 细胞，数量很少。其中，B 细胞所发信息（胰岛素）的主要作用是调节糖类、脂肪及蛋白质的代谢，促进全身各组织和器官尤其是肝脏和肌肉组织加速摄取、储存和利用葡萄糖。该激素的另一个作用是促进肝细胞合成脂肪酸，形成甘油三酯，并将其储存于脂肪细胞内。此外，该激素还能抑制脂肪分解。该激素缺乏时，糖就不能被储存和利用，因此，不仅会引起糖尿病，而且会引起脂肪代谢紊乱，出现血脂升高、动脉硬化，导致心血管系统发生严重病变。该激素对于蛋白质代谢也起着重要作用，能促进氨基酸进入细胞，然后直接作用于核糖体，促进蛋白质的合成。A 细胞所发信息（胰高血糖素）的作用与 B 细胞所发信息（胰岛素）相反，它可促进肝脏中的糖原分解和葡萄糖异生，使血糖水平明显升高。它还能促进脂肪分解，使酮体含量升高。B 细胞分泌的激素既可以促进 A 细胞分泌激素，也可以直接作用于邻近的 A 细胞，并抑制 A 细胞分泌激素。限于篇幅，这里不介绍其他 3 种胰岛所分泌的激素及其受体与功能了。

　　第五个发信方是肾上腺。它位于肾脏上方，左右各一个。肾上腺分为两部分：外周部分为皮质，中心部分为髓质。皮质是腺垂体的一个靶腺（收信方），而髓质则受交感神经节前纤维的直接支配。肾上腺皮质的组织结构可分为球状带（主要分泌盐皮质激素）、束状带（分泌糖皮质激素）和网状带（既分泌糖皮质激素，也分泌少量性激素）。

　　肾上腺糖皮质激素在糖代谢方面的作用是：一方面促进蛋白质分解，使氨基酸在肝脏中转变为糖原；另一方面使血糖水平升高。该激素还能促进四肢上脂肪的分解，使腹、脸、两肩及背部的脂肪合成增加。因此，若过量服用该激素，就会出现向心性肥胖，还会造成肌肉无力等。该激素对水盐代谢的作用是主要影响水的排出。因此，该激素缺乏时，会出现排水困难。该激素也能增强骨髓的造血功能，抑制淋巴组织增生，另外还有降低毛细血管通透性的作用。

　　肾上腺盐皮质激素的作用是调节水盐代谢。它一方面作用于肾脏，促进肾小管对钠和水的重吸收，并促进钾的排出；另一方面影响组织细胞的通透性，促使细胞内的钠和水向细胞外转移，并促进细胞外液中的钾向细胞内移动。

　　肾上腺皮质分泌的性激素以雄性激素为主，可促进性成熟。少量的雄性激素对妇女的性行为甚为重要，但雄性激素分泌过量可使女性男性化。

　　肾上腺髓质位于肾上腺中心，它分泌肾上腺素和去甲肾上腺素两种激素。它们与交感神经系统紧密联系，作用很广。当机体遭遇紧急情况（如恐惧、惊吓、焦虑、创伤以及失血等）时，这两种激素的分泌将急剧增加，使得心跳加强加快，血压升高，血流加快，支气管舒张（以改善氧的供应），肝糖原分解，血糖水平升高等。

第六个发信方是胸腺。它是一个淋巴器官，兼有内分泌功能。新生儿和幼儿的胸腺发达，体积较大。性成熟后，胸腺逐渐萎缩、退化。胸腺分为左右两叶，不对称，色灰红，质柔软。胸腺可分泌胸腺素，能促进具有免疫功能的 T 细胞的产生和成熟，并抑制运动神经末梢合成与释放乙酰胆碱。因此，当患胸腺瘤时，胸腺素会增多，从而导致神经肌肉传导障碍，出现重症肌无力现象。

第七个发信方是性腺，主要指男性的睾丸和女性的卵巢。睾丸可分泌雄性激素——睾酮，其主要功能是促进性腺及其附属结构的发育，促进副性征的出现，促进蛋白质的合成。卵巢可分泌卵泡素、孕酮、松弛素等。卵泡素可刺激子宫内膜增生，促使子宫增厚，乳腺变大，出现女副性征。孕酮可促进子宫上皮和子宫腺的增生，保持体内水、钠、钙的含量，并能降血糖水平，升高体温。松弛素可促进宫颈和耻骨联合韧带松弛，有利于分娩。

2.5.2 体液通信系统

下面介绍以血液为主导的体液通信系统。与本章前面介绍的其他体内通信系统不同的是，它不再由某种细胞主导。该通信系统传输的信息种类很多。比如，医院验血、验尿等所有化验结果都是体液通信系统所传输的信息。因此，下面就不再谈及它所传输的信息了。

从通信角度看，体液通信系统是一个以血管为总线的通信系统。人类的体液包括血浆、淋巴液、脑脊液等，它们虽然彼此分开，成分也不完全相同，但它们之间互相联系，其中血浆在各种体液间起着联系人的作用。血液在血管内循环流动，而毛细血管又遍布全身各处。虽然平常仅有小部分毛细血管开放，但这也足够它们进行机体内的物质交换了。当血液流经消化道和肺时，便从胃肠中得到营养物质，从肺中得到氧气；当血液流经全身组织时，又将营养物质和氧气输送给细胞。同时，细胞新陈代谢后的产物进入血液，经血液循环运送至肾、肺和皮肤等处，排出体外，使血液不断更新。

　　体液具有重要的生理调节功能。机体的某些细胞产生的特殊化学物质需借助血液循环到达全身的各个器官和组织，从而引起某些器官和组织的某些特殊反应。体液通信系统、内分泌通信系统和神经通信系统之间存在着非常密切的联系。内分泌细胞所分泌的各种激素需借助体液循环通路，对机体的功能进行调节。有些内分泌细胞可以直接感受体液中的某种变化，并直接做出相应的反应。有些内分泌腺直接或间接受神经系统调节，此时体液调节便成了神经调节的一个输出环节。虽然某些组织细胞产生的化学物质不能随血液流到其他部位起调节作用，但可以在局部组织液内扩散，改变邻近组织细胞的活动。当然，神经调节迅速而精确，而体液调节比较缓慢、持久而弥散。若两者互相配合，便能使生理功能的调节更趋完善。

　　体液是人体内全部液体的总称，约占成年人体重的 60%。体液可分为细胞内液和细胞外液。细胞外液又分为两类：一类是存在于组织细胞之间的组织液，形成细胞生活的内环境；另一类是血液中的血浆，是存在于血管中的液体。组织液和细胞内液之间由细胞膜隔开，组织液与血液之间由血管壁隔开。细胞内液、组织液和血液三者之中的水分和一切能透过细胞膜与毛细血管壁的物质均可互相进行交换。体液中除了水分以外，还有许多离子和其他化合物。细胞外液的主要成分有三类：细胞代谢所需的物质、代谢废物以及其他成分。

　　与内分泌通信系统类似，体液通信系统又由许多更小的体液通信系统组成，仍然类似于互联网。

　　组织液是血液与组织细胞间进行物质交换的媒介。绝大部分组织液呈凝胶状，不能自由流动。即使将注射针头插入组织间隙，也不能抽出组织液。但凝胶中的水及溶解于水的各种溶质分子的弥散运动并不受凝胶的阻碍，仍可与血液和细胞内液进行物质交换。组织液是血浆在毛细血管动脉端滤过管壁而生成的，而且在毛细血管静脉端，大部分又透过管壁回到血液中。除大分子蛋白质外，血浆中的水及其他小分子物质均可滤过毛细血管壁，以完成血液与组织液之间的物质交换。滤过的动力是有效滤过压。影响组织液生成的因素主要有有效滤过压、毛细血管的通透性、静脉和淋巴回流等。

血液是在心脏和血管内流动的不透明的红色液体，主要成分为血浆、红细胞、白细胞和血小板。血液的作用包括为组织提供营养物质、调节器官活动和抵抗有害物质等。人体内各器官的生理和病理变化往往会引起血液成分的改变，故患病后常常要通过验血来诊断疾病。血液分为静脉血和动脉血。动脉血包括在体循环的动脉中流动的血液，以及在肺循环中从肺回到左心房的肺静脉中的血液。动脉血的含氧量较高，所含二氧化碳较少，呈鲜红色。静脉血中含较多的二氧化碳，所以呈暗红色。

当组织液进入淋巴管后，即成为淋巴液。因此，来自某一组织的淋巴液的成分与该组织的组织液非常接近。除蛋白质外，淋巴液的成分与血浆相似。淋巴液中的蛋白质以小分子居多，也含纤维蛋白原，故淋巴液在体外能凝固。因为淋巴液是由血液经微血管渗透出来的，所以淋巴液中不含红细胞。

脑脊液是一种无色透明的液体，充满了各脑室、蛛网膜下腔和脊髓中央管。脑脊液由脑室中的脉络丛产生，与血浆和淋巴液的性质相似，略带黏性。脑脊液具有保护脑和脊髓并为其提供营养物质的作用。正常的脑脊液具有一定的压力，对维持颅内压的相对稳定具有重要作用。如果脑脊液过多或循环通路受阻，则均可导致颅内压升高。

房水为无色透明液体，属于组织液的一种。它充满于眼角膜和虹膜之间，可维持眼球内部的压力。这种液体由睫状体产生，然后通过瞳孔进入前房，再由前房角的小梁网排出眼球。若眼睛的房水系统工作正常，则房水的生成量正好等于排出量。若房水过多或排出不畅，就会造成眼内液体增多，从而导致眼压升高（即所谓的青光眼）。这将损害视神经，使视野变小，甚至导致失明。房水还具有一定的折光功能，它与角膜、晶状体和玻璃体等共同组成眼球折光系统。同时，房水也为虹膜、角膜和晶状体提供营养物质。

体液通信系统也有自己的传输差错控制机制，这便是所谓的体液免疫系统，它属于特异性免疫。其中起作用的免疫细胞为 B 淋巴细胞，它在受到刺激后，分裂成浆细胞和记忆 B 细胞。其中，浆细胞产生抗体，与抗原相结合，使之失去致病能力；而记忆 B 细胞则介入二次免疫反应。当然，体液也可能传播某些疾病。比如，艾滋病病毒就能通过体液特别是精液和血液进行传播。

　　若因饮水过少或失水过多，就可能造成体液明显减少，即脱水。实际上，人体通过肺和皮肤的蒸发以及尿和粪便的排泄等，每天都会丧失许多体液，因此，必须通过饮食来补充水分。体液正常容量的维持需要通过机体的生理调节：一方面是渴感，下视丘脑中有一个口渴中枢，当血容量明显减少或体液渗透压升高时，口渴中枢兴奋，引起渴感，促使饮水，以恢复体液容量；另一方面是尿量的调节，体液容量减少可促使脑垂体后叶释放抗利尿激素，促进肾集合管对水的回吸收，使尿量减少，以维持体液容量。当血容量减少时，会出现心跳加快、血压偏低、面色苍白、四肢冰凉、脉搏微弱等现象；当体液容量严重不足时，会出现精神萎靡、嗜睡、烦躁、无尿、昏迷、惊厥等现象。

　　除了神经通信系统、内分泌通信系统和体液通信系统等看得见、摸得着的体内通信系统之外，人体中还有一些从解剖学角度来说既看不见又摸不着而确实存在的通信系统，其中最具代表性的便是经络系统。无论相关的学术争论多么激烈，但有些事实是肯定的，比如数千年来针灸的治疗效果，特别是许多人都能亲身感受到的"感应传导"（当人体的某些部位受到刺激时，这个刺激就可沿着经络传入有关脏腑，使其发生相应的生理或病理变化）。有些敏感人群在接受针灸治疗时会产生一种沿经络移动的感觉，这种移动还具有一些奇异特性（速度较慢，每秒移动几厘米；可被机械压迫、注射生理盐水及冷冻降温等所阻断；可出现回流；可绕过疤痕组织；可通过局部麻醉区；移动路线上有时还会出现血管扩张和轻度水肿，并可测出相应的肌电；部分截肢病人在截肢部位会出现幻觉经络感传等）。不过，由于有关经络方面的资料不够精准，加上本章篇幅所限，所以，在此处仅点到为止，不再多述。

　　最后，再换个角度来看看生物的生长。若将生物体中的每个细胞看成一台打印机（实际上是一台微型 3D 打印机），那么生物的生长过程便可看成这些打印机在生物的生命周期内持续进行的并行打印过程。人体内含有大约 60 万亿个细胞，等同于 60 万亿台细胞级 3D 打印机，它们都在按照预定的程序，在合适的时间和合适的条件下执行既定的操作。于是，各个人体便被轻松打印出来了。

　　总之，通过本章和第 1 章的论述，我们确实有理由相信：与薛定谔的"生命是负熵"类似，生命也是通信。而香农也早已说过"信息是负熵"，因此，结合薛定谔和香农的论断，我们便知生命确实是负熵，而该负熵来自人体通信系统中传递的所有信息，包括基因等先天信息和神经通信系统等所传输的后天信息。

第**3**章 ▶▶▶

感知通信

前两章介绍的通信系统都有一个共同特点，那就是它们都是生物肌体内的通信。而从通信角度看，人类需要研究的重点显然是体外通信，即生物个体之间的通信，特别是借助工具实现的、有人参与的体外通信。不过，任何体外通信的真正收信方和发信方其实都不是表面上的生物个体，而是生物个体的中枢神经系统，比如人类的中枢神经系统。但是，到目前为止，人类真正能实现的只能是生物个体的某些感知和感官之间的通信，比如电话是由听觉接收的通信，电视是由视觉接收的通信等。每一种感知能力都可作为某种通信系统的收信方。那么，生物都具有哪些感知能力呢？本章将首次尽量给出一个较全面的归纳，并希望这些千奇百怪的感知能力能帮助人类开发更多的未来通信系统，比如基于不同感知能力的通信和多知觉通信（如收看美食电视节目时就能闻到香味）等。

3.1 植物的感知能力

什么是植物？其实，至今也没有统一的定义。若按生物的两界分类法，则生物可分为动物和植物，此时的植物界又称泛植物界，包括藻类、地衣、苔藓、蕨类和种子植物等。若采用五界分类法，则生物可分为原核生物界、原生生物界、真菌界、植物界和动物界，此时植物界仅包括多细胞的光合自养类群。下面先看看采用两界分类法时的泛植物界的情况。

生物是从何时开始具有感知能力的呢？这个问题很难回答，最晚可以说是约5.4亿年前的寒武纪生命大爆发，毕竟那时的脊椎动物就已具备听觉、视觉、嗅觉、味觉和动觉等基本感知能力了。也可以说38亿年前生命的感知能力与生命一同出现。科学家已证实，某些最原始的生物就已具感知能力了。比如，有些细菌能像信鸽那样具有感知磁场方向的能力，它们称为磁性细菌。实际上，在这些细菌体内有一块很小的Fe_3O_4（天然磁铁矿成分）单畴颗粒。所以，在地球磁场中，细菌的"身体"会像磁铁一样沿着磁极取向定向移动。于是，南半球的此类细菌大多数朝南运动，北半球的这类细菌大多数朝北运动，赤道附近的这类细菌则向南北两个方向运动，且数量大体相等。当然，细菌的感知能力还有很多。比如，细菌能感知环境刺激。结核分枝杆菌等能利用自己身上的一种特定蛋白质（激酶G）检测其周围的氨基酸，从而能据此选用合适的营养物质，并调节新陈代谢。又如，不同细菌个体还能利用化合物作为分子"语言"进行细胞间的通信（即群体感应），以感知同种生物的存在及种群规模，从而在宿主感染、自由生存和逆境适应的过程中相互交流、协调行动，甚至还表现出明显的群体性和社会性。目前已知的细菌分子"语言"包括高丝氨酸内酯、喹喏酮、小肽等。其中，一类名为扩散调控因子的化合物则是多种细菌（如黄单胞菌、假单胞菌等多种动植物病原细菌）进行细胞间通信的信号物质。

大约23亿年前，另一种相对高级的生物出现了。它们就是真核生物，属于真菌界，故简称真菌。它们的感知能力进一步增强，因此，作为收信方，它们就能与外界（包括其他真菌同类）进行更好的通信。但是，作为发信方，它们到底是如何发出信息的？目前，人们还没有完全搞清楚。真菌广泛分布于土壤、水体、空气、动植物及其残骸中，超过1万个属10万个种。真菌不含叶绿素，不能进行光合作用，其获取营养的方式主要有三种：腐生，即从死亡的有机体中获取营养；绝对寄生，能侵害活的有机体，但不能从死的有机体中获取营养；共生，寄生在宿主体内并与宿主形成共生互利关系。换句话说，从获取营养的角度来看，真菌都能对各自的营养物质有一定的感知能力，相应的通信内容的载体便是它们摄取的营养物质。在生殖方面，有的真菌采用了游动配子配合、配子囊接触交配、性孢子配合或体细胞配合等有性生殖方式，它们至少对其配子有一定的感知能力。实际上，根据有性生殖的亲和性，它们还可细分为同宗配合和异宗配合两类。前者的每一个菌体自身可孕，后者则需要借助其他可亲和性菌体的相对交配，此时的通信双方互为信息载体。

　　在适应环境方面，有些真菌上生长着一种名为菌索的长形索状物。菌索平时能帮助真菌运送物质和蔓延侵袭周围的环境，但当环境恶劣时，菌索就会休眠，甚至长期休眠。待到环境条件好转后，菌索又会重新萌发。此类真菌能感知生活环境，相应的通信内容便是相关的环境参数。有一类名叫黏菌的真菌，它们的生命过程既有动物性阶段又有植物性阶段。在动物性阶段，黏菌可做变形运动，吞食细菌和有机物颗粒；在植物性阶段，则产生纤维素壁孢子。还有一种名叫壶菌的真菌，它们可在液体中利用鞭毛自主移动。这两类真菌具有一定的运动感知能力，而能运动就能传输物质，能传输物质就能传输信息，当然也就能构建相应的通信系统了。有一种名叫菌丝体的真菌，它们在附着物上都向着同一方向分枝、延伸，以便获取营养。它们对方向有一定的感知能力，拥有接收方向信息的通信系统。大多数丝状真菌的原生质都由一种隔膜适时隔开。当菌丝死亡时，原生质就移向生长点，随即形成隔膜，将已死亡的部分与活着的部分隔开。这类真菌显然具有生命感知力，拥有接收生命信息的通信系统。有些真菌嗜热，只生活在 40 摄氏度以上的环境中；有些真菌喜冷，只生活在极地、高山、冰雪等零摄氏度以下的环境中。有些生活在干燥的白昼，有些生活在潮湿的夜间。有些为厌氧生物，生存于大型植食哺乳动物的消化系统内。总之，真菌对湿度、温度和氧气浓度等都有一定的感知能力，拥有接收湿度、温度和氧气浓度等信息的通信系统。

　　大约 15 亿年前，在水中又演化出了一大类更高级的生物（约 5 万种），即原生生物。虽然它们大多为单细胞生物，非常微小，在显微镜才能看到，但按五界分类法，在所有以"界"为单位的生物群体中，原生生物在形态、解剖结构、生态和生活史方面的变异最大，甚至有些原生生物的演化分支已明显进入了植物界、真菌界和动物界等。有些原生生物的细胞非常复杂，以至于能像植物或动物那样进行新陈代谢。虽然原生生物没有分化的组织，更无器官（包括感觉器官），但它们已经有了一定的感知能力。这主要体现在以下方面。它们都具有对光的感知能力，拥有接收光信号的通信系统，甚至绝大部分原生生物都能利用光合作用制造食物。它们能捕食其他原生生物，因此，它们还有体外目标感知能力，拥有接收体外其他原生生物位置信息的通信系统。它们能调节自身的水分，进行有氧呼吸，吸收营养，进行生殖，因此，它们拥有对自身的感知能力，拥有接收自身生理信号的通信系统。大部分原生生物在其生命过程中的某个阶段都有鞭毛（单鞭毛或双鞭毛），以至能像划桨一样有节奏地在水中移动。因此，它们还具有运动感知能力。若按获取营养的方式来分类，原生生物可分为三大类：第一类类似于植物中的藻类，它们含有叶绿体，能进行光合作用，属自营养生物；第二类类似于菌类中的原生菌类，它们能吞噬有机物或分泌酵素，分解并吸收有机分子，属于异营养生物；第三类类似于动物中的原生动物，它们能吞噬食物，也属于异营养生物。据说，在原生生物中，具有单鞭毛者后来演化成了动物、真菌和变形虫的祖先，而具有双鞭毛者则演化成了植物、古虫界、有孔虫界和囊泡藻界等的祖先。

下面再看看采用五界分类法时的植物（以下简称植物）的情况。

大约 12 亿年前，地球上终于出现了以红藻为代表的植物。它们便是本节的主角——狭义植物，仍简称为植物。植物分布于陆地表面的绝大部分，它们的大小和寿命差异很大。从小得肉眼都看不见的藻类到海洋中的巨藻，再到陆地上庞大的、寿命长达几千年的北美红杉等都是植物。在各种生态系统中，植物几乎是唯一的初级生产者，是人类和其他生物赖以生存的基础。如今，地球上有 50 多万种植物，它们大多固定生活在某一环境中，不能自由运动（少数低等藻类除外）。它们的细胞有细胞壁，而且具有全能性，单由一个植物细胞就可培养成一个完整的植物体。植物界有多种分类方法，其中最简单的分类方法就是按照植物体结构的完善程度将它们分为低等植物和高等植物。低等植物包括藻类和地衣，高等植物包括苔藓、蕨类以及种子植物等。

植物虽无动物那样的感觉器官，但这绝不意味着植物没有感知能力。实际上，植物的感知能力比一般人想象的要强大得多，因为植物也必须像动物一样面临许多生存问题，要争夺生存空间、捕获食物、寻找能源、繁殖后代和避开天敌等。植物在执行这些任务的过程中渐渐形成了某些感知能力以及基于这些感知的相关"智能"（如何利用最少的资源取得最佳效果）。植物不仅要对外界的利弊情况做出巧妙的反应，而且要决定反应的程度。

不同的植物有不同的感知绝招，下面仅介绍几个有趣的例子。

植物如何利用其对光的感知能力呢？植物和其他生物的主要区别在于它们含有叶绿素，能进行光合作用，能自己制造有机物等。植物还能利用对光的感知能力获取更多的能量。它们具有趋光性，能主动面向太阳，而且为了找到有阳光的地方，它们还能穿过阴影区域。这表明它们对阴影也有感知力。许多植物为了能在白天吸收尽可能多的阳光，甚至会转变身体的方向，比如向日葵等。当某些植物的生长空间过于拥挤，它们开始相互遮挡时，嫩枝的生长就会受限，而主干的生长则会加快，以便今后利用自己的身高优势，从邻居那里夺得更多的阳光。植物还能通过许多复杂的手段获取并解读阳光中所携带的各种信息，特别是那些反映环境情况的信息。比如，通过解读阳光、温度和湿度等信息，植物就能确定春天是否已来临，种子是否该发芽，何时开花，何时结果，何时落叶等。换句话说，几乎所有的植物都拥有能接收光信息的通信系统。

植物的根须如何感知外界环境呢？植物根须的生长具有明显的方向性，绝不会胡乱生长。为了提高生存能力，根须的走势应尽可能便于获取水分、避开竞争、收集化学物质和保持自身平衡。在某些情况下，根须甚至能预先绕过障碍物，这似乎展示出了它们的某种"视觉"。植物的根须还能感知外力，包括重力和向心力等。比如，若将种子播撒在静止的土壤中，其根须将主要向下生长；但当土壤在托盘上不断旋转时，其根须也将按螺旋方式生长。植物之所以具有外力感知能力，是因为其根尖和内皮层中有一种特殊的植物细胞团，其中含有致密的球状结构，它们便是植物的"力学传感器"。正是在这种传感器的帮助下，植物的根须才能合理定位，以保持植株的平衡。植物的这种致密球状结构也称"平衡石"，它与人类和动物耳蜗里的耳石类似，可像陀螺仪那样感知重力和向心力，以帮助植物在其根部的支撑下保持平衡。若用电磁波、超声波等破坏这些致密球状结构，则会明显影响根须的生长方向。有一种生长期大约为 6 周的芥草，它的"平衡石"是由淀粉控制的，而且相对集中于植株的某个部位。将该部分切掉后，整个植株将失去平衡感和方向感，其根须就会胡乱生长。总之，无论采用什么办法，植物都能在一定程度上感知重力、离心力等外力，并据此主动调节生长过程，分辨上下等方位。也就是说，植物的根须拥有能接收方位信息的通信系统。

植物的叶片又有啥感知能力呢？有些植物的叶片对触感十分灵敏，哪怕是小虫在上面掠过也能激起叶片的反应，甚至释放出臭味来警告小虫。因此，叶片既可以是通信系统的发信方，对小虫发出警告信息，又可以是收信方，接收来自小虫的威胁信息。叶片的这种敏感反应缘于植物体内的钙元素。若利用基因工程对植物进行改良，使得植株内的矿物质含量增多，以致能在荧光下发亮，那么只需轻轻抚摸它的叶片，这种敏感反应就会发生。有些植物的叶片甚至表现得好像"有感情"一样。将警用测谎仪的电极绑到一株天南星植物的叶片上后，将惊奇地发现：当给它浇水时，测谎仪上显示的曲线居然与人在兴奋时测到的曲线相似；当用火去烧其叶子时，测谎仪上又出现了明显的变化，甚至在火还没靠近时，测谎仪的指针就开始摆动。当多次划燃火柴而不烧其叶子时，它又仿佛有所感觉，认为这是无害行为，甚至慢慢地对划火柴这一动作没有反应，测谎仪上的曲线也平稳了。

植物如何感知外部环境呢？其实，当外部环境发生重大变化时，植物一定会在某种程度上有所感知并会采取相应的对策。比如，小草若受到植食动物或病虫害的攻击，则其体内的钙元素就会被激活并释放警报信号。周围的小草在接收到警报信号后就会一边采取某些防御措施，一边继续将此警报信号传递下去，以便让更多的还未受到攻击的小草有更多的时间做出防御反应，比如释放激素等某些化学物质。它们释放的这些化学物质会让攻击者感觉到难受，甚至因此而放弃攻击。更有趣的是，玉米、烟草和棉花等植物在遭到毛毛虫啃食时会采取另一种更复杂的策略，释放某种化学激素，引来毛毛虫的天敌寄生类黄蜂。这些黄蜂将把自己的卵产在正在啃食植株的毛毛虫体内。于是，这些毛毛虫在后半生将生不如死，以自己的血肉之躯来一点点地喂养黄蜂的幼虫，直到身体被掏空为止。在一定程度上，植物之间也能识别亲缘关系，植株对自己的兄弟姐妹和同类植株会做出不同的反应。比如，有一种蒿属植物，它们在受到昆虫的袭击时会释放挥发性化学物质，向其同类发出警报，让它们也释放让昆虫害怕的防御剂。而这个故事的亮点在于，旁边的某种野生烟草竟会"偷听"这些蒿属植物间传递的警报信息，并以此来增强自己的防御能力。植物能感知外部环境的另一个重要原因是，它们能利用位于细胞外膜的类受体蛋白激酶（LRR）来探测周围的其他有机体释放的激素，这些探测结果将向植物体内的细胞发送警报信号。至今，人们已发现了数百种这样的 LRR，并已绘制出了其中 200 多种蛋白质的基因图谱。可见，植物与外界的通信内容相当广泛，效率也比常人预想的要高得多。

　　植物还能故意设置陷阱为自己谋私利。它们不但能感知食物的存在，而且能实施诱捕计划。换句话说，它们不但能通信，而且能实现基于通信的控制行为。比如，捕蝇草的陷阱就很巧妙，只有当陷阱中的某根绒毛在短时间内被连续触动两次时，陷阱才会突然闭合，捉住食物。这主要是为了预防雨滴等的意外触碰，提高捕食的成功率。为了做到这一点，捕蝇草显然要"记住"被触动的感觉。其实，除捕蝇草外，还有 600 多种能捕获动物的植物。为了吃掉自己心仪的动物，此类植物甚至演化出了许多复杂的诱饵和快速反应能力。许多植物还能引诱动物帮助自己繁殖，它们学会了如何利用动物来构建共生系统。有些植物可以利用昆虫为自己传粉，甚至还能分辨不同的传粉者，以便只在传粉效率最高的帮手到来时才开始长出花粉。比如，锤兰就会模仿某种雌蜂的外表和气味引诱雄蜂前来传粉。一旦雄蜂光临，锤兰就会再施巧计，让雄蜂全身沾满花粉。当雄蜂移情于其他花朵时，它就帮助锤兰完成了传粉任务。

　　植物还具有某种程度的自我识别能力，因此，它们能进行有意识的自我通信（所有生物都能进行无意识的自我通信）。比如，将一株植物一分为二，无性繁殖成两株。在分离几周后，这两株植物的根系也将各自独立生长，一方不再为另一方的平衡而费心了，好像它们已发现自己分别成了单独的植株一样。

　　植物既能"运动"，也能对接收到的信息做出位移反应。若采用延时摄影技术进行长期观察和精确测量，就会发现在这些特殊的镜头下，植物的表现就像动物一样。比如，植物在生长过程中会不断地进行螺旋状摇摆。这种生长轨迹说明植物不但会顺应外界，而且有自主的细微运动。在太空中失重的条件下，生长中的植物仍会保持这种螺旋摇摆姿态。有些植物真的能进行肉眼可见的运动，比如含羞草等。

植物间还能进行复杂的通信。其中，最广为人知的一种通信方式是通过化学挥发物来彼此交流信息，这也是为啥有些植物闻起来让人舒心，而另一些十分难闻。除了基于气味的通信外，植物还能通过震动或电信号进行通信。

植物能以各种方式最大限度地提高生存概率。比如，绝大多数植物都会产生一种味道不好的丹宁酸，即发出信号阻止动物啃食。植物还有再生能力，哪怕被砍倒，残存部分也会长出新芽。植物还有某种特殊的内部"记忆"，使它们趋向于在最适合自己的环境中生根发芽。当生长环境恶劣时，植物内部的"记忆"甚至能促使它们繁衍更多的后代。而记忆本身就是一种通信，是现在与未来的通信。特别有趣的例子是：有一种寄生植物，名叫菟丝子须，将它们移植到营养状况不同的山楂树上时，它们更乐意缠绕在营养状况良好的宿主身上，而拒绝营养状况较差的宿主。它们在从宿主身上吸取营养物质前就已显示出了这种选择反应，以便决定哪个宿主值得缠绕，哪个该放弃。

有人甚至认为，植物也有类似于神经系统的结构。确实有人检测到了植物根尖发出的信号，而且这些信号类似于动物大脑发出的神经信号。人们还在植物身上陆续发现了许多怪事。比如，植物对催眠术也有反应；若对莴苣做 10 分钟的超声波处理，其产量就将有所提高；若为大豆播放《蓝色狂想曲》，20 天后它们的生长将比其他同类快出约 1/4；喧闹的噪声会使植物的生长速度减慢，甚至枯萎。此外，植物能"听到"虫子啃食的声音，并因此分泌出大量的防御剂，但是它们对自然界的风雨声等全无反应。这也许是因为植物能把声波在自身上扫过时所产生的微小形变转变成电信号或化学信号吧。更神奇的是，某些植物还有某种预知能力。比如，生长在美国的草本植物鬼臼能基于对气候类型的预测，提前两年制订自身的生长计划等。

总之，植物的感知能力（或通信能力）非常强大，从某种意义上说甚至并不弱于人类。比如，除了能感知电磁场外，植物还拥有 20 多种人类没有的"感官"。植物的许多行为其实是对内部与外部信号的某种反应。在植物的一生中，这些反应几乎随处可见。除了电信号外，植物的反应还涉及多种激素，这些激素负责促成各种不同的机能。

当然，目前还不清楚植物的哪些感知能力能用于今后的人工通信，但愿通信界能从中得到更多的启发。

3.2 动物的感知能力

大约在 10 亿年前，动物终于登场了。关于动物的感知能力，已不是有和无的问题了，而是到底有多么奇妙。由于人类也是一种动物，所以，为避免与后面几节的内容重复，本节将重点介绍其他动物具有而人类没有（或几乎没有）的若干神奇感知能力。实际上，若不借助工具的话，在视觉、听觉、嗅觉、触觉和味觉等方面，人类都远不如其他动物。幸好人类具有一种其他动物都没有的感知能力，即知觉或认知，否则，人类还真不好意思号称"高等动物"。所以，本章将专门在第 4 节中介绍人的知觉。

3.2.1 方向感知

迁徙动物通过感知地球磁场等方式来判断方向。此时，它们的通信系统的信息载体便是地球磁场。实际上，它们的头部有一个特殊的罗盘，即包含磁性物质的细胞。这些细胞受到磁场的影响后会按磁力线方向排列，并将该信息通过神经系统传递到大脑，以便选择正确的方向。比如，海龟就是通过感应地球磁场来导航的。某种幼龟在佛罗里达海岸破壳而出后，将到大西洋中生活几年，成年后再回到出生地进行交配和繁殖。此外，还有些鸟类是通过特有的 X 射线视觉系统"看到"地球磁场的。比如，将刺歌雀放在红光下时，它们将失去方向感；而将其置于绿光、蓝光或白光下时，其方向感则会很强。实际上，它们的眼中含有能检测磁场的光感接收器。所以，向南飞或向北飞时，它们的眼里将呈现不同的色彩。此外，鲸、鼹鼠和某些鱼类也能以不同的方式感知地球磁场的方向。

当然，迁徙动物还有其他感知方向的妙招。一是利用遗传因素，继承了亲代的迁徙路线。二是利用心理地图，一些陆地动物能记住迁徙途中的地标（如河流和山脉等），从而在心中形成能辨别方向的地图。三是依靠本能，例如海豚可按海底地形进行迁徙。四是借助太阳和月亮，比如椋鸟。五是利用猎户座一等星和北极星等恒星来进行定位，这也许是因为这些恒星非常明亮且经常可见。比如，野鸭就可利用星星找到北方。六是利用气味进行定位。比如，鲑鱼在河流中会根据气味寻找产卵区域，以便将卵产在自己的出生地。又如，牛羚会循着土壤中的雨水气味到达史加茂盛的牧场。七是依靠个体间的交流和信号传递，特别是在群体迁移中，动物也会互相通信，以帮助同伴导航。例如，鲸会用声音告诉同伴它们在哪里以及目的地在哪里等。八是利用洋流进行定位。比如，一些卵、幼虫、幼鱼等会被动地随着洋流迁移，一些成年鱼则有意逆流而上，迁移到繁殖地。

3.2.2 声呐和超声波感知

海豚在追踪猎物、躲避天敌和穿越障碍时主要采用回声法进行定位。此时，它们的通信系统的信息载体便是各种回声。它们能在视觉和听觉间快速切换，能在隐蔽而复杂的区域自由穿梭。它们先通过回声定位发现周围事物的形状，然后用视觉挑选最感兴趣的那个形状。具体来说，它们能通过喷水孔发出咔嗒声、尖叫声、口哨声和爆发脉冲等声音，与同类进行交流，发现 100 米范围内仅几厘米大小的物体。原来，海豚的大脑中有多个与听觉信息相关的区域，它们能将不同的声音用于不同的目的，特别是其回声定位系统能通过物体表面反射的声音来感知物体的形状和距离。此外，海豚头部的可调构造也是实现超高效回声定位的另一关键。它们的前额结构复杂，包括气囊、软组织和头骨三部分。这使得其前额层能让超声波以不同的速度穿过并被感知，从而控制声束的焦点。于是，当海豚发出的超声波信号遇到目标物体时，便会形成低频的反射信号，再被其耳朵或头部的其他器官接收。这就构成了一个完整的声呐系统。于是，根据反射信号的传播时间和方向，海豚就能确定目标物体的距离和方向，从而进行准确定位，在茫茫大海上不会迷航，更能轻松捕获猎物等。

蝙蝠是更厉害的声呐和超声波感知高手，虽然它们的视力很差，但基于其大耳朵的听觉系统异常发达，以致能在夜间自由飞翔，并准确捕捉蚊子等。这是因为它们也能像海豚那样利用回声进行精准定位。多数蝙蝠利用从喉头发出的超声脉冲进行定位。某些大型果蝠的回声定位能力史特殊，竟是利用咂舌声进行定位的。蝙蝠的回声定位机能帮助它们获得了独特的竞争优势，把白天的"竞争红海"让给鸟类，而自己则独享整个夜晚的美味。多数蝙蝠的叫声的频率为 20 ~ 60 千赫，这是因为频率低于 20 千赫的声波很难被猎物的身体反射，而频率高于 60 千赫时，声音又会在空中迅速衰减，从而限制了声音的反射距离。某些飞行速度较慢的蝙蝠能灵活操纵高频声波。比如，短耳三叶鼻蝠能发出频率高达 212 千赫的特高频声波。有些犬吻蝙蝠的回声定位的频率又低至 11 千赫。蝙蝠之所以要运用特高频或特低频声波，是因为这些频率很难被猎物感知到，从而有利于发起突然袭击。蝙蝠的听力十分了得。人类只能听到频率在 20 赫和 2 万赫之间的声音，而蝙蝠能轻松听到频率高达 15 万赫的超高频声音。

成千上万只蝙蝠一起捕食时，它们又如何避免彼此的声呐干扰呢？在这一点上，也许蝙蝠的技法比海豚更妙，毕竟海豚的群体规模远小于蝙蝠，因此，它们彼此之间的声呐干扰也小得多。海豚的办法是改变声音的节奏或音高，而蝙蝠的叫声更像人类的口哨，因此，它们发出的声音可以在不同的音高之间不断跳跃，而且每只蝙蝠发出的声音的长度也可自由控制。正是基于这种更精细的声音控制方法，蝙蝠能探测和跟踪移动的猎物，甚至还能感知不同物体的纹理，知道猎物的形状等。总之，蝙蝠的通信系统以声呐和超声波为信息载体，不但能传输一维信息（比如猎物所在的方位），而且能传输二维信息（比如猎物的形状）。实际上，蝙蝠还能传输三维信息，并以此在空中进行三维自由飞翔。

3.2.3 电感应能力

在深海中，鲨鱼是如何锁定猎物的？它们是靠视觉、听觉还是嗅觉，或其他什么特殊的感知能力呢？有人说是靠视觉，也有人说是靠嗅觉，毕竟鲨鱼的嗅觉确实很灵敏。其实，鲨鱼还有一种更独特的、鲜为人知的感知能力，那就是近距离的电感应能力。实际上，鲨鱼的电感受器能对极其微弱的电流做出反应，再加上它们对温度、盐度、地磁等的敏感性，所以鲨鱼能精准地捕捉猎物。鲨鱼的鼻孔上布满了称为壶腹的小孔，每个小孔都向外张开，并通过一根较长的管道连接一组电感细胞。该管道中充满了透明的黏性胶状物，这是一种独特的传导材料。在迄今所发现的生物材料中，这是一种最具质子传导性的物质。这些材料就是鲨鱼用于检测水中微小电流的法宝，使得鲨鱼在数米之内就能感应到几乎任何生物产生的微小电流变化，甚至是低至 5 纳伏／厘米的电场变化。因此，鲨鱼是通过多种感官进行捕猎的。看来，鲨鱼是标准的电信专家了。

具有电感应能力的鲨鱼还真不少，它们都是高水平的电信专家。比如，双髻鲨是另一种完美的捕食者，它们利用怪异的宽槌状脑袋来发现猎物，其宽眼的视野优于大多数鲨鱼。双髻鲨能通过高度专业化的电感应器来发现食物，甚至能找到埋在沙下的黄貂鱼。此外，双髻鲨还能通过追踪海底磁场进行大规模迁徙。又如，高鳍真鲨的头部及周围分布着数百个特殊毛孔，这种感官系统能检测到水中动物通过心跳或肌肉运动产生的电场。银鲛是鲨鱼的远亲，它们早在约 4 亿年前就与鲨鱼分道扬镳了。自那以后，银鲛很少与鲨鱼往来，但保留了电感应能力。

鸭嘴兽也具有电感应能力，它们也是神奇的电信专家。当它们在混浊的水底泥浆中寻找猎物时，当然无法利用视觉，只好依靠电感应能力。当鱼虾在水里活动时，其肌肉的收缩将产生电脉冲。鱼虾只要稍有动静就会暴露目标。鸭嘴兽的喙上布满了能感知电脉冲的黏液腺，其上的电感应器数量惊人，约有 4 万个电感应受体和 6 万个触感应受体。它们结合起来便可让鸭嘴兽轻松找到躲在泥水中的猎物。

太平洋七鳃鳗的电感应能力更具启发性。这种鳗鱼具有吸盘样的嘴，能像寄生虫一样附着在更大的鱼类身上。成年后，它们生活在咸水中，然后迁移到淡水中产卵。除了电感应能力外，它们只拥有原始脊椎动物的感官系统，而且在过去 3.6 亿年中不曾改变过。这也许表明，最早的脊椎动物可能都拥有电感应能力，只是后来演化时被逐渐忽略了而已。由于空气不导电，所以，陆生动物的电感应能力就退化了。这便是今天的电感应动物都是水生的原因吧，这也代表了从鱼类到陆地动物的演化历程。换句话说，在很久以前，脊椎动物都是电信专家，只不过后来有些上岸了，它们的信息载体和通信信道才发生了变化。

具有电感应能力的水生动物还有太平洋鱼雷鳐，它们常将身体埋在海底沙土中，利用专门的电感应系统发现潜在猎物的电刺激，然后发起伏击，甚至可以产生惊人的 50 伏电压。星状鲟鱼生活在咸水中，但要回到淡水江河中进行繁殖。与其远亲匙吻鲟一样，它们也是少数能放电的鱼类之一。它们的电感应能力属于被动型电感应，其电感应器官也是壶腹型的。背棘鳐生活在海底岩石中，它们的电感应系统之所以有效是因为水中充满了带电的钠离子和氯离子，而鱼类所产生的微弱电场可在水中激发电流。腔棘鱼的口鼻部长有电感应器官。

3.2.4 红外线感应能力

响尾蛇等蝮蛇的视力很弱，它们只能看到运动物体。它们依靠超长的耳骨来聆听周围环境中的声音，发现危险和捕食机会。但是，它们真正的感知绝技来自一种奇特的红外线感知能力，借此便能准确地感知猎物体内所发出的微弱热量。响尾蛇的眼睛和鼻孔间的颊窝处生长着一只奇妙的"热眼"。颊窝深约 5 毫米，长约 1 厘米，形如斜向朝前的喇叭，其间被一片薄膜分隔成内外两部分。其中，里面的那一部分通过一根细管与环境相通，所以，里面的温度和周围环境的温度一样。而外面的那一部分是一个热能收集器，若喇叭口所对准的方向上有活物出现，其发出的红外线就会被收集并到达薄膜外侧。于是，外侧的温度就会高于内侧，分布在薄膜上的神经末梢就会感知这种温差，产生生物电流并将其传给大脑。这样，响尾蛇就知道了前方某处有活物，也知道了活物的大小等信息。于是，它们的大脑就会发出相应的命令，去捕获或躲避这个活物。无论是白天还是黑夜，响尾蛇都能感知有体温的活物，实际上它们可感知任何物体，因为自然界中的一切物体都能以不同的波长和强度向外辐射红外线。因此，响尾蛇的通信系统的信息载体主要是红外线。

响尾蛇的"热眼"非常灵敏，能感受到千分之一摄氏度的温度变化，并在 35 毫秒内做出反应，而且具有极高的抗干扰能力和分辨力。因此，虽然小动物发出的红外线与地面、草丛等的差异微小，但响尾蛇依然能通过灵敏的"红外线探测器"准确发现目标，并将其捕获。响尾蛇的"热眼"不但能感受到一定范围内的温差，而且能感受到热源物体的形状和位置。有的响尾蛇甚至能探测到 60 米外的人的体温。响尾蛇的尾部还有一个由角质链环围成的空腔，该空腔被角质膜分隔成两个环状空泡，它们就像两个空气振荡器。当响尾蛇不断摇尾时，空泡内就会产生一股气流，一进一出，来回振荡，发出"嘎啦嘎啦"的声音。这也是响尾蛇之名的来由。总之，响尾蛇用尾巴发出声音来引诱小动物，然后借助"热眼"完成捕猎。

能感应红外线的动物还有不少，只是它们的"热眼"位置不同而已。比如，蚊子的"热眼"位于触角上，它们在觅食时会不断转动触角，以感受热源。

3.2.5 紫外线感应能力

在枝叶丛生的茫茫森林里，鸟类如何找到自己的隐蔽巢穴呢？如何在密林里穿梭、觅食和求偶呢？原来，人眼只能感知红、蓝、绿 3 种颜色，而鸟类则能感知 4 种或更多种颜色。有些鸟类（如澳洲食蜜鸟）对紫光线敏感。在哺乳动物中，许多夜行性啮齿动物和有袋类动物都具有紫外线视觉。蝴蝶和鸽子有 5 种感光细胞，它们能分辨 100 多亿种颜色。宝石甲虫和蜜蜂等还能反射光线，形成人类无法看到的偏振光等。鹰从 4500 米的高空就能发现地面上很小的猎物。换句话说，这些动物的通信系统的信息载体都可以是紫外线。

在紫外线视野里，世界将呈现另一番景象。此时，叶丛的结构更加明晰，叶子正面和反面的对比度更高，以至每片叶子的位置和方向都能以清晰的 3D 图像进行显示。于是，在人眼中乱七八糟的一团团绿丛在鸟眼中就成了路标清晰的整洁街区。这主要是因为来自叶片的蜡质角质层的镜面反射在其表观颜色和感知对比度方面发挥了重要作用。在短波紫外线范围内，叶片的对比度特别高；在长波紫外线范围内，封闭檐篷下的物体的对比度最高。紫外线视觉还有助于鸟类发现隐藏在叶片背面的昆虫和蜘蛛，从而可以快速精准地觅食。蜜蜂虽是红色盲，但能感应紫外线。所以，蜜蜂能看见紫外线下发光的花瓣，区分出花蜜和花粉，从而在不耽误自己采蜜的前提下顺便帮助花朵完成传粉任务。猫头鹰新换的羽毛中含有卟啉，这种有机物会发出紫外荧光。不过随着时间的推移，这种荧光会逐渐消退。因此，在紫外线视野中，猫头鹰的新旧羽毛格外清晰可辨。一些鸟蛋里也有卟啉，它们在紫外线下呈鲜红色，更加醒目，这也成了鸟类找到自己巢穴的指示灯。

鸟类为啥会有紫外线视觉呢？这也许可以归因于雌鸟的性选择。比如，雌性细尾鹩莺喜欢更蓝的雄性，而这样的雄性拥有更多的紫外线感光细胞。又如，拥有紫外线视觉的孔雀所观看到的配偶并不像人类所看到的那样只有绿色和蓝色，而是更加鲜艳。再如，对于拥有紫外线视觉的蝴蝶来说，它们的翅膀上的彩色斑点既能用于抵御掠食者，也能用于吸引异性和彼此通信。当然，能看到更多种颜色的优势也会伴随着一些视觉缺点。比如，第四种色素细胞会占据视网膜中原本属于其他 3 种颜色的细胞的空间，从而使得在昏暗处的分辨率和灵敏度受到影响。在紫外线视觉中，图像还会轻微失焦，稍微有点儿模糊。另外，紫外线会伤害细胞，特别是视网膜上的细胞。所以，具有紫外线视觉的生物为此付出了沉重的代价，比如它们的寿命都不长。不过，也有例外，比如鹦鹉就能活到 50 多岁。至于其中的奥秘，目前还不得而知。

3.2.6　五花八门的舌头

苍蝇以脚尝味，因为它们的脚上长着具有化学感应功能的毛须。当停在三明治上时，它们不只是在休息，而是在尝味。若它们的脚肯定了相关味道，其口器就会凑上来大快朵颐。蝴蝶也用脚来品味世界。雌蝶通常会把卵产在植物的根部，以便小宝宝们孵化出来后便能立即就地取食。但在产卵前，蝴蝶妈妈会先用脚尝尝该植物的味道，如果发现该植物美味可口，蝴蝶妈妈就会开始产卵。章鱼也用脚尝味。在章鱼的 8 只脚上长有 1800 多个吸盘，每个吸盘上都有许多化学感受器，其中包括味道感受器。

虽然鲶鱼和黄真鲴等没有专门的舌头，但它们的全身都能替代舌头，其上覆盖着味蕾，其中嘴唇和鱼须上的味觉受体最多。黄真鲴从头到尾分布有约 17.5 万个味蕾。人类舌头上的味蕾却只有 2000 ~ 8000 个。因此，它们在水中就像"游动的舌头"，时刻都在探测美味信息。当然，它们的味觉受体在接收信息时也有很强的针对性，只对某些刺激感兴趣。一旦感知到心仪的气味，它们就会扑上去咬住不放。它们对猎物距离的判断也是以味道的轻重为基础的，味道越重，猎物就越近，反之亦然。所以，在水底浑浊的泥浆中，虽然能见度很差，但对于鲶鱼等来说，捕猎照样可以稳准狠。

蛇类可以通过气味识别物体，它们的舌头上没有味蕾，而它们吐出舌头只是想感受空气中的微粒，再将这些微粒放入口腔内的两个凹槽中，以此感知气味，然后将气味转变成电信号并传到大脑中，从而判断周围的物体。

螃蟹没舌头和鼻子，却有嗅觉和味觉。它们口部附近的两根触角上长有一片外部毛发，看起来很像刷毛浓密的牙刷。当螃蟹需要分辨味道时，它们就会在水中挥动这两根触角，让水和其他物质分子从"牙刷"上流过，从而分辨出味道。

总之，无论这些动物的"舌头"和"鼻子"长在哪里，长成啥样，它们的通信系统的信息载体都是液体和气体，因为味觉只对液体产生反应，而嗅觉只对气体产生反应。

3.2.7 千奇百怪的视觉

夜行性动物主要依靠视网膜后面的反光膜来强化入射光线，以便在黑夜看清周围环境。猫眼的后面就有像镜子一样的膜,使它们能在夜间看清目标。当光线穿过视网膜后,这层特殊的结构就会产生折射,让光线再次穿过视网膜。于是,猫眼就能在夜间看清目标。此外,猫科动物的胡须对轻微振动的感知能力很强。老鼠也以胡须来弥补其糟糕的视力,它们的胡须更像盲人的拐棍。狗是色盲,主要依靠超强的嗅觉来感知世界。

壁虎具有单眼立体视力,其视网膜只能感知绿光、蓝光和紫外线,但它们的眼睛的结构很奇怪。在明亮处,其瞳孔几乎缩成一条狭缝,并出现 4 个凹点。它们其实是连成一线的 4 个瞳孔,每个瞳孔分别形成一幅影像。这 4 幅影像重叠在一起后,壁虎就获得了立体视觉,并能据此判断距离。

在动物的眼中,世界的色彩非常有趣。田鼠、家鼠、黄鼠、花鼠、松鼠、草原犬等都只能看到黑与白。大多数哺乳动物都是色盲,牛、羊、马等最多只能分辨黑、白、灰。因此,西班牙斗牛士用红色斗篷挑衅公牛时,其实并非红色激怒了它。用任何颜色的斗篷,公牛都会被激怒。斑马虽是色盲,但能利用色彩来保护自己。斑马和其他动物一起吃草时,黑白条纹便是彼此的"消息树"。危险出现时,只要领头的斑马一动,所有斑马就会迅速逃走。当斑马奔跑时,其身上黑白条纹的晃动会使捕食者难以快速测定距离,从而有利于斑马安全脱险。长颈鹿只能分辨黄色、绿色和橙色。鲈鱼、龙虾、甲鱼、乌鱼等多数水生动物都具有一定的辨色能力。昆虫的辨色能力比哺乳动物高明。蜻蜓对颜色最敏感,其次是蝴蝶和飞蛾。家蝇最讨厌蓝色,因而不愿意接近蓝色门窗和帐幔等。蚊子能辨别黄色、蓝色和黑色,且偏爱黑色。蜜蜂能分辨青、黄、蓝 3 种颜色,但分不清橙、黄、绿等颜色。

无论这些动物的视力有何特色,在它们的通信系统中,信息的载体都是光,只不过是波长不同的光,其中有些是可见光,有些是不可见光。换句话说,它们都是光通信专家。

3.3　人类的感知能力

到目前为止，在人工通信系统中应用最多的人类感觉只是视觉和听觉。嗅觉、味觉和触觉等在今后的基于虚拟现实的沉浸式通信中将发挥巨大的潜力。比如，在双方通信过程中，涉及鲜花时能否闻到芬芳，涉及川菜时能否尝到香辣，涉及爆炸时能否感到山摇地动，涉及下雪时能否感到寒冷，涉及大火时能否感到灼热，涉及打针时能否感到疼痛，等等。人类拥有十数种感觉，本节尽量以通信专业的语言介绍其中最基本的 5 种。

3.3.1　视觉通信系统

人的视觉是其光通信系统的收信方，其信息载体是目标物体发出或反射的可见光。人眼虽然可对外发出少许信息（比如眉目传情），但它主要以光的方式接收信息，故此处只介绍作为收信方的视觉。

视觉是人类最重要的感觉，80% 以上的外界信息都是通过视觉获得的。视觉是指人眼接受外界环境中一定波长范围内的电磁波刺激，经视觉神经系统编码加工和分析后获得的主观感觉。人眼的适宜刺激是波长为 370 ～ 740 纳米的电磁波，即可见光部分，约有 150 种颜色。人眼由两大部分组成：一是视网膜，包括视杆细胞和视锥细胞等感光细胞；二是折光系统，包括角膜、房水、晶状体和玻璃体等。可见光通过折光系统在视网膜上成像，经视神经传到大脑的视觉中枢后，观察者就可以感知外界物体的大小、远近、形状、明暗、颜色、动静等信息。视觉是一种主观感觉，它与观察者本身想看到的内容有关，所以，常有视而不见的情况。换句话说，此时出现了通信传输信息丢失，或者说是信息的主观滤波。

作为光通信系统的信息接收者，人类视觉的形成，特别是光信号接收器的形成经历了漫长的演化过程。最简单的光接收器是单细胞原生动物眼虫的眼点，它使眼虫能做定向趋光运动。后来，涡鞭毛虫眼点的结构更为完善，以至借助这种眼点对光信号的接收，可以从事捕食活动。再后来，多细胞动物的光信号感受器逐渐复杂、多样化。比如，水母的视网膜已经是一种由色素构成的板状结构，能从接收到的光信号中分辨出强弱和方向等信息。随着动物的演化，又出现了具有晶状体的光信号感受器，它们能聚焦光线。待到环节动物、软体动物及节肢动物出现时，它们已经拥有了纽扣状的眼或凸出的视网膜。这类光信号感受器包含许多名叫小眼的结构，它们排列成体表隆起的一种组织，但仍位于小囊之内。小眼中的感光细胞被色素所包围，光信号只能由一个方向进入小眼，故能感受到光信号的方向。在演化过程中，这种光信号感受器官在不同动物的身上表现出了不同的形式，比如昆虫的复眼便是一例。而脊椎动物的视觉光信号感受系统通常包括视网膜、相关的神经通路和神经中枢，以及为实现其功能所必需的各种附属系统，比如可使眼球向各个方向运动的眼外肌和保证外物在视网膜上形成清晰图像的屈光系统（角膜、晶体等）。

人眼的光信号感受器由若干细胞组成，它们按形状可分为两大类：视杆细胞和视锥细胞。夜行性动物的视网膜以视杆细胞为主，昼行性动物则以视锥细胞为主，大多数脊椎动物具有这两种细胞。视杆细胞在光线较暗时仍具有较高的光信号敏感度，但不能进行精细的空间分辨，而且不参与色觉的形式；视锥细胞在明亮处发挥作用，它能提供色觉和精细视觉。在人眼中，视锥细胞有 600 万至 800 万个，视杆细胞的数量超过 1 亿。它们以镶嵌方式分布在视网膜中，不过其分布并不均匀。在视网膜黄斑部位的中央凹区几乎只有视锥细胞，这是因为该区域有很强的空间分辨能力和很好的色觉。在中央凹区以外的地方，两种细胞皆有。离中央凹区越远，视杆细胞就越多，视锥细胞越少。在视神经离开视网膜的部位则没有任何光感受器。总之，在人体的光通信系统中，接收颜色信号的区域主要是视网膜的中央区，其视场很小。实际上，若视场过大的话，则会出现这样的问题：当眼球侧视时，先是红色和绿色感觉消失，只能看到黄色和蓝色；再朝外侧视时，黄色和蓝色感觉也会消失而成为全色盲区，这时对颜色的判断就会发生错误。

人体的光信号感受器在未收到光信号时会处于自由状态，即细胞膜处于去极化状态；一旦接收到光信号，就使整个光信号感受器超极化，引起细胞兴奋。对于物理强度相同而波长不同的光信号，光信号感受器电反应的幅度也各不相同。包括人在内的色觉动物的视锥细胞可按对光信号频谱的敏感性分为三类，它们分别对红光、绿光和蓝光有最佳反应。它们与视锥细胞的三视色素有相似的吸收光谱。色觉具有三变量性，在理论上，任何颜色都可由三原色（红色、绿色和蓝色）按一定比例混合而成。在视网膜中，可能存在分别接收红光、绿光和蓝光的光信号感受器，它们的兴奋信号被独立传至大脑，汇总后产生各种色觉。因此，在视觉这个光信号感受器中包含更深层次的神经通信系统。实际上，整个人体都是由若干不同层次的通信系统套接而成的，类似于互联网结构的通信系统。色盲的一个重要原因是视网膜中缺少一种或两种视锥细胞色素。人眼之所以能看清物体是因物体所发出的光线经眼内折光系统折射后成像于视网膜上，视网膜上的感光细胞再将光刺激所包含的视觉信息转变成神经信息，神经信息经视神经传至视觉中枢而产生视觉。总之，视觉的生理过程可分为两部分：其一，物体在视网膜上成像；其二，视网膜感光细胞将物像转变为神经冲动。换句话说，视觉通信系统是由一个光通信系统和一个神经通信系统串接而成的复合通信系统，在传输过程中会出现"中继"。

成像过程的原理基本上与凸透镜的成像原理相似。眼前 6 米至无限远处的物体发出的光线接近平行光，它们经过人眼的折光系统后都可以在视网膜上形成清晰的物像。当然，人眼并不能看清远方的物体，这是因为远处物体发出的光线太弱（即光信号太弱）或者在视网膜上所成像的太小，因而不能被感觉到，即光信号编码调制的"码书"不够精细。若两个物体发出的光线进入瞳孔，经折光后所成的像落在同一感光细胞上，那么这两个物体就不能被分辨，即出现了通信传输误差。因此，人眼具有一定的分辨率，可用最小角分辨率来表征。一般情况下，人眼的正常角分辨率为 1 秒。离眼较近的物体发出的光线将不再是平行光，它们通过折光系统成像于视网膜后不再聚焦，因此，本该形成一个模糊的物像。但对正常的人眼来说，无论物体远近，它们都能在视网膜上形成清晰的物像，这应归功于人眼的调节功能。通过神经反射，人眼可以适当改变晶状体的形状。物体离眼球越近，晶状体就越向外凸出；反之，晶状体就越扁。人眼的晶状体调节能力随年龄增长而逐渐减弱。

评价视觉质量的参数主要有 3 个：一是视力，即视觉器官对物体形态的精细辨别能力，也就是光通信系统的编码调制能力；二是视野，即单眼注视前方不动时该眼所能看到的范围，也就是光通信系统的传感能力；三是暗适应和明适应能力，也就是光通信系统的自适应能力。具体来说，当人从亮处进入暗室内时，最初看不见任何东西，一段时间后才逐渐恢复视力。这就是暗适应。相反，当人从暗处走到亮处时，最初只觉得光亮耀眼，不能视物，一段时间后才能恢复视觉。这就是明适应。暗适应能力取决于视网膜中感光色素的再合成能力，明适应能力取决于视锥细胞恢复感光功能的能力。

总之，人类的视觉系统确实可以看成一个典型的复杂通信系统。具体来说，视网膜的神经细胞排列成三层，其中第一层是光信号感受器，第二层是中间神经细胞，第三层是神经节细胞。它们间的突触形成两个突触层：一是外网状层，由光信号感受器与双极细胞、水平细胞间的突触组成；二是内网状层，由双极细胞、无长突细胞和神经节细胞间的突触组成。光信号感受器兴奋后，其发出的信号主要经过双极细胞传至神经节细胞，然后经后者的轴突（视神经纤维）传至神经中枢。但在外网状层和内网状层中，信号又经过了水平细胞和无长突细胞的调制。这种信号的传递主要是由化学性突触实现的，但在光信号感受器之间和水平细胞之间还存在某些电突触，以协调彼此间的相互作用。

视杆细胞信号和视锥细胞信号在视网膜中的传递通路则是相对独立的，直至到达神经节细胞后才又汇合起来。换句话说，在视觉通信系统中，第一阶段的光通信系统由两条独立的信道组成，到达第二阶段的神经通信系统后才合而为一。接收视杆细胞信号的双极细胞只有一类，但接收视锥细胞信号的双极细胞按其突触的特征可分为陷入型和扁平型两种。在外网状层中，水平细胞在较大的范围内从光信号感受器那里接收信号，并在突触处与双极细胞发生相互作用。此外，水平细胞还会向光信号感受器反馈信息，并以此作为调制信号。在内网状层中，双极细胞的信号传向神经节细胞，而无长突细胞则把邻近的双极细胞联系起来。视杆细胞信号和视锥细胞信号的会合也可能发生在无长突细胞上。

在视觉通信系统中，光通信与神经通信之间的"中继"是这样完成的：光信号感受器的信号主要通过改变化学性突触，向中间神经细胞传递。双极细胞和水平细胞的活动仍表现为分级电位，它们不再像光信号感受器那样只在光照射视网膜上的某一点时才有反应，而是泛及某个区域，它们感受的视网膜范围明显增大。有的水平细胞甚至对光照射视网膜上的任何位置都有反应，这表明不同空间部位上的光信号感受器发出的信号发生了汇聚。双极细胞的感受区域还呈现一定的空间构型：有些细胞在光照射其感受区的中心时发生去极化，而在光照射外周区时极性发生颠倒，即出现超极化现象。另一些细胞的反应正好相反。

在视觉通信系统中，第二阶段的神经通信是这样完成的：在无长突细胞中将出现脉冲型反应，但仍以分级电位为主。神经节细胞对光的反应完全是脉冲式的。神经节细胞的感受区域为同心圆，由中心区和外周区两部分组成。有些细胞在光照射其感受区的中心时会产生一连串脉冲，光线越强，脉冲频率越高；而当光照射其外周区时，细胞的自发脉冲会受到抑制。还有一些细胞在光照射其感受区的中心时不仅不会产生脉冲，而且会使脉冲受到抑制，但在光照停止后突然产生一连串脉冲；若用光照射外周区，其反应形式则相反。若用光照射整个感受区域，则神经节细胞经常无反应或只有微弱的反应。而暗背景上的一个充满感受区域中心的光点和亮背景上的一个充满感受区域中心的暗点都将引起细胞最强烈的反应。

视觉通信系统最重要的接收功能是辨别图像，而任何图像归根结底都是各个明暗部分的组合。当光信号感受器检测到光信号后，神经机制便对明暗对比的信息进行特殊处理，从而形成视觉信号。色觉是视觉的另一个重要方面，颜色信息在光感受器上被按红、绿、蓝三种信号进行编码，然后这三种信号各自由专线向大脑传递。在水平细胞中，不同颜色的信号以特定方式会合，例如，有的细胞在用红光照射时发生去极化，而用绿光照射时则发生超极化。另一些细胞的反应却相反。对于绿色和蓝色信号来说，也有相似的情况。虽然视网膜中的其他神经细胞有不同的反应（或是分级电位，或是神经脉冲），但它们对颜色信号的反应都相似，它们的编码形式保证了不同光信号感受器发出的信号在传递过程中不会被混淆。

　　总之，在视觉通信系统的第二阶段，网间细胞的细胞体与无长突细胞排列在同一水平面上，其突起在两个突触层中广泛伸展。它们从无长突细胞那里接收信号，又将其反馈给水平细胞。这种反馈路径与信息传输路径（光信号感受器→双极细胞→神经节细胞）相组合，终于使视网膜成为一个完整的神经网络通信系统。

3.3.2　听觉通信系统

　　耳朵是听觉通信系统的收信方，此时的信息载体是声波。当然，耳骨也可当作收信方，只不过此时的信息载体是机械振动。与眼睛不同的是，耳朵与耳骨都只能接收信息，不能向体外发送信息。当然，它们肯定能向体内发送信息，从而形成相应的"中继"通信系统。从直观上看，听觉是耳朵在声波的作用下对声音的感觉，声波的频率、振幅和波形决定了听觉的音高（音调）、音响（音强）和音色（音质）。人类的听觉能适应很宽的动态阈限范围，频率为 16 赫到 2 万赫，振幅为 0 ～ 120 分贝。虽然听觉阈限的个体差异很大，但常人对声音的频率和强度的分辨能力都很强，特别是音乐家甚至能在钢琴的相邻两个键之间分辨出 20 ～ 30 个中间音。听觉的阈限范围还受年龄、环境等多种因素的影响，听觉还有适应及疲劳等生理现象。人类能根据声音及其变化，辨别发声者的性质、方位和距离等。换句话说，听觉通信系统能够接收发信方的方位信息和距离信息等。

　　从生理结构上看，听觉系统由耳、听神经和听觉中枢共同组成。因此，听觉通信系统其实也是一个复合通信系统。其中，耳是听觉的外围感受器官，它由外耳、中耳和内耳组成。从宏观上看，至少需要三次"中继"才能完成声音信息的传输。外耳是耳道中的软骨折叠部位，负责收集外部声音，相当于通信系统中采集信息的传感器。当声波碰到耳郭后，会发生反射和衰减。这些改变提供了额外信息，以帮助大脑确定声音的方向。当声波进入看似简单的耳道后，耳道会放大那些频率为 3 ～ 12 千赫的声音，并将这些声音送到耳道末端的耳膜，此处便是中耳的起点。

　　中耳是传音系统。当声波碰到耳膜后，将通过一系列幼细小骨（由锤骨、砧骨和镫骨等组成的小骨链），在充满空气的中耳腔中进行传送。这些小骨将扮演杠杆和电报交换器的角色，把低压的鼓膜声波振动转换成高压声波振动，然后将其传送至另一个更小的、名叫前庭窗的薄膜。这里之所以要转换成高压声波振动是因为在前庭窗之后的内耳中所包含的东西不再是空气，而是一种淋巴分泌液。经过中耳的声音并非被平均放大，而且中耳肌肉的听觉反射会保护内耳免受损伤。中耳仍以波的形式（即机械波）承载声音信息，然后这些信息进入内耳，并在那里被最终转换成神经冲动。可见，在中耳通信系统中，信息载体既有声波又有机械振动，另外还有信号放大器和信号转换器。

内耳是感音系统，也是更复杂的通信系统。从外到内，内耳包括耳蜗、毛细胞和覆膜等。耳蜗由三个充满淋巴液的腔室组成。毛细胞则是一种柱状细胞，它们才是真正的声音感受器。每个毛细胞上都长有 100～200 束特别的纤毛，它们是听力的机械感应器。布满听神经纤维的覆膜位于纤毛之下，它们将根据每个声音信号的周期前后移动，使纤毛倾斜，并允许电流进出毛细胞。于是，声波在内耳中的行程可概括为：声波在中耳内被转换成淋巴液的机械振动（即机械波），然后在压力的作用下，这些机械波横跨覆膜并被分离成两部分；接着，液体机械波通过纤毛使毛细胞兴奋，并引起听神经纤维冲动；最后，这种冲动被转换成神经信号，再经听神经纤维传到大脑皮层的听觉中枢，从而产生听觉。由此可见，仅仅在内耳中，通信信号就经历了从声波到机械振动再到神经信号的数次"中继"。

听觉通信系统的信息传输过程其实是这样的：物体发出的声音通过空气传播到外耳后，再由中耳的小骨链放大，引起耳蜗内淋巴液和纤毛的振动，将声波传入内耳，使得原来那些振幅大、振动力弱的空气传导被转变成振幅小、振动力强的液体传导，结果既增强了听觉的敏感度，又对内耳起到了保护作用。进入内耳的振动激起听觉细胞的兴奋，引发约 10 亿根神经的冲动；冲动沿着听觉神经传到丘脑，再经交换神经元进入大脑皮层的听觉中枢，最终产生听觉，即接收到外界的声音信号。

此外，虽然中耳鼓膜或小骨链的损伤会影响听力，但声波也可以避开外耳和中耳，直接与颅骨（或耳骨）接触，并使声波传到内耳。这样也能产生听觉，此时的信息载体主要就是机械振动了。

3.3.3　嗅觉通信系统

在嗅觉通信系统中，鼻子只能是收信方，基本上不能对外发出信息。此时的信息载体只能是气体。嗅觉是由物体发散于空中的微粒作用于鼻腔内的感受细胞而引起的感觉，因此，嗅觉的刺激物必须是气体。换句话说，只有挥发性有味物质的分子才能成为嗅觉细胞的刺激物，它们通常都能溶于水或油脂。人类的嗅觉通信系统接收嗅觉信息的能力非常强，人类的嗅觉整体上非常敏感，但对于同一种气味，各人的嗅觉敏感度的差异非常大。有的人甚至是嗅盲，缺乏某种嗅觉能力，此时收信方就出现了信息丢失现象。即使同一个人，在不同情况下，其嗅觉的敏感度也大不相同。比如，感冒会严重降低嗅觉的敏感度，温度、湿度和气压等也会干扰嗅觉。若听觉或视觉受到损伤，则嗅觉可能变得更灵敏。有些盲人和聋哑人竟能根据气味认识事物，确定行动方向，甚至运用嗅觉自由活动。可见，视觉、听觉和嗅觉其实是相互关联的信息接收系统。与其他感觉不同的是，嗅觉很难分类，即嗅觉信息很难编码，故在描述嗅觉时不得不用产生气味的东西来命名，例如玫瑰花香、肉香、腐臭等。嗅觉还有其他一些特点。若停留在有某种气味的环境中，则一段时间后就会完全适应该气味，对该气味不再有感觉，即嗅觉信息被通信系统完全丢失，出现嗅觉疲劳。当数种气味混合后，则可能产生多种不同的嗅觉结果，既可能产生新气味，也可能由一种气味掩蔽另一种气味，还可能产生气味中和等。可见，在嗅觉通信系统中，所传递的信号也能相互融合，但缺少像光信号那样简洁的三原色规律。在人类的所有感觉中，嗅觉可能是最为神秘的感觉。比如，有人竟能记忆上万种不同的气味。这是因为在人类基因中，约有 1 万个基因都与气味受体有关。

从生理结构上说，嗅觉器官由左右两个鼻腔组成，它们通过鼻孔与外界相通。鼻腔中间有鼻中隔，整个鼻腔内壁上覆盖着黏膜。嗅觉感受器位于鼻腔内的黏膜上，黏膜表面带有纤毛，它们与挥发性物质接触，是嗅觉的起点。黏膜上有休耳采氏细胞、支持细胞、嗅细胞和基细胞等，这些细胞位于呼吸道旁，并受鼻甲的隆起部分保护。所以，含有挥发性物质的空气只能以回旋方式接触嗅觉感受器。人体的嗅觉感受器共有 7 种类型，分别负责不同气味的感知。若嗅细胞受到某种挥发性物质的刺激，就会引起神经冲动，该冲动将沿着嗅神经传入大脑皮层，从而产生嗅觉。

从通信角度看，鼻子吸入含有挥发性物质的空气后，这些挥发性物质将穿越鼻黏膜，到达上皮组织与嗅觉纤毛接触。这时的通信载体是气体。纤毛再刺激黏膜细胞的细胞膜，将嗅觉刺激传给休耳采氏细胞的细胞质，接着再传到神经细胞的输出轴突。这时的通信载体已变成神经信号了。轴突再穿越筛骨板与前脑叶下侧的两个嗅球会合，再分别通往内嗅中枢和外嗅中枢，直到大脑嗅觉区，最终产生嗅觉。可见，嗅觉通信系统是一个复杂系统，至少经过了两次"中继"。

3.3.4 味觉通信系统

在味觉通信系统中，舌头是标准的收信方，它对外几乎不发送任何信息。这里不考虑通过"吐舌头扮鬼脸"发出光信息，因为这只是某种表情；也不考虑弹舌头发出声波信息，因为这也与味觉通信无关。从直观上说，味觉是食物在口腔内对味觉器官的化学刺激所产生的感觉。味觉的适宜刺激物，即味觉通信的信息载体，是能溶解且有味道的东西。最基本的味觉有甜、酸、苦、咸 4 种，它们类似于视觉通信系统中 3 种基本色素的功能。其他各种味道都是这 4 种基本味道混合的结果。不同味觉的产生归因于不同的味觉感受体。针对这 4 种基本味道，人们的敏感度各不相同，这可用能感受到某种物质的味道所需的该物质的最低浓度（所谓的阈值）来描述。在常温下，蔗糖（甜）的阈值为 0.1%，盐（咸）的阈值为 0.05%，柠檬（酸）的阈值为 0.0025%，硫酸奎宁（苦）的阈值为 0.0001%。可见，人对苦味最敏感，对甜味最迟钝。因此，味觉通信系统又可看成对酸、甜、苦和咸的敏感度不同的 4 种并行的通信系统。舌面的不同部位对 4 种基本味觉刺激的感受也各不相同，其中舌尖对甜味敏感，舌边前部对咸味敏感，舌边后部对酸味敏感，舌根对苦味敏感。

味觉与刺激物间的作用各不相同，影响味觉通信系统的接收能力、造成信息传输失真的因素很多。首先，味觉与身体状况密切相关。比如，饥饿时对甜味和咸味的感觉更敏感，对酸味和苦味的感觉次之，饭饱后的情况刚好相反。因此，饥饿时吃东西额外香，这时酸味和苦味的信息被丢失了。其次，温度对味觉也有影响。一般来说，随着温度的升高，味觉更敏感。产生味觉的适宜温度范围是 10 ~ 40 摄氏度，其中 30 摄氏度最理想。再次，刺激物的水溶性与味觉也密切相关。刺激物必须具有一定的水溶性才能产生味觉，完全不溶于水的物质是无味的，溶解度过小的物质也几乎无味。水溶性越大，味觉产生得就越快，但消失得也越快。一般来说，酸味、甜味、咸味物质都具有较大的水溶性，而苦味物质的水溶性较小。当然，药物和疾病等也会影响味觉，造成味觉信息丢失或失真。

两种或多种味道进入口腔后，最终的味觉会有所改变，发生对比现象、相乘现象、消杀现象、变调现象和疲劳现象等奇怪现象。这里，对比现象是指各种味道适当调配后，可使其中的某种味道更突出。比如，在 10% 的蔗糖中添加 0.15% 盐，会使蔗糖的甜味更突出；在醋中添加少许盐，可使酸味更突出；在味精中添加盐，会使鲜味更突出。相乘现象是指相同味道的刺激物进入口腔后，其味感强度可能超过两者之和。比如，甘草铵本身的甜度是蔗糖的 50 倍，但当它与蔗糖共同使用时，其甜度可高达蔗糖的 100 倍。消杀现象是指一种味道减弱另一种味道。比如，蔗糖与硫酸奎宁之间就会相互中和。变调现象是指两种味道相互影响，导致其味感发生改变。比如，刚吃过苦味食物后，喝一口淡水都会感到甜；刚刷过牙后再吃酸味食物时就有苦感。疲劳现象是指若长期遭受某种味道的刺激，则刺激效果就会减弱。这也是蜀人不怕辣的原因，因为他们早已习惯了。换句话说，4 种基本的味觉信号会相互干扰，造成若干奇怪的错觉。

比较意外的是，在人的所有感觉中，味觉的传递最迅速，从接受刺激到感受到味道仅需 1.5 ~ 4.0 毫秒，而视觉需要 13 ~ 45 毫秒，听觉需要 1.27 ~ 21.5 毫秒，触觉需要 2.4 ~ 8.9 毫秒。换句话说，在感觉通信系统中，味觉信号的传输速度最快，听觉信号的传输速度次之，触觉信号的传输速度再次之，而视觉信号的传输速度竟然最慢，虽然它的信息载体（光）的传输速度最快。

从生理结构的角度看，味觉通信系统也是一个"中继"系统。味觉系统包括味蕾和自由神经末梢两部分。其中，味蕾相当于味觉信息传感器，它呈卵圆形，主要由味细胞和支持细胞组成。味细胞顶部有微绒毛，它们向味孔方向伸展，与唾液接触。味细胞的基部由神经纤维支配。在味觉通信系统中，每个味蕾都能接收 4 种基本味觉信息。婴儿大约有 1 万个味蕾，成人只有数千个味蕾，味蕾的数量随年龄的增长而减少，对刺激物的敏感性也随之降低，即传感器的传感能力减弱。大部分味蕾位于舌头表面的乳状突起中，而且密布于舌黏膜皱褶处。一个味蕾一般由 40 ~ 150 个味细胞构成，10 ~ 14 天更新一次。味细胞的表面有许多味觉感受分子，不同的刺激物与不同的味觉感受分子结合后，将呈现不同的味道。舌头是主要的味觉感受器，当味觉刺激物随溶液刺激到舌上的味蕾时，味蕾就将该刺激的化学能转化为神经能，然后沿舌咽神经传至大脑，产生味觉。

不同味觉的产生机理各不相同，因此，在味觉通信系统中，酸、甜、苦、咸 4 个子系统的信息传输机理也各不相同。甜味是通过多种 G 蛋白耦合受体而获得的，它们耦合了味蕾上的 G 蛋白味导素。酸味是由 H^+ 刺激舌黏膜而产生的，AH 酸中的质子 H^+ 是定味剂，酸根负离子 A^- 是助味剂，酸味物质的阴离子结构对酸味的强度有很大的影响。苦味产生于味蕾中味细胞顶部微绒毛上的苦味受体蛋白，苦味受体蛋白与溶解在液体中的苦味物质结合后被活化，经细胞内的信号传导，使味觉细胞膜去极化，继而引发神经细胞突触兴奋。兴奋信号沿面神经、舌咽神经或迷走神经进入延髓束核，再经更换后的神经元传到丘脑，最后投射到大脑中央后回最下部的味觉中枢，经整合后最终产生苦味感知。此外，辣味是一种复杂的味道，它刺激舌根部的表皮。在辣味物质的结构中，亲水基因是定味剂，疏水基因是助味剂。

在味觉通信系统中，信息的传输过程如下：刺激物刺激口腔内的味觉感受体，然后通过一个收集和传递信息的神经感觉系统传导至大脑的味觉中枢，最后经过大脑综合神经中枢系统的分析产生味觉。同时，针对舌头的不同部位所接受的刺激，味觉信息将按不同的路径进行传输。舌前 2/3 的味觉感受器所接受的刺激将由面神经的鼓索传递，舌后 1/3 的味觉感受器所接受的刺激将由舌咽神经传递，舌后 1/3 中部软腭的咽和会厌味觉感受器所接受的刺激则由迷走神经传递。总之，在味觉通信系统中，味觉信号经面神经、舌神经或迷走神经的轴突进入脑干后到达孤束核，然后更换神经元，再经丘脑到达岛盖部的味觉区，从而产生味觉。

此外，味觉通信系统和嗅觉通信系统还会进行整合和互相作用。嗅觉是实现外激素通信的前提，它是一种远感，即长距离感受化学刺激。相比之下，味觉则是一种近感。若嗅觉失灵，则味觉也会减弱，比如感冒后吃东西就没味了。在营养方面，嗅觉和味觉也会协同作用，对不同的食物做出不同的反应。比如，在宴会上挑选美食时，菜肴所散发的香味常常是食客首先考虑的因素。

3.3.5　触觉通信系统

在触觉通信系统中，皮肤是收信方。触觉感受器是人类的第五感官，也是目前研究得最少且是最复杂的感官。触觉是在接触、滑动、压力等机械刺激下，因皮肤浅层感受器兴奋而产生的有关温度、湿度、疼痛、压感、振动等感觉的总称。因此，触觉信息的载体很多，至少有冷热（感受温度）、机械振动（感受压力）等。触觉能表现出十几种截然不同的感觉，比如痛觉、冷觉、温觉、压觉及痒觉等。它们都是皮肤能接收到的触觉信号。触觉对机体有很多好处。比如，经常伸懒腰可松弛神经系统，经常按摩可放松肌肉。更为神奇的是，触觉还可用来表示亲密、善意、温柔与体贴之情，是启迪心灵的窗口。

在触觉通信系统中，触觉感受器称为触点，它们相当于触觉传感器。数以百万计的触点遍布于全身皮肤。在有毛发的皮肤上，触觉感受器就是毛发感受器；在无毛发的皮肤上，触觉感受器主要是一种名叫"迈斯纳小体"的东西，它们分布在皮肤的真皮乳头内。这些小体呈卵圆形，其长轴与皮肤表面垂直，外面包覆结缔组织囊。小体内有许多横列的扁平细胞。当有髓神经纤维进入小体时，扁平细胞将失去髓鞘。轴突分出细支并盘绕在扁平细胞间。触点的大小不尽相同，有的直径可大到 0.5 毫米，有的则非常微小。触点的分布也不规则，因此，各部位对冷热、疼痛及其他感觉的敏感度也不相同。从宏观上看，指腹处的触点最多，头部次之，而小腿和背部最少。所以，指腹的触觉最敏感，哪怕用线头接触指腹都会有所感觉；而小腿和背部最迟钝，哪怕用两根相距 0.5 厘米的筷子按压背部，也都只有一根筷子的感觉。从中观上说，脸庞、嘴唇和舌头上的触点分布更为密集。从微观上说，手指、足趾掌侧的触点最多，尤其是指尖上触点的密集程度最高，这也是用指尖读盲文的原因。若用软毛轻触皮肤表面，那么只有在碰到某些触点时才能引起触觉。从纵深方向看，在外皮与内皮的会合处（如嘴唇和鼻腔内部），触点的分布更加密集。人体的触点数量还会随年龄增长而减少。

在触觉通信系统中，传输触觉信息的生理机制是：皮肤深层内存在锥形的触觉小体，其中含有敏感的触觉神经细胞及运动神经细胞，当这些细胞感受到位于皮肤表层的触点传来的压迫时，神经末梢就会马上发出一个微弱的电流信号。这些信号随神经纤维传送到大脑，于是大脑就能感受到这次触摸，还能分辨出被触摸的程度及位置。

3.4 人类的知觉能力

从视觉、听觉、嗅觉、味觉和触觉等感觉层次看，人类远不如其他动物；而人类唯一领先和拥有的东西可能就是本节将要介绍的知觉，以及由知觉支撑的认知能力。从通信角度看，在人工通信系统中，比各种感觉的层次更深的收信平台便是知觉。比如，只有当某篇小说强烈地刺激了读者的知觉时，这篇小说才算成功，否则就不能产生共鸣，即读者没能收到足够的信息。或者说，通信系统所传递的信息在从感觉到知觉的"中继"过程中出现了严重的传输误差或信息丢失。

不过，在介绍知觉通信系统之前，让我们先回忆一下通信与计算的关系。对于所谓的计算，可以想象有一个黑盒子，它有 N 个输入和 M 个输出。它对输入的信息进行相关处理后，再以输出的形式呈现计算结果。因此，通信显然可看成计算，它的发信方是输入，收信方是输出，信息载体便是作为黑盒子的信道，通信过程就是计算过程。比如，在计算机通信中，发信方用键盘输入一些短句后，收信方就可能听到一首诗。在该通信系统中，比特串被计算成了一段声音。另外，任何一个计算系统也是一个通信系统。更准确地说，计算系统都可分解成若干个通信系统，或者说计算系统是若干个通信系统的复合。

3.4.1　知觉通信系统简介

知觉是客观事物直接作用于感官时，头脑中所产生的对事物的整体认识。知觉是一种基本心理过程，远比感觉复杂，但又常与感觉交织在一起，因此有时也称之为感知活动。知觉与感觉的联系与区别可概括为如下几个方面。

首先，知觉是对感觉信息的加工。感觉是对客观事物个别属性的认识，而知觉则是对同一事物的各种感觉的综合，是对这一事物的整体认识。知觉是直接作用于感官的事物在人脑中的反映。知觉系统其实更接近计算系统，但为了保持术语的一致性，下面仍然尽量用通信术语进行描述。此时，发信方的输入便是感觉信息，而收信方的输出则是知觉信息。

其次，知觉来源于感觉，但又不同于感觉。知觉通信系统的输出与输入并不相同：从内容上看，输出是输入的升华；从抽象形式上看，产生了很大的传输误差。感觉是单一感官活动的结果，知觉则是各种感官协同活动的结果，即多种接收信号的融合。感觉是知觉的基础，知觉是感觉的深入。感觉独立于个人的知识和经验，而知觉取决于个人的兴趣、需求、动机、情绪、知识和经验等。比如，对于同一物体，不同人对它的感觉都相似，但对它的知觉千差万别。知识经验越丰富，则对事物的知觉就越完善和全面。比如，面对一篇英文小说时，不懂英文者只能看到 26 个字母的排列，而懂英文者则可能看得泪流满面。换句话说，在知觉通信系统中，输出信息由外界当前输入的信息和当事人过去存储的信息综合而成，但到底是如何综合的，目前谁也不知道。

再次，知觉和感觉都只反映了事物的外部属性，都只属于感性认识。不过，知觉属于高于感觉的感性认识。换句话说，若事物不再直接作用于感官，即没有外界信息的输入，那么对该事物的感觉和知觉也将停止。当形成对某事物的知觉后，各种感觉就已经被结合起来了，甚至只要有一种感觉信息出现，就能引起对事物整体形象的反映。例如，"看到某棵树"这一视觉将会引发许多知觉，包括该树的距离、方位、形状和高度，乃至这棵树背后的某些故事等。所以，除非在实验室里，否则在现实中很难找到单独存在的感觉。或者说，知觉通信系统包含许多纵横交错的逻辑抽象通信子系统。虽然永远无法完全罗列出这些子系统，但是在实验室中可以比较容易地梳理出所需的子系统。

另外，与感觉相比，知觉还有以下三个特点。其一，知觉反映的是事物的意义，其目的是解释作用于感官的事物是什么，并尝试用词语给出描述，即知觉通信系统输出的信息以语言为主。因此，知觉是一种解释过程。其二，知觉是对感觉属性的概括，是对不同感觉通信系统中的信息进行综合加工的结果。所以，知觉是一种概括过程。其三，知觉包含思维因素，要根据感觉信息和个体的主观状态所提供的补充经验来决定知觉结果。因而，知觉通信是主动对感觉通信中的信息进行加工、推论和理解的过程。

总之，知觉是一个复杂的通信过程，难以描述清楚。若想揭示事物的本质，不能只靠感觉和知觉，还必须进一步开展复杂的心理活动，比如记忆（当前与未来的通信）、想象和思维（大脑中的抽象通信）、言语（对话通信）等。知觉与感觉同时进行，知觉基于感觉，没有感觉就没有知觉。同时，若感觉到的个别属性越多、越丰富，则对事物的知觉也就越准确、越完整。当然，知觉并不是感觉的简单相加，因为在知觉过程中还有主观经验的作用，还要借助已有经验去解释所获取的感觉信息，从而对当前的事物做出识别。

3.4.2　知觉的特性

作为知觉通信系统的输出结果，知觉的基本特性包括相对性、选择性、整体性、恒常性、组织性、意义性和知觉定势等。由此便知，知觉通信是典型的主观通信，它与电话等客观通信存在重大差别。下面分别介绍知觉的基本特性。

（1）知觉的相对性。知觉是以过去的经验为基础，对感觉所获取的资料做出的主观解释，因此，经验的相对性将导致知觉的相对性。当看见某个物体时，显然不能将该物体作为引起知觉的唯一刺激，还必须同时看到该物体周围所存在的其他刺激。于是，被观察物体与其环境间的关系肯定会影响从该物体中所获得的知觉。比如，当你在听诊器旁边看到一个穿白大褂的人时，你将产生"他是医生"的知觉；而在炒勺旁边看见穿白大褂的人时，你将产生"他是厨师"的知觉。这便是说明知觉相对性的明显例子。知觉相对性的另一类例子是所谓的知觉对比。两种具有相对性质的刺激同时出现或相继出现时，由于两者的彼此影响，这两种刺激在知觉上会产生明显的差异。比如，蚂蚁与大象待在一起时，观察者可能产生"大象更大，蚂蚁更小"的知觉。因此，在知觉通信系统中，外界输入的信息其实是相对的，甚至当事人都没意识到自己到底感觉到了什么信息。

（2）知觉的选择性。在特定时间内，任何人都只能感受部分刺激，而将其他刺激忽略。被选为知觉内容的事物称为对象，衬托对象的其他事物便是背景。某个事物一旦被选为知觉对象，它就会立即从背景中突现出来，表现得更加鲜明和清晰。一般情况下，知觉对象是面积大的而非面积小的，是被包围的部分而非开放空间，是垂直的和水平的而非倾斜的，是暖色系的而非冷色系的，是与周围环境存在强烈明晰度差异的而非隐于周围环境中的。即使面对同一知觉刺激，若观察者的角度或焦点不同，就可能产生截然不同的知觉。比如，对于同一个瓷器，从文物角度看时它也许价值连城，但从实用角度看时它可能一文不值。影响知觉选择性的因素很多，包括刺激的变化、对比、位置、运动、大小、强度、频率等客观因素，以及经验、情绪、动机、兴趣、需要等主观因素。由知觉的选择性可知，除少数情况外，任何给定刺激对不同的观察者引起的知觉反应几乎无法预测，这便是一千个读者会看到一千个哈姆雷特的原因。因此，在知觉通信系统中，输入信息和噪声信息的选择虽然具有一定的规律，但其实我们可以有意识地进行互换。当然，互换后的输出结果也会互不相同。

（3）知觉的整体性。知觉的对象具有许多属性，但它在被知觉时是以整体形式出现的，这便是知觉的整体性或完整性。例如，小桥、流水、人家等不同的刺激将被知觉统一起来，形成美感知觉，它显然超过了对象的物理属性之和。当感知某个熟悉的对象时，只要感觉到它的个别属性或主要特征，就能根据以往的经验得知它的其他属性或特征，从而在整体上知觉它，比如睹物思人。若感觉的对象较陌生，那么知觉就会严重依赖感觉，并以感知对象的特点为转移，把它知觉为具有一定结构的整体，比如盲人摸象。知觉的整体性纯粹是一种心理现象，有时即使引起知觉的刺激是零散的，但所得的知觉是整体的。比如，魔术师经常用错觉来完成表演，许多艺术品的"残缺美"也是以此为根据的。因此，在知觉通信系统中，虽然外界输入的感觉信息很多，但它们最终会被有意或无意地整合在一起。如果整合错了，输出的结果自然也就错了。

（4）知觉的恒常性。在不同角度、不同距离或不同明暗度的情况下观察某一熟知物体时，虽然该物体的大小、形状、亮度和颜色等物理特征已因环境影响而有所改变，但观察者所获得的关于该物体的知觉经验倾向于保持其原样不变。这便是知觉的恒常性。比如，从不同的距离或角度看自己的上司时，由于环境的改变，投射到视网膜上的视像大小和形状当然有差别，但观察者总会认为没改变，仍会按其实际体形来知觉他。正是由于知觉的恒常性，人类才能客观、稳定地认识事物，从而更好地适应环境。因此，在知觉通信系统中，有时外界的输入完全不一样，但其输出可能是一样的。

（5）知觉的组织性。在感觉转化为知觉的过程中，感觉信息将被主观处理，比如情人眼里出西施。这种主观处理过程是有组织的、系统的、合乎逻辑的，而不是紊乱的。这就是知觉的组织性。因此，在知觉通信系统中，众多的外界感觉输入信息会被传感器自动分类，而分类的原则主要有以下4种。

其一，相似法则。当知觉场景中有多种刺激同时存在时，各刺激间在某一方面的特征如有相似之处，则在知觉过程中会倾向于将它们归为一类。比如，大小相似的刺激会被归为一组，形状相似的会被归为另一组，颜色相似的也会被归为一组。具体来说，这也是正常人能在测试色盲的画册上看见相关影像的原因。在知觉通信系统中，相似的信息会被归为同一类，并被感知成目标的输入信息，而其他信息被感知成背景或干脆被忽略。

其二，接近法则。有时知觉场景中刺激物的特征并不明显，甚至在各刺激物之间找不出足以辨别它们的特征,观察者就会根据以往的经验主观寻找各刺激物之间的关系,以突显其特征,从而获得有意义的或合乎逻辑的知觉。比如,在新同学名单中,找到自己的本家。在知觉通信系统中,与预设目标接近的信息会被优先当成输入信息。

其三,闭合法则。若知觉场景的刺激物从表面看来虽各有其可供辨别的特征,但是仅凭这些特征仍不能确定各刺激物之间的关系,观察者就会根据经验,主动补充(或减少)各刺激物之间的关系,从而突显它们的特征,以便有助于获得更有意义的或合乎逻辑的知觉,比如一叶知秋。因此,在知觉通信系统中,外界输入的信息会被无意识地加以完善,以利获得更清晰的输出结果。

其四,连续法则。这一法则与闭合法则类似。比如,当溪水从浮桥下面流过时,你总会看到清水连续流动,虽然实际的视觉效果是水流的一段曾被桥面遮挡。由此可知,知觉连续法则中的"连续"未必是感觉上的连续,而是心理上的连续。知觉连续法则在绘画中早就得到了广泛应用。比如,以实物形象上的不连续使观察者产生心理上的连续知觉,从而形成更多的线条或色彩变化,以增强美感。在知觉通信系统中,本来不连续的外界信息会被无意识地连续化,以获得更清晰的输出信息。

(6)知觉的意义性或理解性。人在感知某个事物时总会依据经验,力图解释它究竟是什么。这就是知觉的理解性。实际上,知觉是一个积极主动的过程,知觉的理解性正是这种主动性的表现。若观察者的经验不同、需求不同或期望不同,则对同一知觉对象的理解也会不同。比如,面对一条蛇时,路人知觉到了危险,而捕蛇者知觉到了机会。因此,知觉与记忆和经验等密切相关。在知觉过程中,对事物的理解是通过思维活动达到的,而思维又与语言密切相关。因此,语言的指导能使观察者对知觉对象的理解更迅速和完整。换句话说,知觉通信系统的输出一定是有意义的,是可以理解的,哪怕出现了很大的传输误差。

(7)知觉定势。这是指观察者对一定活动的特殊准备状态。具体而言,当前活动常受过去活动的影响,观察者倾向于延续以往活动的特点。当这种影响发生在知觉过程中时,就会产生知觉定势现象,它是由早先经验造成的某种思维惯性。

当然，知觉者的需要、情绪、态度和价值观念等也会产生定势作用。例如，知觉者感到愉快时会对环境产生美好的知觉。知觉定势具有双向性，其积极作用是使知觉过程变得迅速有效，消极作用则会使定势显得刻板，妨碍或误导知觉。因此，在知觉通信系统中，不但外界的输入会影响最终的输出，而且当事人的内部信息输入也会影响最终的输出，甚至其影响力更大。

3.4.3　知觉的种类

知觉的种类很多，主要有空间知觉、时间知觉、运动知觉和错觉等。

空间知觉，即关于物体的形状、大小、远近、方位等空间特性的知觉。此时，通信系统输出的是空间信息。空间知觉是每个人必不可少的能力，因为，我们生活在三维空间内，必须随时随地对远近、高低、方位等做出恰当的判断，否则就会遇到困难甚至遭遇危险。比如，上下台阶、穿越马路、操作工具等无一不需要空间知觉。空间知觉的输入信息包括视觉、听觉、触觉、动觉等，而计算过程则是对这些输入的协同通信，其中视觉通信系统起主导作用。空间知觉的输出信息包括空间的形状、大小、距离、立体感、方位等。空间知觉是经过知觉者在实践中不断发展和完善后才形成的。

时间知觉也称时间感，即在不使用任何计时工具的情况下对时间的长短、快慢等变化的感受与判断。此时，通信系统输出的是时间信息。时间知觉的特殊之处在于它并非由固定刺激所引起，也没有提供线索的感觉器官。此时，对应于同样的输出信息，可能有若干种不同的输入信息。获得时间知觉的输入信息可能来自两个方面：其一，外在线索信息，比如太阳的升落、月亮的圆缺、昼夜的更替、四季的变化以及日常的工作程序等都可作为判断时间的参考；其二，内在线索信息，比如呼吸、脉搏、消化及生物节律等也可以成为判断时间的依据。时间知觉也是在实践中逐渐发展起来的。儿童的年龄越小，他在估计时间时的准确性就越差。情绪也会影响对时间的估计，愉快时就觉得时间过得快，烦闷时就觉得时间过得慢。因此，在时间知觉通信系统中，对于相同的外界输入，可能产生不同的输出，其中的差别归因于内部输入。

运动知觉是关于空间物体的运动特性的知觉，它依赖观察对象的运行速度、距离以及观察者所处的状态。因此，在知觉通信系统中，输入可以分为两大部分，其一是观察对象本身的信息，其二是相关的背景信息。输出不但与对象信息有关，更与背景信息和对象信息的相对性有关。比如，当物体由远而近或由近而远时，物体在视网膜上所成的像的大小变化就向人脑提供了物体正在"逼近"或"远去"的信息。物体运动得太快或太慢时，都不能形成运动知觉。比如，肉眼很难观察到手表时针的转动，因为它的转速太慢；人眼也看不到光的运动，因为它的传播速度太快。对于以同样速度运动的物体，距离近时，我们就会觉得它运动得快；距离远时，我们就会觉得它运动得慢，远到一定程度后甚至就看不出它在运动了。形成运动知觉的直接原因是角速度，即单位时间内所造成的视角改变量。若想观察运动，就离不开参照系，即用观察对象与另一物体进行比较。参照系不同，运动知觉的结果也不同。比如，若以乌龟当作参照系，兔子就会觉得自己跑得快；若以摩托车当作参照系，它就会觉得自己跑得慢。在缺少参照系时，关于两个物体的运动知觉有如下规律：常将较大的客体当作静止背景，较小的客体当作运动物体。比如，夜间云朵遮挡月亮时，我们常常以为月亮在走，其实主要是云在移动。若在暗室内注视一个静止的光点，片刻后就会感到光点在游动，这也是因缺乏参照系而造成的错觉，其专业术语叫作"似动现象"，即引起运动知觉的刺激物本来未动，但观察者主观上觉得它在动。该类错觉的另一个熟悉案例是电影中飞驰的马车的车轮似乎在反转。运动知觉的另一个错觉就是所谓的相对移动，即刺激物本身未动，但观察者自己在动，这时他反而会觉得是物体在动。比如，火车上的你常常觉得窗外的电线杆在向后飞跑。

错觉即错误的知觉，是完全不符合刺激本身特征的、失真的或扭曲事实的知觉。此时，通信系统的输出结果出现了重大偏差，当然其原因各不相同。错觉很常见，由视觉、听觉、味觉或嗅觉等所构成的知觉都会出现错觉。比如，从飞驰的火车尾部俯视铁轨时，就会觉得铁轨从车底下迅速向后延伸；若火车突然停止，就又会觉得铁轨好像在迅速向车底缩进。从技术层面来看，产生错觉的原因目前尚不清楚，但可以肯定的是错觉不是观念问题，而是知觉问题。更准确地说，错觉是通信计算差错，因为我们即使知道那是错觉也无法改变它。视错觉不是发生在视网膜上的，不能归因于视觉器官的活动。此时输入的信息并未出现错误，但输出错了。从哲学高度看，产生错觉不可避免。知觉是环境刺激的产物，但在知觉中，需要对客观性做出主观性解释。因此，就真实性的标准来看，客观与主观之间难免出现差距，从而造成错觉。比如，由对比产生的知觉当然会受到对比物的影响，选错了对比物，自然就会产生错误的知觉。

幻觉是与错觉不同的另一种知觉，它是在没有相应外界事物的直接作用下产生的不真实的知觉。幻觉的输出错误甚至完全是由内部输入引起的，因为此时甚至根本就没有外界输入信息，或最多只有外界的背景输入信息。幻觉具有与真实知觉类似的特点，但它是虚幻的。任何人在特定状态下都可能出现幻觉。比如，在强烈情绪下进行想象、回忆或有所期待时就可能产生幻觉，在催眠状态下也可能出现幻觉，即使入睡和清醒时仍可能产生幻觉。当然，在非正常情况下，比如患有精神疾病、药物中毒、饮酒过量、吸食毒品等时，更会出现幻觉。

3.4.4 知觉的研究史及其代表性理论

知觉是人类与动物的重要区别。知觉的产生时间至少不晚于 7 万年前的认知革命，因为知觉是认知的重要组成部分。不过，人类开始系统地研究知觉的时间晚至 20 世纪了。实际上，从 20 世纪初开始，心理学家就开始醉心于描述自身的知觉经验，但到了 20 世纪 30 年代左右又出现了历史倒退，以美国华生为代表的行为主义者极力主张禁止研究那些不能公开观察的知觉课题。后来，德国出现了格式塔学派，他们对知觉的论述重新引起了学术界的浓厚兴趣，使知觉的研究再次活跃起来。目前，心理学界已广泛承认：知觉是认知活动的重要组成部分，知觉也是心理学研究的基本内容之一，他人的知觉完全可以借用科学方法进行分析，知觉也有自身的规律；研究知觉的途径既可以基于假设性的理论，也可以基于人脑的生理机制，而且这两方面的成果可以互相印证和补充，以获得对知觉过程的更全面的了解。

到目前为止，比较有代表性的知觉理论包括格式塔理论、推断理论和心理物理对应理论。

格式塔理论提出了知觉的两条基本原则。其一是知觉的主动性原则，即知觉者的知觉过程并不像相机那样被动地记录刺激的全部细节，而是一个主动过程，它将对刺激进行加工处理，丢掉刺激的某些细节，保留其基本特征，并用概念的形式把刺激经验重新组织起来，使客观刺激在知觉中变成具有完整结构的形象。换句话说，在知觉通信系统中，传感器会主动采集输入信息。其二是知觉的组织性原则，即知觉者受各种因素的限制，不可能输入每时每刻作用于感官的所有信息，因此，他只能对刺激的基本特征进行反应，把许多孤立的外界刺激组织成一个有意义的整体。换句话说，知觉通信系统会有意或无意地对输入信息进行预处理，而且输出结果严重依赖预处理。若预处理出错，输出的知觉信息就会出错。关于知觉如何从神经系统的活动中产生，格式塔学派认为知觉结果取决于中枢神经系统对相关刺激的反应，知觉现象符合神经系统的特征。例如，在知觉的组织性原则中，某些刺激物能被知觉为完整的图形，其他刺激物则被知觉为背景。这是因为大脑皮层的神经细胞具有电磁场特征。在磁场中，力的分布使某些兴奋区相互吸引，其他区相互排斥，从而在脑中形成一定的印象，即知觉经验中的图形与背景的结构。在视错觉中，知觉之所以被歪曲是因为它在中枢神经系统中的表现已经被歪曲了。可见，知觉通信系统好像还真是基于电磁场的通信系统。

知觉的推断理论有两个基本假设。其一，知觉经验是一个混合物，小部分来自当前的感觉，大部分来自知觉者大脑中的固有信息。它们组成了知觉通信系统的两大输入。知觉者根据经验，对作用于感官的刺激做出推断，虽然该推断是自动的无意识过程。因此，知觉具有很强的主观性。其二，瞬间输入的感觉信息是极其初步的、模糊的或不完整的，不能以此确定相应的外在刺激。因此，在任何知觉过程中，作用于感官的近端刺激（如视网膜上的物像）只能提供线索，而不能对远端刺激（外界的客观事物）提供真实而完整的描述。所以，必须基于过去的经验对近端刺激所提供的线索进行评价。该评价的结果就是知觉。在知觉通信系统中起主导作用的反而不是外部的刺激输入，而是知觉者基于其固有知识的内部输入。知觉的推断理论其实是一种再造理论，观察者通过知觉把客观世界再造出来。因此，该理论的前提是世界是有秩序且多样化的，因此，知觉通信系统中的片段输入才能成为线索，断定感觉输入来自哪里以及被遗漏的输入片段是什么。实际上，在一个无序的混乱世界中，当然就不能从片段信息推知其他部分，过去的经验也不会对现在和将来有所帮助。

心理物理对应理论刚好与知觉的推断理论相反，它认为自然界中的刺激是非常完整的，知觉者直接与环境相接触，完全可以产生各方面都与感官刺激相对应的知觉经验，而无需推理过程。该理论区分了刺激作用和刺激信息，并认为刺激作用并不一定包含刺激信息，知觉的信息包含于外界的差别之中。因此，在知觉通信系统中，外界的输入信息并不重要，重要的是外部输入信息之间的差别。比如，在浓雾中，观察者的视网膜虽受到光刺激的作用，但此时光是均匀的，所以观察者看不到任何东西。观察者无论在任何一点观察周围的空间，环境光的分布都不同。环境光的这种差别或结构才是视觉的重要刺激物，才包含着空间信息。又如，距离并不是观察者和物体之间的抽象空间，它是通过对物理光线分布的直接感知而得到的。

此外，眼睛的运动和手的触摸在知觉中起着重要作用。人在观察复杂图形时，眼睛的运动能帮助对图形的知觉；人在知觉周围的环境时，肢体的主动运动也必不可少。

3.4.5　认知通信系统

层次比知觉更高的感知便是认知，它是人类获得或应用知识的过程，或者说是某种信息加工过程，即人脑接受外界输入的信息，经过头脑的加工处理，将其转换为内在的心理活动，进而支配相关行为的过程。除了知觉外，认知还包括感觉、记忆、思维、想象和语言等。人类的认知能力是生物演化的结果，个体的认知能力则与经验密切相关。实际上，人类对客观事物的感知、思维等都是认知活动，它是一个将主观客观化的过程，即用主观反映客观，使客观表现在主观中。

具体来说，人类获得或应用知识的过程开始于感觉与知觉的刺激，当这些刺激消失后，它们并未马上消失，而是被保留在大脑中，并在需要时被回忆出来。因此，在认知通信系统中，输入信息主要是感觉和知觉，输出结果包括支配相关行为的内在心理活动和存入大脑的知识两大部分。

认知通信系统获取输出结果的方式主要有思维、语言和想象。具体来说，人不仅能直接感知个别、具体的事物，认识事物的表面联系和关系，还能运用已有的知识和经验去间接、概括地认识事物，揭露事物的本质以及内在联系和规律，形成对事物的概念，进行推理和判断，解决面临的各种问题。这就是思维。人还能用语言与他人交流自己的思维结果，接受别人的经验。这就是语言活动。人类还有想象能力，仅凭头脑中保存的具体形象来获得认知。

当然，从不同的角度，可以对认知过程给出不同的解释。从传统角度看，认知过程是人脑以感知、记忆、思维等形式反映客观事物的特性和关系的心理过程。从结构学角度看，认知过程是在原有认知的基础上，对新的刺激物进行同化和顺应，以达到平衡的过程。从通信角度看，认知是个体接收、编码、存储、提取和使用信息的过程，涉及感知系统（接收信息）、记忆系统（信息编码、存储和提取）、控制系统（监督执行决定）和反应系统（控制信息输出）。从时间角度看，认知过程又可分为 3 个阶段：一是解决问题；二是模式识别，为此就必须认知各元素间的关系（如等同关系、连续关系等），并根据这些关系构建相关模式；三是学习，包括辨别、阅读、理解、范例等，即获取并存储信息，以备后用。

每个人的认知风格各不相同。有人喜欢与他人讨论，从他人那里得到启发；有人喜欢独立思考。不过，认知风格具有一定的稳定性。比如，儿童时期所表现出来的某种认知风格可能会保持终生。每个人的认知能力也各不相同，这主要取决于认知者的观察力、记忆力、想象力等智力因素。

3.5 第六感与直觉

在本章的最后一节之所以要介绍第六感这个尚存争议的话题是因为：若真有

第六感，那么它将是一种最奇妙的通信方式，即收信方收到的信息很明确，但不知道谁是发信方，更不知道这些信息是如何发出的；而且，加上第六感后，人类所有可能的感知通信系统就算完备了。另外，第六感中的灵感、顿悟等可能将是人类少有的、今后无法被人工智能所取代的方面之一。既然这是一种未知通信，当然也将是未来通信的课题之一。

第六感的同义词和近义词至少包括直觉、心觉、灵感、预感、心声、预兆、第六识、机体觉、洞察力等。从通信角度看，第六感其实是通过眼、耳、鼻、舌、身等"五感"之外的信道接收到了输出信息，而这些输出信息与当事人之前的经验积累有关。第六感的输出通常都比较奇妙，甚至很玄幻，可以在某种程度上预知未来。

到底是否存在第六感，目前还没定论。支持方的观点主要包括：在特殊情况下，人脑确实能感应到磁场，故难免有时第六感会来自磁感应，正如许多动物确实能通过磁感应预知地震一样；第六感其实是正常感官的天生功能，每个人都有一定程度的第六感；空气流动、温度和湿度等环境变化会对人体产生直觉性影响；外界的许多因素会在无形中让人心烦意乱，甚至产生不祥之兆，而这种负面情绪又可能真的引发相关事故，从而"验证"之前的预感。

不过，就算在存在性方面没有问题，第六感通信系统也在许多方面表现出了强烈的不稳定性。首先，它的出现时机是不稳定的，即输出结果不稳定。比如，精神放松或进入某种相对无碍的境界时，潜意识的漂浮物也许会突然呈现，或称为出现了灵感。又如，对某一事物专注到一定程度（如禅定）后，第六感等潜意识出现的可能性更大。其次，第六感通信系统的输出结果的表现形式也不稳定。比如，抵达新的旅游目的地时有似曾相识的感觉。又如，预知对方要谈论的话题，预知某人的意外到访，预知灾祸的发生，等等。

心理学家认为，第六感属于某种潜意识，而潜意识会收到许多被意识层面遗漏的信息，它们无需透过语言或逻辑推理就能获得。当潜意识信息储存在人脑中时，当事者是无法感知的；但当潜意识浮现到意识层面时，它就可能成为一种可辨认的感觉，这就是第六感。换句话说，第六感通信系统的输入包含了许多潜意识的信息，因此，相应的输出结果（如灵感等）就可能出乎意料。潜意识信息之所以存在是因为意识具有某种狭隘性，在给定的某一时刻，意识只能包容很少同时并存的内容，余下的一切便是潜意识。面对任何观察或研究对象，就像物理学中的测不准原理所描述的一样，任何人都不可能获得该对象的整个意象，只能窥探到它的某些侧面，而其他侧面则可能以潜意识的形式出现。潜意识不能被直接领悟，只能以副产品的形式显现出来。因此，有理由猜测在潜意识的背后一定隐匿着某种东西，虽然至今人们还不知道它是什么。

为严谨计，下面放弃一般的第六感，而只聚焦于一种比较有共识的、特殊的第六感，即所谓的直觉或"跟着感觉走"的东西。实际上，许多事实都表明：经过大量数据收集、分析推理后做出的决策有时似乎并不优于基于直觉做出的决定。

直觉就是独立于证据、实验、推理的，莫名其妙地突然出现的直接想法、感觉、信念或偏好。换句话说，直觉是在瞬间产生的无理由的、很想实现的想法。从通信角度看，直觉的输入信息不清晰，但输出结果相当明确，而且当事人对其直觉还拥有强烈的实现动机。

为了分析直觉通信系统的信息处理机制，先考虑一下人类的决策过程。任何人的决策依据都主要有两大类：一是理性分析，二是经验。后者在很大程度上包含直觉因素。因此，这样的决策通常很迅速，且无需过多的理由。在绝大多数情况下，人们都会基于理性分析来做出决策，但在特殊情况下，偶尔也会过于依赖经验，从而出现了所谓的直觉。所以，直觉并不是无法解释的感觉或冲动。直觉也可解释为一种即时的情境解读，当你产生直觉时，实际上已预先在人脑中完成了某种快速评价过程。比如，先捕捉到了环境中的某些线索（即外部输入信息），此时过去的经验（即内部输入信息）会迅速出现在无意识中，大脑再对已有资料进行扫描并与当下的情绪状态结合，找到最好的匹配方案，进而产生想法或做出决策，即得到了直觉通信系统的输出结果。因此，从某种程度上说，直觉也是一种分析，一种更主观的分析。它经常是在经验与情绪的共同作用下，在无意识中迅速获得的。

在直觉通信系统中，经验和情绪这两种内部输入对输出结果来说扮演着关键角色。经验为啥能催生直觉呢？因为任何人从大脑中提取经验时，总会受到一些认知模式的影响。比如，"再认启发"模式就是其中一例。你在做决策时可能会简单地选择熟悉的选项，因为你会下意识地认为熟悉的东西更可亲近、更安全，而陌生的东西更危险、更要远离，从而引发若干直觉。比如，面对两个城市，而你只知道其中一个城市的名字时，通常你会觉得该城市较大，而那个不知名的城市较小。又如，在超市中购物时，你会不自觉地选择自己熟悉的品牌。面对一群陌生人，当你发现某人与你有更多的相似之处（哪怕只是老乡、校友或同姓等）时，也会产生此人更亲近的直觉。

情绪又为啥能催生直觉呢？一方面，情绪经常会影响人们对经验的提取、解析和利用。比如，当看到半杯水时，悲观的你会觉得"唉，只剩下半杯了"，乐观的你会觉得"哇，还有半杯呢"。又如，面对90%的治愈率时，悲观者会将其理解为10%的死亡率。另一方面，情绪有时会被无意识地感染。比如，若你身边的朋友悲观，你就可能在无形中变得悲观。结合上述两方面后，无意识的直觉就可能被催生了。比如，面对微笑者时，你会在直觉上认为他是个好人，虽然你明知笑面虎其实也不少。

直觉通信系统的输出结果（即直觉）经常会出错，但有时也很管用。为了解释这种怪事，先介绍决策中的一个著名原则——少即是多。其实，这个原则经常影响我们的决策。比如，每年填报高考志愿时，许多"学霸"都会不知所措，面对北京大学、清华大学和北京邮电大学等众多著名大学，不知该选哪个！而许多"学渣"全无此类麻烦，因为他们几乎没啥选择。从表面上看，他们的选择是"少"，实际上却是"多"，以至决策信息多得没有任何变数了。

好了，现在回到基于直觉的决策上来。当我们依赖直觉时，实际上是在依赖少即是多原则。所以，在时间短、信息少和选项少的情况下，有时直觉确实能做出正确决策。好的直觉需要善于忽略信息，面对过量信息和选项，有时反而会不知所措。直觉在某些情况下确实会格外有用，比如买卖股票等复杂、重大事件的预测。此时，事件的规则不明确，变数大，影响因素多，所以，更适合采用直觉这样的简单方法。相反，在棋类等规则、结构都很明确的活动中，就需要认真进行分析和推理了。又如，选择伴侣时，直觉会远胜于逻辑分析，因为直觉会开启隐藏在无意识中的情感模式，帮助你找到意中人。再如，你在特别熟悉的领域内更可能产生准确的直觉。

为了尽量避免直觉通信系统的输出错误，必须重视以下四点。

其一，直觉不等于冲动，虽然从外表上看，直觉很像冲动。实际上，冲动是一种欲望，而非经验处理的结果；而直觉是一种理解，是一种有用的技能。冲动时，心情并不平静；而产生直觉时，决策者是冷静的，能够倾听内心的声音。

其二，直觉需要与理性结合。在重大而非生死攸关的选择中，比如搬家、买车、买房等商业决策，可以适当听从直觉；但在细节上，比如价格比较等，则需要更多的理性分析。

其三，不要过度依靠直觉，特别是在人际关系中。

其四，直觉并非天赋，而是一种可以锻炼出来的技能。比如，独处时尝试倾听自己内心的声音，将更有利于催生直觉。又如，随时做好心理准备，抓住灵光一闪的直觉时刻。

若想获得直觉通信系统的正确输出结果，最好要做到以下方面：静心冥想，放松精神，闭上眼睛静静地感受体内的器官和知觉，远离负面心绪；自我表达，选择自己习惯的方式（比如涂鸦或写字等），把想法表达出来，努力与直觉建立某种关系；感受内在的自己，多与自己交流，感受内心的真实想法和诉求，并尝试予以满足；锻炼记忆，利用若干小事来改善大脑的灵活性，激发灵感；善待自己，多注意自己的优点，不回避缺点，养成良好的生活习惯，保持积极平和的心态；锻炼直觉思维，经常安静地反省自己，不断深入；经常努力预感某些事情，哪怕是很小的事情，以此逐步提高预知的准确性；跟着感觉走，当面临两难抉择时，尽量顺从自己的意愿等。

第4章 ▶▶▶

语言通信

从本章开始，我们将介绍人际间的通信。可是，我们马上就遇到了两个难题。

难题一：到底从啥时候开始，我们的祖先才算是人？

若以能否直立行走为标准，那么大约 250 万年前，从在树上栖息、双足行走转变为在陆地上生活并双足行走的"完全成形的人"就该算是人了。若以能否制造和使用工具为标准，那么距今 150 万年到 250 万年的能人就该算是人了。不过，能人的工具其实主要是木器，而非现在博物馆中经常展示的石器，这主要是因为木器早已腐烂了。若以能否懂得用火，是否已开始使用符号进行通信，是否已有基本的语言通信能力为标准，那么距今 20 万年到 200 万年的直立人就该算是人了。若以生物解剖结构为标准，那么距今 3 万年到 25 万年的智人就该算是人了。此时，他们已懂得人工取火，已形成母系氏族社会。更重要的是，他们已创造了绘画和艺术等文化，而文化显然是人际通信的重要载体。若以社会学为标准，那么 10 万年前出现的现代人就肯定算是人了。他们已懂得兴建茅屋，从事雕刻与绘画，打造珠宝饰物，穿戴织物，举行葬礼。特别地，此时通信已成了日常生活中的重要组成部分：不但家族成员之间要进行通信，而且部族之间要进行通信，今人与来者之间仍要进行通信（如结绳记事等各种信息存储方式）。总之，从通信角度看，确实很难界定我们的祖先何时才能算是人。

难题二：除了遗传中的亲代向子代传输基因信息外，最早的人际通信到底是什么？

若以绝对时间为标准，那么难题二显然与难题一彼此关联，因为只有在给出了人的定义后，人际间的最早通信问题才可能有答案。但是，若以相对时间为标准，难题二就有答案了，而本章将按相对时间介绍人际通信史。

首先，所有动物自诞生那天开始就能彼此进行通信了。这是因为动物的基本特征之一就是"有感觉"。比如，动物与其配偶之间一定得依靠通信找到彼此，否则就会绝种。那么，动物之间的最早通信手段是什么呢？一定是某种肢体语言！这是因为动物的另一个特征就是"能动"，而"动"本身就是指肢体在动，并且一定是有目的、有意义的"动"，一定可以当作某种语言来传递相关信息（如捕食信息等）。支持上述观点的最有力的证据是：无论能否发声以及是否有表情，至今已知的所有动物都能通过某些肢体动作传达一定的信息。肢体语言一直在不断地演化和丰富，以至今天人类的肢体语言研究成了一门严肃的学问。所以，本章第 1 节聚焦于肢体语言通信，更准确地说是肢体语言通信中的信息泄露问题。

随着演化的不断深入，某些动物开始发声了。当然，这里的声音是广义的，既包括嘴巴发出的声音，也包括肢体发出的声音，比如知了和蚂蚱的叫声。另外，还包括所有频率的声波，无论它们能否被人类听见，比如蝙蝠发出的超声波。这些声音显然就是现成的通信手段，它们代表着某种有声语言。但是，从人类角度来看，简单的叫声不能算是语言，只有当这些叫声具有某种语法结构且能排列组合出复杂的含义时，它们才算是有声语言。所以，在本章中，我们把有声语言通信推后到第 3 节进行介绍，而将表情语言通信提前到第 2 节进行介绍。当然，到底是先有表情还是先有叫声，这本来就是一个很难考证的问题。也许它们同时交错出现，同时在不同的动物身上或单独或共同存在。在漫长的演化历程中，人类的祖先在还是古猿的时候就已有表情了，而那时显然还没出现真正意义上的有语法结构的人类语言。如今，人类的表情相当丰富，甚至能眉目传情，所以，本章第 2 节聚焦于表情语言通信，更准确地说是重点介绍表情语言通信中的信息泄漏问题。当然，表情语言通信其实是肢体语言通信的特殊部分。

有声语言通信的出现、发展、成熟和改进等过程一直都在进行，即使到今天也未停止过。这肯定是所有人际通信中最重要的、应用最广泛的通信方式，也是人与动物最根本的区别。因此，这就给确定第 3 节中所介绍的有声语言通信的起止时间带来了麻烦。不过，从数学角度看，由于文字与语言几乎可以相互唯一对应，只是信息的载体分别为声波和树叶、羊皮、竹简、纸张、荧屏等物质而已，所以，第 3 节内容的取舍将以文字的出现为界。

也许是再到后来，也许是几乎同时，又出现了以岩画为代表的原始艺术。原始艺术肯定出现在文字之前，但无法确认它是否出现在语言之后。不过，原始艺术出现的目的肯定是为传递某种信息，或者是在同一部落的成员之间传递某种宗教信息，或者是向下一代传递某种技能信息等。因此，艺术也可看成某种通信系统。将艺术语言通信排在有声语言通信之后的主要原因有两个：其一，与人人都能发声说话不同，能进行艺术创作的人毕竟只是少数，所以，有理由假设艺术出现在语言之后，毕竟进行艺术创造的人本身就会先说话，再创作；其二，与声音只需要声波载体不同，艺术需要物质载体，故从载体的近似度来看，艺术与下篇中所介绍的文字通信衔接得更紧。

本章的最后一节是符号系统通信，这其实是对肢体语言通信、表情语言通信、有声语言通信、艺术语言通信、本书后面将要介绍的所有人工通信以及现在还没有出现而今后才会诞生的几乎所有人工通信的高度概括。之所以将它放在本书上篇"自然通信"与下篇"人工通信"的交接处，是因为想让读者从更高的角度来重新审视过去司空见惯的通信系统，让曾经只见"树木"的人也有机会俯视一下通信系统的"森林"。

4.1　肢体语言通信

所有语言都是有效的信号载体，只要发信方和收信方都懂得同一种语言，他们就能借助该语言进行通信。所以，下面各节就不必刻意强调语言与通信之间的关系了，因为它们本来就是一体的，甚至人际通信的主要目的就是传递语言或与之对应的文字。

肢体语言随时都在不断发展和完善，至今它已像口语一样发展出了自己的"语法结构"，而且能通过排列组合表达许多复杂的含义。最典型的肢体语言通信就是大家都听说过的手语，它竟能让聋哑人之间实现几乎无障碍的信息通信，而且其思想交流的效能并不弱于正常人所用的口语。此外，无论今后通信系统多么发达，肢体语言通信都不可能被完全淘汰。在许多场合下，它是不可替代的通信工具（比如足球场上裁判的手势），而且许多肢体语言都是潜意识的动作，是相关通信系统的无意识信息泄漏。随着人际通信的增多，肢体语言将会在无形中被不断地加强而不是减弱。由于肢体语言的内容实在太多，此处只重点介绍人际交往中不可缺少的，甚至连通信双方自己都没有意识到的若干奇妙的肢体语言。换句话说，我们将忽略诸如"点头 Yes，摇头 No，摆手就是喊 Hello"这样的常识，毕竟谁都知道鼓掌表示兴奋，顿足表示生气，搓手表示焦虑，垂头表示沮丧，摊手表示无奈，捶胸表示痛苦；同时，也将忽略诸如手语等过于专业的技能。

　　具体来说，本节主要介绍的肢体语言是指通过头、眼、颈、手、肘、臂、身、胯、足等人体部位的协调运动来有意或无意地交流思想、表达情意的一种沟通方式。发信方把自己的信息有意或无意地调制到各种肢体动作上，再以光波为载体发出信号。收信方根据接收到的光信号，解调出发信方的有关信息。当通信双方的肢体动作是有意为之时，收发双方就是在进行通信；当他们的肢体动作是无意识行为时，这其实说明他们在通信过程中存在信息泄露，正如无线电通信中也有电磁泄漏一样。潜意识肢体语言造成的信息泄露，使得通信双方撒谎更困难，也使得台上演员的表演更容易露馅。因此，系统学习肢体语言已成了演员的必修课。不同的角色在不同情况下的肢体语言千差万别，表演很容易穿帮。若能全面掌握并准确运用肢体语言，演员就能更准确地诠释所扮的角色，避免通信中的信息泄露。从广义上说，肢体语言也包括面部表情，但为了避免与下一节的内容重复，此处只涉及身体和四肢所表达的语言意义。

　　肢体语言通信中之所以会产生信息泄露是因为人类的某些本能或天性。当我们与他人交谈时，总会情不自禁地借助肢体动作来加强通信能力（有意识）或泄露信息（无意识）。比如，时而蹙额，时而摇头，时而摆手，时而两腿交叉，这些其实都是在发出相关信息。心理学家发现，当你向对方说真话时，你的身体会向他靠近；而当你向对方说假话时，你的身体会趋向于远离他，肢体动作较少，面部笑容反而增多。这也许就是"笑里藏刀"的另一种诠释吧。其实，任何人通过谈话来传达完整的信息时，单纯的口头语言只占7%，声调占38%，另外55%的信息都得由非语言的体态来传达。由于肢体语言通信通常是下意识的举动，所以它更真实。

普通人可能没意识到，面对面交谈时两人之间的距离就能泄露许多信息。比如，在面对面交谈的情境中，双方会因彼此间情感的亲疏不同而不自觉地保持不同的距离：与最亲密的人交谈时，彼此间的距离可以达到0.5米之内；与好朋友交谈时，彼此间的距离可以达到0.5 ~ 1.25米；与陌生人交谈时，彼此间的距离通常维持在3米以上。这种人际距离的变化是双方沟通时在肢体语言上的一种情感表示。彼此熟悉时就亲近一点，彼此陌生时就疏远一点。若双方间的距离越谈越近，则他们就越来越亲近；若双方间的距离越谈越远，则他们就可能要谈崩。在正常情况下，若彼此间的亲疏关系未变，哪怕一方企图向对方靠近，另一方也会无意识地后退，仍然维持当初的距离。

与人际距离类似的另一种现象就是所谓的个人空间。为了保持心理安全感，任何人都会不自觉地与他人保持一定的距离，甚至企图在其周围划出一片私有空间，不希望别人侵入。比如，在图书馆里经常可以看到很多人试图用其衣物占据左右两边的空位，以此打造一个无人区。若有陌生人要求坐在他的旁边，他就会感到不安，甚至起身离去；但若有朋友到来，他就会主动招呼对方坐在他的身旁，因为这会增加安全感，让他感到更高兴。此时，肢体语言通信所泄露的信息是一种防卫信息，防止他人给自己造成不安情绪。

在人际交往过程中，肢体语言通信及其所泄露的信息几乎随处可见，在社交场合更突出。比如，若某位男士面对自己心仪的女士时站得笔直，而且衣着得体，肩部自然下垂，这就说明他想向她展示他挺拔的姿态，希望引起她的注意；若他的身体稍稍前倾，注意聆听她的谈话，这就更能表明他对她有好感；若他在她的面前整理领带，则说明他真心希望引起她的注意。此时，他还会很在意自己的头发，不时检查衣领是否到位等细节。若他在她的面前抠纽扣，则表明他很紧张。若她心仪于他，则她就会在他的面前保持形象，会不时理顺滑落的头发，还会通过咂嘴向他表达好感。若他对她感兴趣，则会常摸自己的下巴、耳朵和面颊。这一行为表明他在试图掩饰内心的慌乱，因为当你喜欢某个人时，你的唇部和脸的下半部就会变得对刺激物很敏感。若你正在吸烟，此时吸烟的速度就会加快；若你正在喝水，则会不由自主地牛饮。

即使坐着不动，也可能泄露相关信息。比如，当某人坐着时，若他的脚尖朝向你，那么就表明他对你感兴趣。若他的膝盖朝向你，则表明他在向你暗示他想和你建立更近的关系。若坐着的她把膝部暴露给与她交谈的他，则这实际上是一个最具魅力的姿势，她已向他发出很明显的暗示。当她对他感兴趣时，她会设法把自己的手掌和腕部暴露给他。在人群中，当他无意中将手放在她的肘部或肩部时，这其实是一种保护姿势。首先，这有助于引领她通过拥挤的人群；其次，这让他时刻感到她不会从自己的身边走失。另外，这也是他对其他男性的一种警告。当天气突然降温时，他向她提供自己外套的动作发出了一种含义很明确的肢体语言信息。

握手是人际交往中的一个常见肢体动作，也会泄露许多信息。比如，他与她握手时，若她的手心干爽，则既可能意味着她的性格开朗，也可能表示她对此次晤面没有特殊期待；若她的手心潮湿，则既可能意味着她的性格内向，也可能表明她内心紧张。当然，到底属于哪种情况，还得注意她的眼睛是在躲闪还是在微闭着。握手时，手心朝上的女人大多柔顺且容易相处，手心朝下的女人大多喜欢争强好胜、不肯服输，只伸出手指的女人大多精于世故，同时还传达出一种蔑视的意思。一般来说，女人在与男人握手时较少用力，但若她突然施力，那么肯定是在传递什么信息。

某些经常性的肢体动作在一定程度上也可能泄露当事者的性格特点等内心信息。比如，喜欢边说边笑的人大都性格开朗，对生活的要求不苛刻，容易知足常乐，富有人情味，感情专一，珍惜友情和亲情，人缘较好，喜爱平静的生活等。喜欢掰响指的人通常精力旺盛，非常健谈，喜欢钻牛角尖，对事业和工作环境比较挑剔，会全力以赴地去做自己喜欢做的事情。坐下时喜欢抖动腿脚的人可能较自私，很少考虑别人，但此类人善于思考，能经常提出一些好主意。有些人喜欢拍打头部，该动作其实是在表示懊悔和自我谴责。这种人待人苛刻，但富有开拓精神。他们一般心直口快，为人真诚，很有同情心，愿意帮助他人，但守不住秘密。喜欢摆弄饰物的人多为较内向的女性，她们做事认真踏实，喜欢为大家服务，但不轻易暴露感情。喜欢耸肩摊手的人大都为人热情诚恳，富有想象力，会创造生活，也会享受生活，希望生活在和睦、舒畅的环境中。喜欢抹嘴或捏鼻的人大都喜欢捉弄别人，却又不敢承认，经常哗众取宠。这种人往往会被人支配，购物时经常拿不定主意。喜欢经常低头的人属于慎重派，他们讨厌过于激烈或轻浮的事情，勤劳踏实，对待交友也很慎重。喜欢托腮的人有强烈的服务意识，讨厌犯错误，对松懈型的合作对象很反感。喜欢交叉两手腕的人经常保持自己独特的看法，常给人以冷漠的感觉，属于容易吃亏的人，稍微有些自我主义。喜欢摸弄头发的人可能容易情绪化，常常感到郁闷焦躁。他们对流行的事物很敏感，但容易忽冷忽热。喜欢把手放在嘴上的人属于敏感型，他们常常嘴上逞强，但内心很温柔。喜欢握着手臂的人是保守的非理性者，他们不太喜欢拒绝别人。喜欢盯住某个物体看的人可能性格冷酷，有责任感和韧性，属于独自奋斗型的人。喜欢四处张望的人是社交性格的乐天派，有顺应性，对诸事都有兴趣，对人也爱憎分明。喜欢摇头晃脑的人特别自信，以至唯我独尊。他们在社交场合很会表现自己，对事业更是一往无前。

在肢体语言通信中，肢体动作千奇百怪。比如，眯着眼表示不同意、厌恶、发怒、不欣赏、蔑视或鄙夷等；来回走动意味着发脾气、受挫或不安；扭绞双手意味着紧张、不安或害怕；身体前倾意味着开始注意或感兴趣；懒散地坐在椅子中意味着无聊或放松；抬头挺胸意味着自信或果断；挂坐于椅子边上意味着不安、厌烦或提高警觉；坐不安稳意味着不安、厌烦、紧张或提高警觉；正视对方意味着友善、诚恳、外向、自信、笃定，期待或有安全感；避免目光接触意味着冷漠、逃避、没有安全感、消极、恐惧或紧张等；点头意味着同意、明白了或听懂了；摇头意味着不同意、震惊或不相信；晃动拳头意味着愤怒或富有攻击性；鼓掌意味着赞成、高兴或兴奋；打呵欠意味着厌烦、无聊或发困；手指交叉意味着觉得自己交上了好运；轻拍肩背意味着鼓励、恭喜或安慰；搔头意味着困惑或急躁；笑意味着同意、满意、肯定或默许；咬嘴唇意味着紧张、害怕、焦虑或忍耐；抖脚意味着紧张、困惑或忐忑；抱臂意味着漠视、不欣赏或抱以旁观心态；眉毛上扬意味着不相信、惊讶、蔑视或意外。

在肢体语言通信中，手势最丰富，它既能帮助发信方更准确地表达思想，又会泄露他的许多秘密。所以，下面重点来说说手势所泄露的信息。

人在演讲时，手势最多，它所表达的含义也多。若演讲者的拇指与食指接触（就像表示 OK 那样），那么他其实就是在强调他的观点；若演讲者的拇指与食指几乎要接触（但没接触），那就意味着他对自己的观点不太确定，希望征询别人的意见或进行讨论；若演讲者的拇指与其他手指接触，那就意味着他想表达某种精确的观点；若演讲者紧握拳头甚至砸出拳头，那就意味着他在坚持某种信念和决心；若演讲者的拇指和其他手指向内弯曲，好像散漫地握着东西那样，那就表明他的观点不是很有力或信念不很坚定，但是他希望听者严肃对待他的讲话；若演讲者的拇指和其他手指向内弯曲，好像握着某种东西，但还没握稳，那就意味着他正在努力建立自己的权威；若演讲者正在攻击别人，那么他往往就会有节奏地向目标做出戳指头的动作，就像刺中了那人的身体一样；若演讲者竖起食指，上下反复敲打，好像正在用棍棒敲打对手，或者高举手臂打击对手，直至对方屈服，那么他就是在展示某种盛气凌人的架势；若演讲者紧紧地攥着一只或两只拳头对空猛击，那么他就是在强调进取精神或进攻性的观点；若演讲者做出劈砍动作，那么他就是想强调其决心；若演讲者交叉前臂，用两只手向外砍出，那么他就是在说服对方或驳斥对方的反对意见；若演讲者举起一只手（或双手），掌心向外推挡，那么他就是在拒绝或反驳某种观点；若演讲者同时伸出两只手，就像在比画捉到的鱼有多大一样，随后又用双手上下来回敲打，那就意味着他希望自己的想法能被听众接受；若演讲者伸出一只手，而且所有手指都分开，那就意味着他希望与每位听众产生联系；若演讲者面对听众展开双手，掌心向上，那就意味着他在请求听众给予自己支持和赞同；若演讲者伸出双手，掌心向下，并上下来回拍动，那就意味着他意在平息一种紧张而激烈的气氛，或者让喧闹者安静下来，以便他继续演讲；若演讲者伸出双手，掌心对着自己的身体，好像要抱住某人一样，那就意味着他想让听众更深入地了解他的思维方式，或理解他所讨论的主题；若演讲者抚摸自己的脸颊，则表示他正在思考问题。

在日常生活中，有许多有意或无意的手势所传递或泄露的信息也非常丰富。比如，以手心示人表示某种善意或妥协。礼仪小姐引路时会用手心向上的手势指路；我们向某人介绍另一人时也会用手心向上的手势指着被介绍者，以示尊敬；老公被责骂时也常会向老婆双手一摊，这既示清白又带有认错的意思，并且希望不再被声讨（但是撒谎的老公不会有此动作，他会下意识地隐藏手心）；若某人举起一只手并以手心示人，则表示他希望被他人注意等。

手心向下表示某种权威，上级就经常对下级这样做。通过观察夫妻牵手散步的样子，便能发现谁才是真正的一家之主。比如，若老公走在前面并将手自然地压在老婆的手上，而老婆的手心也自然地向前迎合丈夫，那么这个老公肯定不是"妻管严"。

摩拳擦掌表示跃跃欲试，即某项活动前的兴奋、期待之情，而且搓手速度的快慢还显示了期待的强烈程度。比如，若某人站着（坐着）急速搓手，则说明他非常期待，而且内心很焦急；反之，若他只是慢慢地搓手，则说明他可能正犹豫不决，或遇到了困难和阻力，此时的情绪在摇摆不定中。若他只揉搓拇指和食指的指尖，则说明他所焦虑的事情可能与金钱有关。

紧握双手表示可能受到了挫败，隐含着拘谨、焦虑的心理，或消极、否定的态度。按双手位置的高低，此动作又可细分为三种情况：在脸部前握紧双手；坐下时将肘部支撑在桌子或膝盖上，然后握紧双手；站立时，双手在小腹前握紧。双手的位置越高，就表明此人的内心越焦虑，挫折感越强，此时我们就越难与他沟通。

十指交叉的含义也丰富，既可能表示自信，也可能表示紧张。比如，坐于桌前，十指交叉并置于下巴前方，两肘抵放在桌面上，头微微扬起，双目平视，胸部稍微前挺，双肩自然下垂，好像脖子在上升。这是典型的自信姿势，能给人一种威严感。很多人在闲聊时也会在不知不觉中将十指交叉在一起，双手或平放在胸前，或放在桌面上，或放在膝盖上，面带微笑看着对方。这些都是充满自信的表现。若某发言者的十指不由自主地紧紧交叉在一起，甚至由于用力太大，十指已变得苍白，则表明他非常紧张，并在极力掩饰其窘迫或失败。

托盘式手势表达倾慕之情和恭顺之意，当然更意味着对谈话的内容很感兴趣。此时，倾听者将双肘支撑在桌子上，两只手搭在一起，把下巴放在双手上。女性面对心仪的对象或希望吸引心仪的男性注意时经常做出该手势，好像要把自己当成精美的工艺品呈现给对方欣赏一样。

双手托腮支撑着脑袋意味着厌烦。若听众把双肘支撑在桌子上，把头放在手掌上（注意：不是用交叠的手背托着头，而是用手掌托着下巴），那就表示他已经听烦甚至想要睡觉了。

塔尖式手势意味着高度自信。此时双手的各个指尖一对一地搭在一起，但两个手掌并不接触，看上去就像尖塔一样，故称之为塔尖式手势。这是一种非常自信的手势，充满了优越感。在上下级互动时，上级会在无意中做出这种手势，以表示自信。领导者讲话时常常将双臂支撑在讲台上，双手不由自主地形成塔尖式手势。根据塔尖的朝向，塔尖式手势又分为塔尖向上和塔尖向下两种姿势。正在演讲或发号施令的自信者常使塔尖朝上，正在聆听或受命的自信者常使塔尖朝下。女性更喜欢用朝下的塔尖来表达自信。若某人的塔尖朝上，同时还昂起头，那么他就可能是一个自以为是的人。

自我抚摸可能表示做此动作者想寻求安慰。我们在紧张、情绪低落或遭遇挫折时，可能会不自觉地借助各种不同的自我抚摸动作来安慰自己，给自己打气。对于这种动作的需求，女性多于男性，儿童多于成人。常见的自我抚摸包括头部抚摸（摸额头、挠头皮、抚头发、轻捏脸颊、托脸）、颈部抚摸（抚摸颈部的前方或后方，女性尤其喜欢抚摸颈部的前方，常常不由自主地用手掌盖住颈部前方靠近前胸的部位）、手部抚摸（摩挲手背、吸吮手指、咬指甲）、脸部抚摸（抹脸、双手捧脸）、间接自我抚摸（撕纸、揉皱纸张、把玩东西等）。挫折感或不安感越强，间接自我抚摸的概率就越大，因为这时我们想借机发泄，稳定情绪。此外，双手环抱也是一种自我抚摸。

双臂交叉（包括双臂抱于胸前）可能意味着否定或防御。在公共场合，面对面站立交流的陌生人在感到不确定或不安全时，常常无意识地摆出该姿势；但当聊熟了，成为朋友后，便会自然地打开双臂，也就代表着敞开了心扉。双臂交叉的姿势还有一个弱化版和一个强化版。弱化版表现为部分交叉双臂，一条手臂从身体前面横过去，用手握住或抚摸另一条手臂，或触摸对侧的袖口、提包、手表、手链、上衣口袋等。在众目睽睽之下，也会出现其他更弱化的双臂交叉姿势，比如调整一下手表、两只手（而不是一只手）握住酒杯等。总之，无论怎么有意或无意地进行弱化，都会在胸前形成一道较为隐蔽的自保屏障。强化版的双臂交叉就更明显了，在双臂交叉的同时，会出现诸如紧握拳头、两手交叉紧抓胳膊等现象，甚至伴有面红耳赤、咬牙切齿、嘴角发抖等表情。这就很清楚地暴露了紧张或压抑的情绪。通过双臂交叉的姿势，还可以大致了解做此动作者的个性。比如，若某人在思考时习惯于将交叉的双臂置于胸前，那么他可能就是较为敏感、警惕性高的人，他很难向朋友敞开心扉。

双手叉腰意味着不可侵犯。泼妇骂街时，常见这个动作。不过，这种动作还有更隐藏的形式，比如将大拇指插在胯部的口袋里，而把其余的指头伸在外面，手臂弯曲在身体两侧。这是男性更常用的一个姿势，当某人觉得自己的利益受到威胁时，就会不自觉地摆出这种警告姿势，以震慑对方。

肘部支撑可能暗含着自信、展示权威、积蓄力量或思考的意义。比如，上级在听取下级汇报时常把双肘撑在椅子的扶手上，两手食指和拇指互相顶住，其余手指交叉，掌心虚空，互相顶住的食指还不时上下摆动。他其实就是在无意识地展示自己的权威。男性思考时的典型动作是单肘支撑，就像著名的雕像《思想者》一样。女性思考时的单肘支撑动作有所不同，此时一侧的肘部撑在桌子上，该侧的手掌微握，食指和拇指伸开形成八字形，以此撑住侧脸，通常用食指顶住太阳穴。肘部支撑动作有很多版本，但都隐含着积蓄力量的意思。单手托肘也是女性喜欢的此类动作之一。这时，她一边谈话，一边用一只手在胸前托住另一侧的肘部。如果那只托着另一侧肘部的手有较大的动作，那就表示她迫切希望说服对方。

双手背后可能是在树立权威。领导视察时常常昂头挺胸，将双手背在身后，用一只手握住另一只手。这实际上是一种充满优越感和自信的姿势。无意中摆出此种姿势的人还会下意识地表现出一种大无畏气概，并把某些脆弱部位（比如喉部、心脏、腹部、胯下等）故意暴露出来。该姿势确实可以让人感到放松、自信，甚至具有某种威严。不过，有时双手背在身后的姿势也可能代表挫败感，此时的不同之处在于：胸部不会挺起，而是前胸收缩；一只手抓住的是另一侧肘部的下方，而不是另一只手。那只手越靠近肘部，就表示挫败感越强，或者越愤怒。

将双手放在臀部两侧时，几乎相当于在说"我已经准备好了"。运动员在比赛开始前常做此动作，以此显示自己的信心十足，已做好了胜利的准备。若某人在摆出此姿势的同时稍微向上提起手臂，则是比"已准备好了"更有信心的暗示。即使只是把一只手放在臀部，也有"准备好了"的意思，尤其是将另一只手指向想打击的目标时，更是如此。经常摆出这种姿势的人可能是目标性很强的人。男性常常利用此种姿势向女性表现其信心十足的男子汉气概。女性也常把一只手放在臀部，而另一只手做出其他动作，以此来吸引男性的注意。恋爱中的女性更喜欢用该姿势来突出自己的女性魅力。

自我拥抱可能意味着想寻求安慰。女性在沮丧、害怕时常常交叉双臂把自己抱住。此动作还有一些更隐晦的方式，比如单臂交叉抱于胸前，即一条手臂横于身前，用手抓住另一条手臂，看起来就像在拥抱自己一样。在电梯口或候车处等场所，常常会看见女性的这种无意识动作。

许多触碰动作也是大有深意。比如，朋友用肘部触碰你时，其实表示他想与你拉近距离，做更好的朋友。老板轻轻触碰员工的肩部或背部则意味着鼓励。手的许多小动作也暗藏玄机。比如，用手托住额头很可能表示害羞、困惑或为难；双手插在口袋里很可能表明内心紧张，对将要发生的事情没把握；说话时喜欢玩弄身边的小东西可能表示内心紧张不安；交谈中用手指做小幅度的动作可能表示对你的提议不感兴趣、不耐烦或持反对态度。焦虑不安时，可能用手玩纸条、烟蒂或手绢等，也可能不停地在桌子或沙发上轻弹手指。犹豫不决或不知所措时，可能会搔脖子或后脑勺。

总之，肢体语言通信的内容或泄露的内容都很丰富，而且系统性不强，故本节到此为止。有特殊兴趣者可阅读相关专业书籍，比如《黑客心理学》等。

4.2 表情语言通信

表情语言本是肢体语言的一部分，只不过此时的肢体被限定在脸部而已。表情语言通信的内容非常丰富，使用频率也非常高，甚至高过上一节中介绍的狭义肢体语言。几乎每个人随时都在使用表情语言，哪怕他没有与人交流（这时当然就可以没有肢体动作），甚至独处时也会有意或无意地做出一些表情。这相当于自说自话吧。表情真的具有标准语言的属性，也可以被赋予相关的语法，还可以通过简单的排列组合表达丰富的含义。实际上，晚年的霍金就是用表情语言与外界交流思想的。准确地说，他用脸颊肌肉的运动来控制通信设备，而且每分钟竟能输出大约一个英文单词。当然，必须承认，表情语言中确实没有像肢体语言中的手语那样的大规模通用的东西，霍金只是一个罕见的特例。

在人类表情语言通信系统中，传递的主要表情信号至少有 7 种，每种表情都有不同的意思。高兴时的面部表情是嘴角翘起，面颊上抬起皱，眼睑收缩，眼尾会形成鱼尾纹；伤心时的表情是眯眼，眉毛收紧，嘴角下拉，下巴抬起或收紧；害怕时的表情是嘴巴和眼睛张开，眉毛上扬，鼻孔张大；愤怒时的表情是眉毛下垂，前额紧蹙，眼睑和嘴唇张紧；厌恶时的表情是嗤鼻，上嘴唇上抬，眉毛下垂，眯眼；惊讶时的表情是下巴下垂，嘴唇放松，眼睛张大，眼睑和眉毛微抬；轻蔑时的表情是一侧嘴角抬起，作讥笑状或得意状。这 7 种表情信号都很容易被普通人观察到，所以它们称为宏表情。

与介绍肢体语言时的情况类似，本节将忽略那些显而易见的宏表情，只专注于那些经常使用而又容易被忽略的隐性表情信号，即通过眼睛、眉毛、鼻子、嘴巴等的有意或无意的动作来传递内心信息的微表情。它们具有许多奇妙的特点。比如，微表情持续的时间非常短，甚至可能只有 1/25 秒，所以，很容易被普通人忽略。但是，即使对方的微表情被你忽略了，有时它仍会在你的大脑中留下某种类似于第六感的印象，影响你对他的态度。比如，若对方闪现出不经意的嗤笑，就算你没有察觉，你也会在无形中对他产生负面感觉。又如，微表情是一种潜意识的表情，除非经过了严格的特殊训练，否则对一般人来说，它所表现的一定是真实情感。所以，在审讯过程中，警察经常通过观察对方的微表情来发现谎言。

与肢体语言通信类似，当微表情是有意为之时，当事者主要是在发送信息；但无意为之时，就属于通信中的信息泄露了。由于微表情通信或泄露信息的细节太多，下面只简要介绍眼、眉、鼻、嘴、头的微表情所传递或泄露的通信内容。若需要了解更多的内容，则可阅读拙作《黑客心理学》。

4.2.1　眼睛传递或泄露的微表情信息

眼睛是心灵之窗，人的想法经常会从眼神中流露出来，很难隐藏。天真无邪者，其目光清澈明亮；利欲熏心者，其眼中混浊不正；心胸坦荡、为人正直者，其目光坦诚；心胸狭窄、为人虚伪者，其眼神狡黠、阴晦；志存高远者，其目光执着；为人轻薄者，其眼神浮动；自私者，其眼神内敛；贪婪者，其目光外露；自信者，其眼神坚定、深邃；自卑者，其眼神晦暗、迷离；善良淳朴者，其眼神坦荡、安详；不恋富贵、不畏权势者，其眼神刚直、坚强；见异思迁、见风使舵者，其眼神游移、飘忽；躲避对方目光者，其性格软弱、缺乏主见。

（1）透过眼睛，破解对方的心灵信息。交谈时，若对方不时把目光移向近处，则表示他对本次谈话不感兴趣或另有所思；若对方的眼珠不停地转动，则他可能在说谎或有难言之隐，也可能是为了不负朋友的信任而隐瞒了某些真相。和异性的视线相遇时故意避开，表示关切对方或对其有意；眼睛滴溜溜地转个不停时，说明他正拿不定主意，容易遭人引诱而见异思迁；眼光流露出不屑时，意味着敌视或拒绝；眼神冷峻时，说明他对你并不信任，心理处于戒备状态；没有表情的眼神意味着他的心中正愤愤不平或有所不满；交谈时根本不看你，则说明他可能对你没兴趣或不愿亲近你。轻轻的一瞥表示兴趣或敌意，若再加上轻轻扬起的眉毛或笑容，就表示感兴趣；若再加上皱眉或压低的嘴角，就表示存在疑虑、敌意或持批评态度。

（2）透过眼睛的动作，破解对方的动机信息。交流时，若一直盯着对方的眼睛，则可能说明他另有隐情；谈话中注视对方，则表示其说话内容很重要，希望对方及时回应；初次见面时先移开视线，可能说明他争强好胜，想使自己处于优势地位；被注视时的躲闪是自卑的表现；偷偷斜着眼看对方，则表示对对方有兴趣，却又不想被识破；抬眼看人时，表示尊敬和信赖对方；俯视对方时，则是想表现出某种威严；视线不集中在对方身上、目光转移迅速者可能属于性格内向的人；视线左右不断地晃动时，也许表明他正在冥思苦想；视界大幅度扩张，视线方向剧烈变化时，表现心中不安或害怕；对话时，若目光突然向下，则表示转入沉思状态；精神焕发或吃惊时，睫毛会直立起来；沉思或疲倦时，睫毛会下垂。

此外，久久凝视某人表示对他怀有特殊兴趣、无所畏惧、敢于蔑视或粗暴无礼等；中止注视则表示漠不关心、缺乏兴趣、无所畏惧、心中厌烦、困惑尴尬、羞怯畏缩或缺乏尊重等。人们对于自己所喜爱、仇恨或惧怕的人或物往往会密切注视；反之，则是不愿关注，因而漠然处之，或环顾左右而言他。

（3）瞳孔泄露的信息。在所有沟通信号中，眼神是最准确的信号，因为眼睛是人体的焦点，而瞳孔又是眼睛的焦点，它最能反映人的内心世界的变化。一般来说，瞳孔大小的变化是不受个人控制的，只能是无意识的反应。瞳孔的大小与情绪密切相关：情绪不好或态度消极时，瞳孔会缩小；情绪高涨或态度积极时，瞳孔则会扩大。比如，在光线一定的条件下，当某人热血沸腾、激情四射或者极度恐惧时，其瞳孔可能比平常大 3 倍左右；反之，当他悲观失望、万念俱灰时，其瞳孔可能收缩为"金色般的小眼睛"或"鸡眼"。瞳孔的这种特点，可以被广泛利用。比如，男女约会时，若女方爱上了男方，那么她在关注男方时，其瞳孔就会明显扩大，并用她那双水汪汪的大眼睛凝视着对方。男方会意后，其瞳孔也会渐渐扩大。于是，双方的大瞳孔就"对上眼"了，彼此在对方的眼中显得更为漂亮和帅气。玩牌高手可通过观察对方看牌时瞳孔的变化来揣摩他是否摸到了好牌。若对方看牌时瞳孔明显扩大，则表明他摸到了好牌；反之，他的瞳孔就会明显缩小。所以，高明的玩家有时干脆戴上墨镜，以防他人窥视其瞳孔。此外，售货员通过观察顾客的瞳孔，便可判断对方是否真的喜欢某商品。算命先生通过观察来者的瞳孔，也可了解自己是否又"蒙对了"。

（4）眼神泄露的高傲信息。若某人在与别人交谈时，无论是否有意，他总是习惯性地闭起眼睛（超过 2 秒），或不住地上下打量对方，那么他就是对对方不感兴趣，甚至存在轻视和审视心理。这是一种典型的优越感和自大的表现。当然，若某人仰起头来，用鼻孔"看"人，则表示他的轻蔑态度。眯视既表示漠然，也有傲视的感觉，有时还是一种调情动作。

（5）目光直视所泄露的信息。目光闪烁者可能在撒谎。比如，若某人与你的视线相对的时间少于交流总时间的 1/3，则他可能对你隐瞒了什么。但是，敢于直视你的人也并不见得就没撒谎，许多骗子在行骗时也会长时间地直视你。因此，不能仅仅通过眼神来判定某人是否在撒谎，还必须多方面进行观察和判断。当与某人（特别是陌生人）交流时，若他与你对视的时间过长（比如超过交流总时间的一半），那就意味着他也许对你有所企图（比如，想从你那里知道某个消息，但又不便开口），可能在向你撒谎（他之所以长时间和你进行眼神交流是因为他想使你误以为他在说真话），或者对你充满敌意，并且很可能在向你挑战。

（6）目光斜视所泄露的信息。对话时，用斜视的眼光打量对方，可能有以下三种意思。一是表示对对方的话很感兴趣，或者认为对方很有吸引力，此时还会伴随着扬起眉毛或露出浅笑。情人间的这种斜视甚至可能是求爱的信号。二是表示不确定的犹豫心态，此时还会伴随着眉毛向上拱起，好像在问"你说的是真事吗"，或者试图告诉对方"抱歉，我还拿不定主意"。三是表示敌意、轻视的态度，或者自我感觉非常良好，此时还会伴随着嘴角向下撇或撇向一边。

（7）眨眼所泄露的信息。正常人眨眼的频率是每分钟 1 ~ 3 次，每次闭眼的时间约为 1/10 秒，否则就可能有其他含义了。

当某人的心理压力忽然增大时，他眨眼的频率就会升高。比如，常人撒谎时，由于害怕被揭穿，其心理压力便会大增，相应地就会频繁眨眼，甚至高达每分钟15 次，有时还会伴随着说话结巴等。不够自信时，也会频频眨眼。

若某人故意延长眨眼时间（闭眼达 2 ~ 3 秒），则可能意味着他对彼方已失去兴趣，或感到厌烦，或感觉自己高人一等。比如，老板与员工谈话时，若出现了这种情况，就可能表明老板不满意了。

尽管视线在不停地移动，但眨眼有规律，则说明该人的思考已有了头绪。人们在集中注意力思考时很少眨眼。一个人频频眨眼时，也许什么都没有想，但当他的眨眼频率开始放慢时，他就可能正在进入思考状态；皱起眼睑（像光线太强时那样），再结合不同的眼神，则可能意味着深思或嘲弄等。

用一只眼睛向对方眨眼，表示两人间的某种默契，或者共享某个秘密的双方在不知情的第三者面前显示自己的优越感，或者异性间在抛媚眼等。

（8）凝视所泄露的信息。凝视的方式主要有以下 3 种。一是社交性凝视，此时的视线落在对方眼睛水平线的下方，其凝视的重点主要集中于对方双眼和嘴巴之间的三角地带。这表明双方正在亲切、友好、宽松的氛围中交谈。二是亲密性凝视，此时的视线从对方的双眼开始移动，越过下巴，直至其身体的其他部分。具体来说，这种凝视过程如下：当一方从较远处接近时，另一方会迅速扫视其脸至胯部之间的区域，以确定对方的性别；然后，再次打量对方，以确定对来者的兴趣有多大，并将凝视的重点集中在眼睛、下巴以及腹部以上的部位。如果双方的距离较近，那么彼此凝视的焦点就主要集中在眼部和胸部之间的亲密区域之内。恋爱中的情侣就是用此种凝视方式来传情达意的。一方摆出此种凝视姿势后，若另一方也有意，那么他（她）就会报以同样的凝视。三是控制性凝视，此时的视线主要集中于对方前额正中的三角地带。这种凝视不但会使气氛紧张、严肃，而且能向对方施以心理威慑，有助于凝视者掌握谈话的主动权。比如，家长吓唬小孩以及老师教训学生时就常采用此凝视方式。

（9）视线方向所泄露的信息。视线朝下也许表示怯弱，此时可能还有如下动作：一接触到对方的眼睛，就悄然移开视线；手脚的动作僵化，或坐姿别扭。视线往左右岔开也许表示拒绝，向异性搭讪时常会遭到此类拒绝。笔直的视线也许是敌对的表示，特别是不服输的敌意。视线的焦点不定也许是不安的表现，或对他人的谈话漠不关心。视线朝上也许是自信的表现，强悍的高官就常常摆出这种姿态。

俯视含有关切和体贴的成分，比如父母看待子女；平视表示冷静和理智；仰视含有童心和好奇心的信号。目光居中是诚实的表现；思考问题时眼球左右晃动，则是在查找记忆里的信息；白眼球充血则意味着愤怒至极或疲劳过度。

（10）眼球转动所泄露的信息。喜欢转动眼球的人大都比较活泼开朗。眼球向左上方（或右上方）运动，则表示在回忆以前见过的事物；眼球向左下方运动，则表示内心的自言自语；眼球向右下方运动，则表示他在感觉自己的身体状况；眼球向左或向右平视，则表示他想要弄懂对方谈话的意义；眼球乱转，则表示恐惧和不安等。

此外，还有一些其他的眼部表情信息，如流泪。当一个人很高兴、悲痛、愤怒、无奈、骄傲或委屈时，他都可能流泪。当行为与眼神不协调时，他可能正在编造谎言等。

眼神的含义当然不仅仅是上述的单一方面，往往是多方面的综合。比如，当某人感到生气或想控制、威胁对方时，他就会把眉毛降低，瞳孔缩小，眼睛变小，表现出一副无比威严的样子；反之，感到高兴或想与对方建立友好关系时，他就会将眉毛上扬，同时瞳孔扩大，眼睛变大，表现出温柔、顺从的样子。又如，当小孩抬起头，睁着大大的眼睛，向大人发出某种请求时，大人（不论男女）一般都很难拒绝。这种综合的姿势和眼神意味着信任、顺从和请求，足以激发成人的关爱之心。

4.2.2　眉毛传递或泄露的微表情信息

随着心情的变化，眉毛的形状也会（下意识地）发生变化，从而泄露相关信息。

（1）低眉。这是受到侵犯时的表情，防护性的低眉则只表示要保护眼睛免受外界的伤害。遭遇危险时，除了低眉外，还会将眼睛下方的面颊往上挤，以尽量提供保护。这时，眼睛仍然睁开并注意观察外界的动静。这种上下压挤是面临外界袭击时的典型退避反应。比如，突然被强光照射或有强烈的情绪反应（包括大哭、大笑和极度恶心）时就会有这种反应。

（2）皱眉。此种表情与自卫有关，它代表的心情包括期望、诧异、怀疑、疑惑、惊奇、否定、快乐、傲慢、错愕、不了解、无知、愤怒和恐惧等。眉头紧锁的忧虑者基本上想逃离目前的境地，但又因某些原因而不能行动。大笑而皱眉的人的心中其实有轻微的惊讶成分。

（3）斜挑眉，即一道眉毛降低，一道眉毛上扬。这个表情所表达的信息介于扬眉与低眉之间，即半边脸显得激动，半边脸显得恐惧。此时，心中通常处于疑惑状态。

（4）眉毛打结，即两道眉毛同时上扬并相互趋近。此表情意味着大大的烦恼和深深的忧郁，比如有些慢性病患者就会如此。急性剧痛时，会产生低眉和面孔扭曲的反应；很悲痛时，眉毛的内侧端会拉得比外侧端高，形成吊眉似的夸张表情；见到友善的朋友时，会出现眉毛向上闪动的短捷动作，即眉毛先上扬，然后在几分之一秒内又落下，有时还伴着扬头和微笑动作。此外，眉毛闪动也常出现在一般对话中，用于加强语气。也就是说，在谈话中要强调某一个字时，眉毛就会扬起并瞬间落下。见面时的眉毛闪动表示问好，连续闪动则表示惊喜和问好。

（5）耸眉。在热烈的讨论中，当讲到要点时，讲话者会不断耸起眉毛。喜欢抱怨者更会如此。

（6）挤眉，即将两条眉毛上扬，使其相互贴近，形成大量的抬头纹，同时两眉之间的皮肤也被挤压，从而形成竖直的短皱纹。对话时，挤眉者可能正处于极度焦虑或忧伤之中。当然，身体的某个部位突然疼痛时，人们也会挤眉。

眉毛的动态形状有很多种，其含义各不相同。比如，双眉上扬，表示非常欣喜或惊讶；单眉上扬，表示不理解、有疑问；皱起眉头，表示要么陷入困境，要么拒绝或不赞成；眉毛迅速上下活动，说明心情好，赞同或关切对方；眉毛倒竖、眉角下拉，表明极端愤怒或气恼；眉毛完全抬高，表示难以置信；眉毛半抬高，表示大吃一惊；眉毛正常，表示不作评论；眉毛半放低，表示大惑不解；眉毛全部落下，表明怒不可遏；眉头紧锁，说明内心忧虑或犹豫不决；眉梢上扬，表示喜形于色；眉心舒展，表示心情坦然、愉快；眉毛呈八字式倾斜，表示悲伤与内疚；眉毛呈倒八字形是愤怒的征兆；将手放在眉骨附近，表示已经知道自己的错误，并以示弱的方式求得原谅。

4.2.3　鼻子传递或泄露的微表情信息

鼻子的动作虽然轻微，但也能表现人的心理变化。对话时，若对方的鼻子稍微胀大，则可能表示满意或不满，或情感有所抑制。鼻头冒汗说明过于专注、心理急躁或紧张；若对方是重要的生意伙伴，则很可能是他急于达成协议。若整个鼻子泛白，则表示内心畏缩不前。鼻孔朝着对方意味着藐视或轻视，鼻孔外翻意味着生气或愤怒。摸着鼻子沉思说明正在思考，并希望有权宜之计能解决当前的问题。受到浓味刺激时，鼻孔会明显收缩。刺激严重时，整个鼻体会微微颤动，接着就是打喷嚏。皱鼻子或歪鼻子表示不信任，鼻子抖动是紧张的表现，哼鼻子意味着排斥；翘鼻子或堵鼻子往往表示轻蔑。遇到比较强烈的情绪（比如发怒和恐惧）时，鼻孔会张大，鼻翼翕动，并伴随着剧烈的呼吸动作。思考难题或极度疲劳时，人们会用手捏鼻梁；特别无聊或受挫时，人们会用手指挖鼻孔。为掩饰内心的混乱（比如怕撒谎被揭穿），人们会下意识地摸鼻子、捏鼻子、揉鼻子或挤鼻子等。

4.2.4　嘴巴传递或泄露的微表情信息

嘴巴抿成一字形者也许正在做重大决定，或遇到了紧急事态。此类人比较坚强，不怕困难，不易临阵退缩，也比较倔强，做事时喜欢谋定而后动。嘴巴闭拢可能表示和谐、宁静，嘴巴半开或全开可能表示疑惑、奇怪、有点惊讶，嘴巴全开可能表示惊骇，嘴巴噘起可能表示生气或满意，嘴巴紧绷可能表示愤怒、对抗或决心已定。故意发出咳嗽声并借势捂嘴则有说谎之嫌。

偶尔用手捂嘴者比较害羞，在陌生环境中更是少语。他们的性格内向且思想保守，与人交流时总想极力掩藏自己的真实感受，也不喜欢当众露面。若他们在捂嘴的同时还伴随着吐舌头、缩脖子等动作，则可能表示心虚且已意识到了自己的错误。人在紧张时会舔舌头，并伴随着咬嘴唇等动作。顽皮、挑衅、内疚、缺乏信心或意识到身处不利地位时，人们可能也会吐舌头。舌头僵硬地伸出来可能表示惊讶或恶心。

用牙齿咬嘴唇者（包括用上牙咬下嘴唇、用下牙咬上嘴唇或双唇紧闭等）其实正在聚精会神地聆听，同时也在仔细揣摩对方的意思。当遇到严肃情况时，人们也会不自觉地咬嘴唇，以此缓解紧张气氛。喜欢咬嘴唇的人有较强的分析能力，遇事虽不能快速决断，但执行力较强。人们在情绪激动时会张开嘴巴，自然露出牙齿；有轻侮之意时，会翘起一侧的上唇和牙齿；表示憎恶、愤恨时，会紧咬牙齿，即所谓的咬牙切齿。当某人的嘴上叼着东西（比如香烟或笔等），嘴里咀嚼着什么东西，或吞咽什么东西（比如口水等）时，他可能正在缓解某种不安情绪，比如内心的无聊或无奈等。

下巴高扬者心高气傲，善于强词夺理，喜欢指挥别人。辩论时，他们有明显的优越感。他们的自尊心极强，爱面子，不易承认别人的成功。下巴收缩者胆小怕事，办事谨慎。他们通常只注重眼前的工作，不善于信任和接纳他人。放松时，下巴会自然垂落、灵活自如；紧张时，下巴会自然紧收、僵硬；惊讶时，下巴一定会垂落，但比较僵硬；情绪激动时，下巴会痉挛性地抖动；极度疲乏时，下巴会耷拉下来。抚弄下巴往往意在掩饰不安，或缓和尴尬场面；手托下巴暗示"我真是受够了"；嘴唇带动下巴抽动表示我很尴尬；眼睑下垂、下巴上扬表示"你惹怒我了"；下巴水平前伸表示"我真想揍你一顿"。

嘴角上挑表示善意、礼貌、喜悦、真诚。此类人聪明机智，性格外向，能言善辩，喜欢与陌生人打交道。他们就是所谓的"自来熟"，胸襟开阔，有包容心，人际关系好。嘴角向下通常表示痛苦悲伤、无可奈何。

薄唇或嘴唇绷紧者可能为人吝啬，性情严厉或执拗；厚唇者易受感官刺激，为人热情；一片嘴唇绷紧而另一片嘴唇松弛、丰满者可能具有相互矛盾的双重性格；嘴唇丰满者可能性格开朗，为人爽直、随和，接受能力强。绷紧卷曲的嘴唇常意味着残忍、严厉或盛气凌人。

4.2.5　头部传递或泄露的微表情信息

头部的基本姿势有 3 种，它们所传递的信息各不相同。

（1）抬头：表示对谈话内容持中立态度。随着谈话的持续进行，抬头姿势也会一直保持，只是偶尔轻轻点头。若再伴有用手触摸脸颊的动作，则表示该人可能正在认真思考。若一个人高昂头部，把下巴向外突出，并刻意暴露出自己的喉部，使视线处于更高位置，那么他就在以强势的态度俯视他人。

（2）歪头：即把头向一侧倾斜，表示有兴趣。若再伴有手摸下巴的动作，那就更可能表示感兴趣。头部倾斜也有顺从之意，特别是女士和下属常会无意识地这样做。

（3）低头：常常意味着否定或正在对谈话内容进行评估。压低下巴意味着否定、不服气或者具有攻击性的态度；低着头时往往会形成批判性的意见。比如，若听众始终低着头，那么演讲者一定会失败。

头部动作的其他含义还有：头部端正表示自信、正派、守信或精力旺盛；头部向上表示希望、谦逊、内疚或沉思；头部向前表示倾听、期望、同情或关心；头部向后表示惊奇、恐惧、退让或迟疑；头一摆是在下逐客令；仰头有傲慢、藐视之意；颈部驱使头部向前伸并朝向感兴趣的方向，这个动作既可能满怀爱意（配有深情的凝视），也可能满怀恨意（配有瞪眼）；缩头意味着回避；突然低头隐藏脸部可能表示谦卑与害羞；头部后仰含有自信甚至挑衅之意；头部歪斜可能意味着天真无邪或卖弄妩媚等。

聆听者的缓慢点头动作表示他对谈话内容很感兴趣，但是快速点头则是在催促对方结束谈话，自己想插话了。若点头动作与谈话内容协调，则表示聆听者认可谈话内容；若点头动作与谈话内容不符，则表示聆听者不专心或有事隐瞒。

4.3　声音语言通信

声音语言在本节中简称为语言，意指常说的口语。它显然是到目前为止人际通信中最高效的通信手段，也几乎是所有人工通信系统的两个最重要的基础之一（另一个重要基础是影像）。机体以外的几乎所有信息载体最终都需要转化成声音或图像后，才能到达真正的收信方，即人类的神经中枢。同理，大脑中的所有信息也主要通过声音和动作（影像）传递出来，然后借助必要的信息载体实现人际通信。具体来说，从大脑通信的角度来看，语言其实可分为脑语和嘴语。脑语是大脑产生的思想或思维，它被嘴巴表达出来后就叫嘴语。脑语和嘴语其实并不完全相同，脑语只能通过嘴语才能传达给听者，而这种表达方式肯定存在失真；反之，对方的嘴语只有在被翻译成自己的脑语后才能被理解，而此时的翻译过程仍存在失真。此外，嘴语并非脑语的唯一表达方式，因为脑语还可通过肌肉群来表达，即通过微表情或肢体语言来配合表达。因此，准确地说，下面讨论的语言其实是嘴语。

语言还有一个非常重要的意外作用，即它是人类（现代人）与动物之间的明确界线，因为只有人类才能使用语言（过去教科书上流行的"工具标准"和"劳动标准"等都已被证伪，实际上许多动物也能制造和使用工具，更会参加劳动）。许多动物虽然也能发声并以此表达自己的情感，甚至在群体中传递相关信息，但是它们的声音几乎只是一些固定的程式，不能随机变化，更不能按语法结构表达千变万化的意义。只有人类才能把无意义的语音按各种方式组合起来，形成有意义的语言单位，再把众多的语言单位按各种方式组合成语句，并用变化无穷的形式来表示变化无穷的意义。

与肢体语言和表情语言不同的是，语言的诞生时间是比较清楚的，至少其逻辑推理是比较清楚的。这当然归功于基因研究的一些重大成果。实际上，从生理结构角度看，人类大概在 30 万年前就具备了清晰发出多音节语音的解剖学结构——喉结下移到第 4 ~ 7 节颈椎之间，声带上方有一个扩大的咽腔，人类可以自如地对想发出的各种复杂声音进行调整。据说，人类能发出超过 200 种的声音，而每种语言所用到的声音不过区区数十种而已。这便是许多语种听起来完全不同的主要原因。而其他哺乳动物（包括尼安德特人）的喉结都处在更高位置，不能发出复杂的声音，它们只能用口腔对声音进行简单的调整，因此，不具备说话的生理结构。但是，动物的这种喉部结构有一个优势，那就是可以同时进行吞咽和呼吸。人类的婴儿刚出生时，其喉结的位置跟黑猩猩差不多，但到两岁左右时，喉结便降低到正常位置，才能发出复杂的声音。换句话说，此时的人类就已具备说话的"硬件"了。

从考古角度来看，早在 25 万年前，人类的运动语言中枢（即负责说话的神经中枢"布罗卡氏区"）就已非常发达并接近现代人了。换句话说，此时的人类就已拥有说话的"指挥系统"了。

从基因角度来看，大约在 20 万年前，位于人类 7 号染色体上的基因（FOXP2）发生了一次突变，而该基因关联着脑神经元的语言协调功能和其他认知功能。此时的人类终于拥有说话的"软件"了。科学家是如何发现 FOXP2 基因的这种功能的呢？原来，他们在英格兰发现了几个存在语言功能障碍的家族，这些人说话虽没问题，但无法掌握语法。科学家经认真筛查后发现，原来这些家族所有成员的FOXP2 基因都不正常。那么为啥又是 20 万年前呢？英国牛津大学遗传学家安东尼·玛纳克等在《自然》杂志上公布了他们的发现：在老鼠和所有灵长类动物身上都有一种 FOXP2 基因。而在生物演化史上，在人类、黑猩猩跟老鼠"分道扬镳"之前的 13 亿年中，FOXP2 基因只改变了一个氨基酸。在人类和其他灵长类动物"分手"的 400 万年到 600 万年间，有两个语言基因中的氨基酸在人类身上发生了突变，并最终成为遗传性基因，但其他灵长类动物未受此影响而发生基因突变。对人类语言起决定作用的 FOXP2 基因突变发生在大约 20 万年前，这恰恰与智人人口猛增的时间相一致。因此，科学家猜测，正是由于人口密度的增大才促进了语言交际能力的增强和持续发展，并最终形成语言系统。另外，通过分析化石和 DNA，比较有说服力的观点认为，人类起源于东非且出现在 20 万年前，而这又刚好与语言产生的时间相吻合。由此可见，没有语言之前的类人动物还真不算人，至少不能算是现代人。

总之，人类能熟练掌握并使用语言的时间肯定不会早于 20 万年前。但到底是哪天呢？这确实无法精确回答，毕竟即使"软件""硬件"和指挥系统均已具备，这也不等于人类就能用语言交流信息（说话）了，因为还欠一股东风。这股东风就是一套具有语法结构的语言符号系统。而建立这样一套系统并加以灵活运用绝非易事，至少得花费数万年时间。在人际交流并不频繁的智人时代，仅仅语言的约定俗成过程就会相当漫长。那么到底花费了多长时间来创造语言呢？答案是不超过 12 万年，因为大约在 7 万年前，人类就开始认知革命了，而认知的载体正是语言，或者说是语言符号系统。

语言符号是由声音和思想构成的双面体，是语言符号区别于其他符号的本质特征。在交际过程中，只要不发生某种障碍，比如说话人的发音准确，那么，听者的注意力就总会集中在对方所表达的思想上，而不会去注意声音的物理性质。这便是所谓的语言透义性。而其他符号的形体和内容之间就没有这种透义性，因此，通常其他符号必须被翻译成语言符号后才能在交际中被理解。比如，旗语、交通信号、礼仪符号等都要经过语言符号解释后，才能沟通双方的思想而实现交际。但对语言符号来说，由于其透义性，它不仅不需要翻译为其他符号就能被理解，而且不像其他符号那样会受到材料的限制。语言具有无可比拟的抽象能力，从而达到了高度精确化的水平。所以，语言符号是人类有史以来"最先进和最令人震惊"的伟大创造，并在符号大系统中居于核心地位。

在语言符号中，声音和含义之间并不存在"先验"或必然联系。在语言符号系统内，符号的含义由语言符号之间的关系来确定，而与声音没多少关系。也就是说，声音和含义之间具有一定的任意性。这也是人类社会中会出现许多发音完全不同的语种的主要原因。比如，面对同一条"狗"，不同语种的发音就各不相同。此外，同一种声音往往会有若干种缺乏必要联系的含义，这便是一音多字。反过来，一个语言符号的含义也可为其语言赋予多种不同的声音。到底一种声音代表什么含义，或某个含义用什么声音来表示，完全取决于所在群体的社会约定。当然，语言符号的任意性只是相对的，而非绝对的。比如，许多动物名词的发音在不同语种中大同小异。原来，这些语言符号的声音都是通过拟音方式获得的。例如，"渡渡鸟"在许多语种里的发音都相近，因为"渡渡"刚好就是这种鸟的叫声。又如，在许多语种里，"妈妈"的发音也很类似，而这是由人类生理器官的发音部位相同所决定的。当然，还可找到其他一些"非任意性"的依据。

语言符号系统拥有自己固有的秩序，其内部和外部的区别很明显，甚至可将它看成由声音和内容构成的一种函数。在语言系统中，各项之间的关系主要有两种：组合关系和聚合关系。

组合关系是指由不同位置的符号在言语中形成的关系，它是语言的各个部分的组合模式。组合是符号的一种排列，具有空间的延展性。在语言符号系统中，这种延展性是线性且不可逆的。例如，"我爱你"是线性的，这三个字的发音不能同时进行，只能按先后次序读出。另外，如果这三个字的顺序被改变或颠倒，相应符号的含义也就被改变了，所以，它是不可逆的。

聚合关系是指语言中具有共同特征的成分在心理联想中形成的关系。它存在于记忆中，而且彼此间具有一定的相似性，所以，可在同一位置上彼此替代。比如，"我读书"的"读"可以被替换为"买""卖""借""抄""写"等，从而构成"我买书""我借书"等组合关系。这就是聚合关系。当然，"我"和"书"也有各自的聚合。由于聚合关系通过心理联想在言语活动中发挥作用，所以，聚合关系又可称为联想关系。

组合关系和聚合关系是语言符号理论中最重要的组成部分，是打开语言符号系统的两把钥匙。语言符号中所有的组成部分和规则都离不开这两种关系。组合和聚合揭示了语言符号的系统性，它把分布在语言活动中的各种成分毫无遗漏地编织起来，形成一个多层次的关系网络，从而带动整个语言符号系统的正常运转。

此外，语言符号系统还有一种双层分节机制，即话语连续体的两次切分：第一次切分出意义单元，即单词和词素；第二次切分出无意义的区别单元，即音位。音位是语言中能区别意义的最简单的语音形式。例如，对于汉字"包"(bao)、"抛"(pao)、"刀"(dao)、"涛"(tao)，开头的音 b、p、d、t 就是用来区别意义的，它们各为一个音位。现代汉语共有 10 个元音音位和 22 个辅音音位。音位本身与意义无关，直接与有意义的词相联系，因此，音位成为体现意义的不可或缺的物质实体。语言符号的双层分节机制产生了极强的分离组合作用，它说明人类语言其实只需要为数不多的音位，就可以构成无数有意义的话语。例如，西班牙语只用 21 个音位，却产生了 10 万个单词和词素。至于由词组成的句子，那就更多了。

在意义层次上看，语言符号又可分为词素（或词）、句子和文本等层次。其中，词素是语言符号系统中最小的音义结合体，它们是意义单位，因而有别于音位。所谓最小就是指不能再分解。比如，词就是最小的能独立运用的语言单位。句子是表达完整意思的语言单位。句子的意义由组成句子的词以及词与词结合的语法意义共同体现。每个句子都按一定的语法结构规则组成。句子作为组合关系的完整单位，它是语言符号系统中的核心层次。文本是由句子组成的语言单位，它可以是一首短诗，也可以是一本书。文本成立的基本条件只是信息的连续性，而在形式方面没有规定。

一个符号系统由符号和符号串组成，而符号串的切分可长可短。在语言符号系统中，特别是在意义层次上的切分，可粗略地分为三个层次，即词、句、文本。再细一点，还可以在词与句之间区分出短语层次，在句子和文本之间区分出句群（句段）层次。词素也可看成音位与词的中间层次。

至今，全人类拥有4000多种语言和400多种文字。对于这些语言符号系统，可以有不同的类型。比如，若着眼于词的各种语法形态变化，则所有语言就可以分为三类：孤立语、黏着语和屈折语。其中，孤立语又称为词根语，它的特点是词内没专门表示语法意义的附加成分，缺少形态变化，词与词的语法关系依靠词序和虚词来表示。大多数孤立语都是单音节的，它们在句子中没有变化，是孤零零的。比如，汉语就是典型的孤立语。黏着语的词内有表示语法意义的附加成分。一个附加成分表示一种语法意义，而且一种语法意义只用一种附加成分来表示。词根或词干与附加成分的结合不太紧密。比如，韩语就是典型的黏着语，它的语法关系只依靠附着在单词后面的助词或词尾的变化来表示。这些助词和词尾没有独立的附加成分，只表示语法关系，或只带来某种意义和语感。在这一点上，它与孤立语完全不同。黏着语是介于孤立语和屈折语之间的语言符号系统。屈折语，意指它们的形态会"屈折变化"。在屈折语的词内，有专门表示语法意义的附加成分，一个附加成分可表示几种语法意义。词根和词干与附加意义的结合非常紧密，难以截然分开。词的语法意义除了通过附加成分来表示外，还可通过词根音变来表示。例如，英语中的附加成分"s"附加在名词后面时表示复数，附加在动词后面时就表示第三人称单数。

语言符号系统还有另一种常用的分类法，名叫亲属分类法，即根据各个语言符号系统在历史渊源中的亲疏关系，对全球的语言进行不同层次的系统分类。这是因为各种语言符号系统之间都有一定的亲疏远近关系。亲属分类法把它们分为语系、语族、语支三个子系统，再根据系统内的差异程度，分为不同级别的方言。例如，汉语属于汉藏语系汉语语族，包括官方方言、吴方言、赣方言、粤方言、客家方言、闽方言、湘方言等七大方言。

最后，在本节结束前，我们来做几个有趣的推论，当然只是猜测而已，各位就当是课间休息的脑力体操吧。

首先，人类的第一句话说的是什么？回答该问题的思路有以下两个。

思路一：从需求角度来分析。人类与所有动物一样，最重要的两件事情就是生存和繁衍。因此，最初说话的目的也应该围绕这两件事情来展开。比如，为了繁衍，就得求偶。除了肢体动作和表情之外，若能再加上一些动听的声音（即音乐），就有助于求偶成功。因此，有理由推测，人类说出的第一句话可能是一段情话。又如，语言产生于狩猎和采摘时期，要想提高生存率，就必须做好报警和捕食工作。警告有虎的最好办法就是直接学虎叫，诱捕雄性小动物的良策就是模仿其雌性的叫声。因此，有理由推测，人类说出的第一句话也可能是某些拟声词。再如，在合作狩猎和物品交易过程中，还需要许多祈使语和动词，如看、听、刺和踩等。它们也可能是人类说出的第一批词。这是因为语言的目的就是人际通信，并以此更好地进行合作和交易等。此外，某些简单且有完整含义的词或一些简单的社交词汇也可能是最早出现的一批词语。

思路二：从基因遗传角度来分析。基因理论已推断如今地球上的所有人其实都来自同一对祖先，甚至地球上的所有生物都来自最早的同一个细胞。那么，地球上所有的现存语言是否存在一个共同的祖先呢？还真有人为此找出了一些肯定性的证据，认为存在某种最早的人类"母语"，而现行的所有语言都是该母语演化出来的后代。比如，有人发现 tok、tik、dik 和 tak 等组合会反复出现在各种拼音语言中，都有"一"的含义，而且其发音在不同的语言中很相似。在许多语言中，

"huh"的发音和含义也都相似，都有轻蔑之意。此外，在许多语言中，发音相似的组合还有 who、what、two、water 等。形象地说，这些组合好像是某种语言基因，在各种语言的演化过程中被逐代遗传下来了。又如，在各种拼音语言中，确实有很多词很像是语言基因，它们在漫长的历史演化过程中的变化始终很小。比如，代表数字 1 ~ 5 的词语可能与人有 5 个指头和简捷计数有关吧。此外，演化缓慢的词语中还包括一些社交场合常用的词语，如 who、what、where、why、when、I、you、she、he、it 等。于是，按此基因演化法反推，就有理由猜测：人类说出的第一句话应该与那些变化很小的语言"基因"有关。于是，最早出现的口语语汇也许可以简单分为两类：一是表达最简单意思的名词，比如人类的灵长类近亲长尾黑颚猴的幼崽必须学会的"词语"是豹子、鹰和大蟒等；二是人类婴儿最早学会的一些词，比如"妈妈"等。实际上，在绝大多数语言中有"m"这个音节。

其次，未来的人际通信能不使用语言吗？答案是：当然有可能！如果今后这一点真的成为现实，就可以实现脑语到脑语的通信了。换句话说，科幻式的"意念通信"也有希望了。比如，通过大脑扫描来接收受试者的脑电波，现在已经可以读懂受试者是在想"是"或"否"了。还有人正在设计某种植入芯片，使它能通过记录大脑的某些区域的活动来控制聋哑人的嘴唇，从而让他们发出某些简单的声音。若能进一步通过语言合成器将聋哑人想要说的话解读并转述出来，那么聋哑人就真的能说话了，或者说从脑语到口语的解读就可以用人工实现了。也有人正在努力让机器通过较少的关键心理词汇来解读人类大脑里的想法。更有人发现，大脑听觉区域的神经簇在听到某些词语甚至仅仅想到某些词语时，其脑电波就会有频率和节奏上的调整。于是，有人就试图建立某种计算机程序，使得人们在大脑里产生某种想法时，神经元就会被激活，并将大脑里的想法转化为语言。当然，所有这些工作都还处于相当初级的阶段，但愿早日有所突破。

4.4 艺术语言通信

在艺术语言通信系统中，发信方是创作者，信息载体是艺术品，收信方是观众。具体来说，创作者将自己的某种想法融入作品中，而观众再从作品中试图重新体会作品所传递的信息。当然，与肢体语言、表情语言和有声语言等通信系统相比，艺术语言通信系统的失真率最大，几乎没有一件艺术品能被精准解读。哪怕创作者自己经过一段时间后再欣赏自己的作品时，也能从中读出新的含义。幸好，艺术品本身所追求的就是朦胧美，如果完全没有失真，反倒没意思了。艺术语言通信实际上是一种模糊通信。

4.4.1　艺术语言通信系统的产生

　　人类艺术最早在何时出现，这还真是一个无法准确回答的问题，因为艺术品本身的界线就很难确定。比如，为了吸引异性，人类最早演化出的肢体舞蹈、深情歌声、诱人表情等通信信息在刚开始时绝对是为了繁衍后代的实用性行为，但同时也是艺术行为，至少对旁观者来说是艺术行为，而且这种艺术行为至今还在广泛地发挥作用。又如，与其说部落酋长手持的权杖是实用品（因为它随时都在发出诸如"听我指挥"等通信信息），还不如说它是具有特别象征意义的艺术品，而且是一件精美的艺术品。再如，原始人类身上穿戴的饰品当然该算是艺术品了，但它们又是通信系统的发信方，随时都在发出"请关注我"等信息。不过，考古学界共同认可的最早的艺术品可能要算最近在位于印度尼西亚、马来西亚和文莱三国交界的加里曼丹岛上的一个高山洞穴中发现的几幅岩画。其中一幅岩画所描绘的是一头带有犄角的野兽，它很像一头牛，其侧腹还挂着一把长矛，由此可知早期人类捕杀动物的场面。这幅岩画是有史以来发现的最早的具象艺术作品，也是已知最早的动物平面图。通过碳 –14 放射性测定，该洞穴的另一幅手掌印记岩画竟有约 5.2 万年的历史。而此前在德国也发现了大约 4 万年前的岩画，它们是用猛犸象牙刻画出来的。若对艺术品的定义再宽泛一些，大约在 6.4 万年前，尼安德特人就已经能画十字形图案了。这些艺术品作为通信的发信方，其生命力非常强大。虽然我们不知道它们当时发送出了什么信息，但直到今天它们仍在向我们发送重要信息，让今人知道了数万年前人类的某些生活片段。

　　人类为啥要创造艺术品这样的通信系统发信方呢？主要原因如下。

　　（1）模仿说。这是关于艺术起源的最古老的理论，主要代表人物有古希腊哲学家德谟克利特和亚里士多德。他们认为模仿是人类的本能，所有艺术都是模仿。比如，音乐就是模仿某些自然音响。该学说的主要证据是，艺术模仿的对象是客观的现实世界，艺术不仅反映事物的外观形态，而且反映其内在规律和本质。艺术创作依靠模仿能力，而模仿能力是每个人从孩提时就已拥有的天性。

　　（2）游戏说。这是较有影响的一种理论，认为艺术起源于游戏，其代表人物有德国美学家席勒和英国社会学家斯宾塞。他们认为艺术活动或审美活动起源于人类的游戏本能。这主要表现在两个方面：一方面，人类将过剩的精力运用到没有实际效用和功利性的活动中，从而体现出某种"游戏"的意味，比如如今许多公共场所的涂鸦就是这种"闲得无聊的乱写乱画"；另一方面，人类作为高等动物，无须以全部精力来维持生计，因此，人类确有过剩的精力从事游戏与艺术活动。这些活动从表面上看好像没有实用价值，但实际上有助于游戏者的器官练习，因而具有生物学意义，有益于个体和族群的演化。游戏说强调了游戏冲动、审美自由与人性完善间的重要联系，揭示了艺术发生的生物学和心理学的某些必要条件，指出了艺术创造的核心是精神自由。这有助于理解艺术的本质。

　　（3）表现说。该理论认为艺术起源于人类表达和交流情感的需要，情感表现是艺术的核心功能，也是产生艺术的主要动因。此理论的代表人物包括英国诗人雪莱和俄国文学家托尔斯泰等。该学说的证据是：艺术起源于某个人，他为了要把自己体验过的情感传达给别人，便在自己心里重新唤起这种情感，并用某种外在的标志将其表达出来。这些外在标志包括各种动作、线条、色彩、声音及言辞等艺术形象；通过这些形象，别人也能体验到同样的情感。于是，作者所体验到的情感就感染了观众或听众。这就是艺术活动。

　　（4）巫术说。该理论认为在原始人的心目中，最初的艺术都有极大的实用价值或功利价值。该理论的代表人物有英国著名人类学家爱德华·泰勒，其证据是原始艺术作品与原始宗教巫术活动之间始终都存在着密切关系。按照这种学说，虽然原始人描绘的史前洞穴壁画在今天看来非常美妙，但当时的创作动机只是巫术而已，与审美完全无关。比如，许多旧石器时代晚期的洞穴壁画和雕刻往往位于洞穴中最黑暗和难以接近的地方，它们显然不是为了给人欣赏的，而是史前人类企图以巫术来保证狩猎成功。又如，某些动物身上画有被长矛刺中的痕迹。这是因为从原始时代开始就有一种交感巫术，它认为任何事物的形象与该事物本身都有某种联系，若对事物的形象施加影响，实际上就是对这个事物施加影响。因此，在动物身上画上伤痕，也就意味着他们在狩猎当中可以顺利地刺中猎物。其实，这种巫术思想至今仍然存在，比如"扎小人"就是一例。

（5）劳动说。该理论认为艺术起源于劳动，其理由包括：在原始的音乐、歌舞和绘画中，劳动都是原始艺术最主要的表现对象；这些史前艺术品在内容和形式上都留下了大量的劳动生产活动印记。但是，过分注意劳动与艺术的直接关系，难免太简单化。

当然，上述各种学说都有一定的道理，但也有各自的缺陷。实际上，艺术产生的原因一定是多方面的。艺术可能经历了一个由实用到审美、以巫术为中介、以劳动为前提的漫长历史过程，其中也渗透着人类模仿的需要、表现的冲动和游戏的本能等。不过，艺术是人类文化发展进程的必然产物，艺术的起源也应相当漫长。

艺术的内容相当丰富，单从其形式上看，就令人眼花缭乱。若按存在方式来分类，艺术就可以分为时间艺术（比如音乐、文学等）、空间艺术（比如建筑、雕塑、绘画等）和时空艺术（比如戏剧、影视、舞蹈等）。若按审美方式来分类，艺术就可以分为听觉艺术（比如音乐等）、视觉艺术（比如建筑、雕塑、绘画、书法、盆景等）和视听艺术（比如戏剧、影视等）。若按内容特征来分类，艺术就可以分为表现艺术（比如音乐、舞蹈、建筑、书法等）和再现艺术（比如绘画、戏剧、雕塑、电影等）。若按物化形式来分类，艺术就可以分为动态艺术（比如音乐、舞蹈、戏剧、影视）和静态艺术（比如绘画、书法、雕塑、建筑、工艺美术等）。总之，无论怎么压缩，都很难在短短几页中对艺术给出有深度的介绍。因此，下面挂一漏万，从通信角度，只简单介绍岩画、音乐和舞蹈等比较古老的艺术。

4.4.2 岩画通信系统

在所有艺术品中，岩画可能是有实物可考且能遗留至今的、最古老的、人类有意打造的人工通信系统了。虽然古人也遗留了一些石器，但打造石器的直接目的显然不是为了通信。至于岩画通信系统的收信方到底是谁，目前还不得而知，它们既可能是在给诸神发送信息，也可能是在给当时的其他人发送信息。事实上，它们也一直在给后人（包括我们）发送信息。

用艺术界的行话来说，岩画是古人刻画在岩穴、石崖壁面和独立岩石上的彩画、线刻和浮雕的总称。它是一种石刻文化，以石器作为工具，用粗犷、古朴、自然的石刻方法，来描绘当时的生产方式、生活内容以及作者的想象和愿望。岩画是人类的早期文化现象，是先民留下的珍贵遗产。岩画中的各种图像构成了文字发明以前原始人类最早的文献。远古人类遗留的岩画遍及世界五大洲的 150 多个国家和地区，主要集中分布于欧洲、非洲以及亚洲的印度和中国等。

欧洲岩画主要分布在地中海沿岸地区，位于洞窟、岩石遮蔽处、露天崖壁上的较多。从时间上看，大致可分为两个时期：早期始于旧石器时代，一直延续到中石器时代，在此期间主要是狩猎艺术；晚期从中石器时代开始，一直延续到有文字的历史时期，在此期间的艺术家主要是从事复杂经济活动的人群，此时主要以露天岩刻为主，题材包括动物，特别是怀孕期间的动物。有的动物成双成对地出现，有的动物旁刻有女性生殖器，或刻在附近有天然孔穴裂隙处，以反映当时人们祈求动物繁殖的观念。

非洲岩画遍布各主要非洲国家，特别是位于撒哈拉中部的阿尔杰尔高原是公认的"全球最大史前艺术博物馆"。但奇怪的是，虽然人类起源于非洲，但非洲岩画并不比欧洲岩画古老。不过，非洲岩画的延续时间可能最长，大约超过 1 万年。根据艺术风格、石垢色泽、所表现的动物种类、服饰及武器等，非洲岩画可分为 4 个时期：古代水牛时期（约公元前 9000 年至前 3500 年），此时的画面主要是动物的写实图像，反映古代狩猎生活；牧养公牛时期（约公元前 3500 年至前 1500 年），此时的画面主要是大型写实家畜，以风格化的大型动物群为代表，包括大型公牛、略带风格化的细刻线、程式化的大型野生动物等；马匹时期（约公元前 1500 年至公元 2 世纪），此时的画面主要是风格化的人物、大型马车、钟形服装、风格化的公牛及其他家畜等。骆驼时期（约始于 2 世纪），在浅刻的骆驼图像中，以概括性的几何图案居多，此时已出现用简单粗糙的技术雕刻而成的小型晚期图像，并混合有题记和象征性标记。

印度岩画主要分布于印度中部的丘陵地带，最早可追溯到 2 万年前的旧石器时代晚期。根据风格，印度岩画可分为 5 个时期：一是自然主义的岩画，以描绘单独的野生动物为主，造型古朴、写实；二是风格化的岩画，开始从色块中提炼出线条，用以勾勒出人和动物的轮廓，或者剪影式的平涂与粗线条的浅描并用，此时的动物比较写实，人物则是图案化的、几何形的；三是装饰性岩画，线条趋向装饰性，往往在人和动物的外轮廓线中交织着直线、蛇形线等，大量描绘狩猎、舞蹈、奔跑等剧烈运动；四是程式化的岩画，线条复杂，色彩丰富，各种动物的外形中都装饰着优美的弧线和华丽的色彩，人体描绘具体细致，注意显示性别，画面上出现了新石器时代的标枪、弓箭和石斧；五是折中的岩画，在技法上基本上是前 4 个时期的重复、模仿或综合，多描绘骑马、骑象或步行的战士手持盾牌和刀剑格斗的场面，以及草庐定居、歌舞、奏乐、礼拜、畜牧、耕耘、采蜜、植树等混合经济或农耕时代的部落生活情景。

中国岩画在制作手法上大体可以分为刻和绘两种，在地域上大致可以分为北方岩画和南方岩画。北方岩画大都是刻制的，其手法有 3 种：一是磨刻，线条无明显凹陷，画面平整光洁；二是敲凿，用坚硬的器物在岩石上敲击出许多点窝；三是线刻，可能是用金属凿头勾勒出形象轮廓，然后掏深线条。北方岩画多具有粗犷、刚劲、质朴、简洁、明快的风格。南方岩画的制作以红色涂绘为主，颜料可能由赤铁粉、土红等天然矿物调和而成，颜料稀释剂大概是动物脂肪、动物血水或植物汁液等。所以，南方岩画的色彩稳定，经久不变。具体绘法可能是用手指或羽毛蘸着颜料进行绘制或涂刷的。南方岩画的表现手法古拙独特，画中人物大都不表现五官，只通过四肢的位置来表现动作、体态和感情等；画中的动物也只重点刻画角、尾、耳等特征部位，仅够辨认动物种类。

中国岩画在构思上天真纯朴，反映了当时的幼稚想象和美好愿望。在造型上，中国岩画采用平面造型法，因此，许多岩画都只是独立图像的简单拼接。即使组成了整幅画面，也经常是各种图形的堆叠，而没有近大远小的透视关系。画面采用垂直投影画法，视线与对象最富有特征的平面保持垂直，追求物体的正面显示。

中国岩画在塑造平面图形时善于抓住物象的基本外形，物体的结构几乎被简化到不能再简化的程度。不过，在这些粗制的图形中，能欣赏出生活的真实和活跃的生命力，尤其是动物形象更为生动。

中国岩画中的动物形象大多带有某种难以名状的神秘色彩，总有似是而非之感。动物形象大都被改造变形，有的部分被夸大，有的部分被缩小，有的部分被省略，有的部分又无中生有。众多神灵更是似人非人，似鬼非鬼，稀奇古怪。有的人物形象装束奇特，动作少见。

4.4.3　音乐通信系统

按逻辑推理，音乐也许是最早的人际通信系统。当然，这不可能有任何考古实物证据。比如，早在语言出现之前，猿人是能发出叫声的，而叫声的主要功能肯定少不了求偶。所以，在配偶听来，这样的叫声自然就是音乐了。在音乐通信系统中，信息的载体显然是声波，发信方是音乐的演奏者，收信方是听众。

在数据通信系统中，从形式上看，传递的所有信息都被编码成 0、1 比特串，因此，0 和 1 是数据通信的基本要求。在书信通信系统中，从形式上看，传递的所有信息都被编码成了文章，因此，字典中的字就是书信通信的基本要素。那么，在音乐通信中，相应的信息编码的基本要素又是什么呢？简单来说，音乐要素至少包括曲调、节奏、和声、力度、速度、曲式、织体、调式、音色，以及声音的高低和长短等。

曲调也称旋律。高低起伏的乐音按一定节奏，有秩序地横向串接，就形成了曲调。曲调是音乐形式中最重要的表现手段，是音乐的本质。曲调行进的方向变化无穷，但基本的有三种：一是水平进行，即相同声音的重复；二是上行，即由低音向高音方向进行；三是下行，即由高音向低音方向进行。曲调的常见进行方式也有三种：一是同音反复；二是级进，即以音阶的相邻音进行；三是跳进，三度的跳进称小跳，四度及以上的跳进称大跳。

节奏是指音乐进行中音的长短和强弱，可类比为音乐的骨架。节拍就是常见的节奏形式，它是音乐中的重拍和弱拍的周期性的、有规律的重复。在我国传统音乐中，节拍又称为"板眼"。其中，"板"相当于强拍，而"眼"则相当于次强拍（中眼）或弱拍。

和声包括"和弦"及"和声进行"两种。前者通常由三个或更多的乐音按一定法则纵向同时重叠而形成音响组合，后者则是和弦按时间顺序展开的横向组织。和声有明显的浓、淡、厚、薄等色彩作用，以及构成分句、分乐段和终止乐曲的作用。

力度即音乐中音的强弱程度。速度即音乐进行的快慢。曲式即音乐的横向组织结构。织体即多声部音乐作品中各声部的组合形态，包括纵向和横向结合关系。调式即把音乐中使用的音按一定关系连接起来，这些音以某个音为中心（主音）构成一个体系，比如大调式、小调式等。调式中的各音从主音开始，自低到高排列起来就构成了音阶。

音色可分为人声音色和乐器音色。前者又可分为童声、女声和男声等，后者的种类更多。在音乐中，有时只用单一音色，有时使用混合音色。

在音乐通信系统中都传递了什么信息呢？与所有其他艺术类似，它传递的肯定是模糊信息，即信息内容颇具歧义性。但从宏观上说，音乐信息传递的是思想感情与社会现实生活，并通过有组织的声音来打动听众。正如随便一个比特串可能不含数据一样，随便一些声音的组合也不能称为音乐。实际上，任何一部音乐作品都是作曲家精心思考的结果，其中的声音可能存在于自然界中，但许多声音都出自作曲家的灵感。音乐之所以能震撼人心，其实归因于人的本性。心理学家利用"定向反射"和"探究反射"原理发现，在一定距离内的各种外在刺激中，声音最能引起注意，它能迫使听觉器官去接受它。这决定了音乐作为听觉艺术比视觉艺术更能直接作用于人的情感，从而震撼人的心灵。另外，音乐虽然主要通过声音来传递信息，但由于人体的通感作用，声音也可能引起视觉意象，从而产生生动丰富的联想和想象，引起强烈的感情反应，使收信方得到更生动的思想感情和情境，获得更奇妙的美感。

在传输情感信息方面，音乐通信系统具有许多先天的优势，甚至有人说音乐是最能抒发情感、拨动心弦的艺术形式，因为声音最合于情感的本性，庄严肃穆、热烈兴奋、悲痛激愤、缠绵细腻等都可用音乐来直接而深刻地表达出来。音乐的表情性来自音乐对人的表情因素的模仿。正如人的口语用语音、声调、语流、节奏、语速等表情手段配合语义来进行表达一样，音乐利用音色、音调起伏、节奏、速度等表现手段，实现与口语相似的功用。音乐的声音形态与人类情感存在着相似性，具有某种"同构关系"。这是音乐信息能表达情感的根本原因。比如，喜悦是高兴、欢乐的感情表现，它会呈现出一种跳跃的、向上的运动形态，其色调比较明朗，运动速度与频率较快。所以，表现喜悦的音乐一般采取类似的动态结构，用较快的速度、跳荡的音调等来表达情感。

正如电话通信不能断章取义一样，音乐通信系统所传输的信息也不能随意切割，否则就可能无法获得完整的音乐意象。所以，音乐是一种时间艺术，它是随时间的延续，在运动中呈现、发展，直至结束。欣赏音乐，需要从细节开始，从局部开始，直到全曲终，才会留下整体印象。例如，《春江花月夜》用甜美、安适、恬静的曲调表现了江南月夜泛舟于景色如画的春江之上的感受，创造了令人神往的音乐意境。另外，乐谱不等于音乐，再好的乐谱都只是没有灵魂的乐音符号串而已。只有通过表演才能使音乐作品重新获得生命。当然，无论是哪位作曲家写下的乐谱，都与其乐思之间有着一定的差距。而要使这种差距得到弥补，要想使乐谱中潜藏的乐思得到发掘，要想使乐谱无法记录的东西得到丰富和补充，就必须依赖表演者或演奏者的再创造。因此，音乐也是表演的艺术，音乐作品只有通过表演这个途径才能为听众所接受。

4.4.4 舞蹈通信系统

舞蹈通信系统也非常古老。在早期原始人阶段，舞蹈通信系统所传递的信息主要是情爱信息，即舞蹈是原始人为了择偶、求婚等而做出的肢体动作。舞蹈信息的这种情爱功能至今在许多动物身上都能看到。后来，舞蹈所传输的信息越来越丰富，以至绝大多数重大活动中的各种情感能用舞蹈信息来表观，比如劳动（狩猎、农耕、采集等）、健身、战斗、操练等活动的模拟再现，图腾崇拜、巫术、宗教、祭祀等活动中的仪式，以及自身情感思想的内在冲动表现。可能再也没有别的艺术信息能像舞蹈这样能感染和感动整个人类。我国的古代乐舞理论甚至说："情动于中而行于言，言之不足，故嗟叹之；嗟叹之不足，故咏歌之；咏歌之不足，故手之舞之足之蹈之也。"

舞蹈通信系统的信息载体当然主要是人的身体，即运用已被提炼和组织的人体美化动作、姿态造型和构图变化等来传输艺术信息。在舞蹈通信中，与数据通信的 0、1 比特串相对应的是演员的跳跃、旋转、翻腾等高难度动作，通过这些动作来对人物的思想感情、性格特点、生活状态和精神面貌等进行编码。观众再对这些编码信息进行解码，从而接收其中的艺术信息。舞蹈信息的解码过程又称为舞蹈欣赏，它是观众在欣赏舞蹈演出时所产生的精神活动，是对舞蹈作品的感受、体验和理解。因此，解码过程在本质上是一种特殊的认识过程，即通过舞蹈形象来认识演员所反映的社会生活、思想感情及审美评价。解码时，观众往往会联系自己的生活经历，产生情感上的共鸣，激发记忆中的相关印象和经验，甚至还会通过一系列想象、联想等形象思维活动来丰富和补充舞蹈形象，使其更加完整、生动和鲜明，从而体会到更加宽广的生活内容和深刻的思想内涵。

4.5 符号系统通信

了解历史，有助于看清未来。站得越高，对历史的了解就越全面，对未来也就看得越清楚。但是，一味追求"站得高"，有时反而会因为视角差别太小而看不清对象，找不到未来的方向，毕竟人类思想的"分辨率"也是有限的。那么，什么才是看清整个通信世界的最低高度呢？在人类已有的科技成果中，所谓的符号系统可能就是最佳的有效高度：若再低一点，就看不清全貌了；若再高一点，就容易显得虚幻，至少不够接地气。实际上，到目前为止，对于所有已知的通信系统，都可以很轻松地将其划归为某种符号系统。在可以想象的未来，任何能够设想到的通信系统都仍然跳不出符号通信系统的"如来佛掌"，至少离不开某种符号系统来担任"中继"。另外，任何一个符号系统也可以当作一个通信系统。由于在通信领域中符号系统并不常见，所以，本节将尽量以通信语言来重复诠释符号系统。关于更多的细节，请参阅拙作《密码简史》。

什么是符号呢？简单来说，符号就是代表某种事物的其他事物。若用学术语言来说，符号就是外在形体与内容含义之间的某种对应关系，符号形体代表一定的思想感情或意义。在符号系统中，由形式和内容构成的对应关系就好比一张纸的正反两面，形式和内容处在不可分离的统一体中。比如，在语言符号系统中，形体就是语言符号的"音响形象"，内容就是语言所表达的含义。又如，电报通信也可以看成一种符号系统，只不过此时的莫尔斯码就是"形体"，所传输的信息则是"内容"，形式和内容之间的对应关系就表现了莫尔斯码的编码和译码过程。

符号对人类的重要性远远不止帮助人类成为地球的主宰。实际上，符号化思维和符号化行为是人类最有代表性的特征。人是符号世界中的人，符号世界也是人的世界。人类生活在自己创造的符号世界中，并在符号世界中谋生存，求发展，搞竞争。人类在创造符号的同时，也在有选择性地使用符号，反之亦然。总之，人的定义甚至都可以重新修改为"符号动物"。

人为啥要不断创造和使用符号呢？根据马斯洛的需求理论，"人是永远都有需求的动物"。要想满足这些需求，人就要认识世界，就要彼此交往，而符号便是满足这些需求的必不可少的工具。比如，口头交流的需求催生了语言符号，记录语言和事物的需求催生了文字符号，行车安全的需求催生了交通符号，信息保密的需求催生了通信密码，审美的需求催生了艺术符号等。总之，在各种需求的推动下，人类的符号系统越来越完善。远古时代，人们用图腾仪式、结绳、象形文字等最原始的符号进行交流，如今取而代之的早已是各种音频、视频等先进的多媒体符号系统了。人类创造的符号系统非常丰富，画家用线条和色彩去描绘事物，音乐家用旋律和节奏去愉悦人心，建筑师用结构去设计蓝图。语言、神话、宗教、艺术、历史等全都是人类符号活动的产物。

既然符号是为满足需求而创造的，那么符号就一定具有满足需求的功能，甚至可以说，与符号功能的"实"相比，符号本身其实只是"名"而已。人类使用符号时其实是在使用符号的功能。那么，符号的功能又是什么呢？概括来说，符号的功能就是依靠消息来传播思想，其核心就是交际和认知等。而交际便是人际通信，其通信的内容便是人们各自的思想；而认知其实就是人与大自然的通信，其通信的内容便是大自然的运行规律。下面简要介绍符号系统的交际和认知功能，而对其他功能则忽略不述了。不过，建议工科学生在适当的时候关注一下文科课程"符号学"，相信一定会让你受益匪浅。比如，人工智能专家竟基于符号学研发出了通用语种的翻译软件。若仅埋头于具体语种，那么绝对不可能创造出通用翻译系统，只有站在更高的语言符号学巅峰，才能完成如此惊人之举。这一点也值得通信界人士借鉴。

4.5.1 符号系统的交际功能

符号系统的交际功能，其实就是通信系统的传信功能。这是因为任何通信系统都是一种符号系统，信息的载体便是符号的形体，信息的含义便是符号的意义，反之亦然。通信显然意在实现发信人与收信人之间的交际，而任何符号系统也都能当成通信系统来传递信息。只需通过传递符号的形体，收发双方便能根据事先的约定，从形体中解读出所传输的信息内容。

虽然交际并非人类独有（比如小鸟的歌唱、蜜蜂的舞蹈等都是交际活动），但是动物间的交际只是一种低级的、浅层的、本能的行为（比如求生、交配、觅食、报警等），完全不同于人类的交际。人类的交际不可能凭空产生，必须借助一定的载体，而这个载体就是符号。因此，准确地说，人是运用符号进行交际的动物。

人们运用符号传情达意，进行信息交流、共享和协调。人类交际的特点主要有以下4个。

第一，通过交际能使想象得以产生和延伸。借助符号这个载体进行交际时，就会想到载体加诸感觉的印象之外的某种东西。比如，两个陌生人见面时，若他们谈到"今天的天气真好"，那么此时他们并非对天气感兴趣，而是在想法联络感情。同一事物在符号交际过程中将产生同质的、合理的想象与延伸。比如，读到诗句"飞流直下三千尺"时，你可能就会将想象延伸到李白。此外，同一种符号在不同的时间或地点将会产生不同的想象和延伸，这是其他所有动物永远无法企及的。比如，若读到前面的那句诗时，你刚好在一条瀑布前面，你也许就会联想到其他美景等。

第二，人类通过交际进行信息交流，实现信息共享，从而扩大了信息的知晓范围。这也是信息区别于物质的重要特性，即信息越分享越来越多。

第三，人类的交际是协调行动的符号行为。社会像张网，人人都是网中的一个结，都在这张网里生活。我们不但要处理网内（社会）与网外（自然）的关系，还要处理各个网结间的关系，通过相互沟通、理解和协调等符号行为，建立一个和谐稳定的社会。每个人都会扮演很多角色，也会建立多种关系（比如亲缘关系、师生关系等），而每种关系的变化都会直接或间接地影响全网的秩序与和谐，因而，妥善处理人际关系将有利于社会健康发展。所以，对于协调行动的交际符号，我们每天都在自觉或不自觉地使用它们。

第四，人类的交际行为是可传授的。小鸟的歌唱只是一种本能，不需要传授，但人类从小就被教授了许多交际符号，比如各种礼节等。这些符号并不是天生带来的，而是需要传授才能习得的。交际行为的习得与学习者所处的客观环境密切相关，这便是"近朱者赤，近墨者黑"。

在交际过程中，人人都会运用符号来传达信息。这其实是一个从表达到理解的过程，也是一个从编码到解码的过程。编码时，表达者把信息符号化并将其呈现给理解者。若再细分的话，编码包括制码和发码两个阶段。其中，制码使信息符号化。比如，唐伯虎向秋香示爱时，他可把这个信息编码成"我爱你"三个字。

而发码则是符号形式的呈现，即发信人将携带信息的符号载体发送给收信人，以便让对方理解并达成共识。比如，唐伯虎向秋香大声表白："我爱你！"

人类最重要的交际符号是语言，每种语言都有自己的一整套规则。首先，使用语言时必须遵循大家约定的句法、语义、语用规则。其次，无论是口语还是书面语，其信息符号化的制码过程和发码过程都必须是线性的，按时序进行。不过，语言的制码过程在多数情况下都是隐性行为，也就是说，大脑根据经验、知识以及约定的规则，进行系统的思考和组织，从而使语言符号在大脑中以线性序列排好，以便在发码时也按线性依次发送出来。当然，有时在制码过程中也会喃喃自语，不断调整、修正语言符号的排列等。语言的发码则是外显行为，人们在说出或写下一个词或一句话时，这些信息是以符号串的形式按先后顺序发送出去的；否则，交际过程就成了一团乱麻。

纵观人类的交际工具，语言固然重要，但还有许多非语言的符号表达方式。实际上，语言符号经常与众多的非语言符号交织在一起，以共同完成交际任务。据估计，两人交际时，约65%的社会含义是通过非语言符号来传送的。非语言符号的种类繁多，主要包括体态符号、触觉符号、服饰符号等。这些符号和语言符号一样，也都有各自的一套编码规则。编码规则不同，传达的信息也不同，这主要取决于各种约定性，比如民族约定性、行业约定性、地域约定性和时代约定性等。在非语言符号中，其编码过程就不再仅限于线性了，它可以是多维的和立体的，比如同时收发有关着装、体态、触觉和距离等方面的信息。

除了编码外，在符号交际过程中，还有一个解码过程，即理解者把符号形体还原为信息的过程。解码者必须根据编码的符号形体进行一定的联想和推理，才能获得编码符号所代表的信息。所以，解码其实是一种再创造过程。在对同一符号进行解码时，不同的理解者可能会联想到不同的内容。比如，对于同一幅画，不同的观众获得的信息当然不同。除了联想解码之外，还有推理解码。此时，理解者会结合不同的符号情境，基于推理，给出符号的含义。推理在语言解码中尤其重要。不同的人对于同一个符号会有不同的推理结果，从而得出自己所理解的信息内容。这与当时的认知语境密切相关。比如，主人大骂自家小狗时，无论外表语言是什么，在客人听来也许都是在下逐客令。当然，联想解码和推理解码并非完全独立。联想中有推理，推理中也有联想，它们相互作用。

解码是编码的逆过程。编码即信息符号化，它以表达者为中心；解码即符号信息化，它以理解者为中心。因而，编码和解码有时也并非完全等同，尽管解码总是力求逼近编码，但很难完全如愿。比如，除了最理想的完全正确理解之外，还可能出现不解、别解、误解、多解、缺解等情况。

以时间、地点、个性、心理等为代表的符号情境在交际中也会发挥重要作用。一是限制作用，即符号在编码时所受的限制。比如，给外行讲物理时只能使用科普语言。二是解释作用，即在一定的符号情境中，对于同样的符号可以给出不同的解释，对于不同的符号也可能给出相同的解释。比如，对于同样的符号 E，在英语课上可以解释为字母，在物理课上可以解释为能量，在数学课上可以解释为公式变量。三是创造作用，即在符号的使用过程中创造出新的符号或给旧符号赋予新含义。这种新含义起初只是临时性的，但若多次使用，就可能被固定下来。比如，某部流行电影中一句台词的隐喻可能会成为今后赋予该台词的那种新含义。当然，在交际过程中，符号的限制作用、解释作用和创造作用也经常共同发力。

总之，符号的交际功能赋予了符号世界更强大的生命力。人与人之间都需要交际，符号在交际中获得了生命。其实，符号与人一样，也是一种社会存在，也具有社会属性。符号现象从人类诞生时就已出现。最初，人类符号交往大概只是一些复杂的身姿和手势，同时伴随面部表情和呼叫等。后来，人类便创造出了语言符号系统，人类才开始发生质的飞跃。难怪，爱因斯坦会说："要是没有语言，我们就和其他高等动物差不多。"

4.5.2 符号系统的认知功能

所谓认知，就是生物体理解有关客体的心理过程，或获取世界知识的过程。或者说，认知是心理上的符号运算，是一种符号行为，是人们获取知识的符号操作。为了生存，人类必须认知客观世界，并找出其运行规律。而这个寻找过程刚好就是相关符号系统的形成过程。人类认知的结果也就是符号发挥认知功能的结果。认知作为符号的首要功能，是符号产生的最充足的理由。若没有认知的需要，就不会有符号产生，甚至可以说符号学的另一个名称就是认知科学。

认知作为一种符号行为，是人类的专利。认知以符号为素材，架起了从认知主体通向认知客体的桥梁。每个人都活在符号世界中，一切客体都以符号化的形式存在。当你把一个客体从其他客体中区别并表达出来时，你就在以符号化的形式对这个客体进行认知。认知的过程就是客体被符号化的过程。所以，世界既是物理的也是符号的，人类通过符号来观察世界。符号是人类认知世界的工具，借助该工具，人类才能看到一个相互关联的、整体的、统一的世界。

认知的符号行为一般分为两个步骤。第一步，把认知客体符号化。认知客体是主体认知的对象，主体将无限接近客体，但是认知客体绝非最终目标，因为真正的最终目标是建立客体的符号化表征并将其存储于头脑中，使认知客体形成符号化的内在表达。第二步，产生符号的外显行为，用语言文字等符号形式进行表达。当然，符号化的外在表达应与内在表达相匹配。

生活中通常有两种符号行为：一种为具体符号行为，另一种为抽象符号行为。前者把某一具体事物符号化，一般以静态形式存在，结构简单。比如，婴儿说话时，妈妈指着爸爸这一客体反复通过语音符号"爸爸"来使婴儿将认知客体符号化为声音"爸爸"。待到这一声音符号形成婴儿的记忆后，婴儿见到客体爸爸时就可能产生符号行为，也发出声音"爸爸"。后者是对某一具体事物的抽象化，一般以动态系列的形式存在，结构比较复杂。它其实是为那些频繁出现的事物序列而构思的知识结构，又称为脚本，比如驾驶汽车的一系列操作规范。当然，认知作为一种符号行为，其最终目的还是为了获取知识，探求客观事物的相关信息。符号行为的完成过程也就是探求信息、获取知识的过程。

认知为啥离不开符号呢？这是因为认知意在获取知识，而知识是抽象概念，既看不见又摸不着。所以，知识必须借助某种载体，通过某种中介才能被认知。而这种中介便是符号的形体，知识附着于载体上，也就是符号的内容附着于符号的形体上。人们通过载体来把握知识，通过形式来把握内容。既没有无形式的内容，也没有无内容的形式。人们通过符号形体来获取符号对象的有关知识，这个过程便是认知。

事物自身为何不能充当知识载体，而必须另寻符号形体呢？这是因为知识不是感觉，它是一种观念和意义，是被赋予符号形体并在使用中被传达的内容，它在很大程度上是理性化思维的结果，而人们对事物的直接感受通常只是稍纵即逝的、停留于外形的模糊感觉，还不是一种观念或意义。符号之所以能成为符号是因为其形体在使用中被赋予了意义。比如，当幼儿第一次被水杯烫过后，他只能获得一种本能反应、一种纯粹的感觉，还不知烫的概念与意义。当大人用语言告诉他"烫"时，语音"烫"便向他传达了一种和他的感觉相关的知识。若下次父母再发出"烫"的声音时，幼儿便会从这个声音符号的形体中获得有关"烫"的知识。换句话说，声音"烫"充当了知识"烫"的载体，使幼儿获得了对"烫"的认知。

人们不仅需要获取与事物相关的具体知识，而且有时需要认知事物的抽象知识，比如和平、友谊、爱情等抽象概念，以及美丽、伟大、丑恶等事物属性。人们通常借助以下符号载体来获得相关知识。

（1）图像符号。利用符号形式和对象之间的相似性来获得相关符号对象的知识。最常见的图像符号包括图腾符号、象形文字以及各种徽标等。

（2）指索符号。从符号形式推断出有关对象的一些知识。比如，"叶落知秋"就是从落叶这一符号形式获得有关秋天来临的知识。

（3）象征符号。人们可以从中认知有关事物的某些属性。比如，从洁白的婚纱中认知爱情的神圣、纯洁等。

人类对世界的认知并非一蹴而就，而是一个渐进过程。原始人虽对客观世界充满好奇，但由于认知能力低下，而且受到生理和心理因素的限制，他们对客观世界知之甚少，因此，在千变万化、威力巨大的自然现象面前无能为力，只好相信某种超自然力量的存在，于是就采用诸如图腾、巫术、祭祀仪式等符号来认知世界、解释世界和适应世界。这样，原始人便生活在一个自以为是的符号世界中。比如，原始人以图腾来认知祖先，以图腾来区分族群，以图腾来将客观世界转化为一个有秩序的符号世界等。图腾符号促进了人类思维能力的发展，图腾是人类认知发展的重要成果。其实，即使现在人类仍然生活在自己创造的各种符号系统中，只是它比图腾系统更加丰富多彩而已。

一个行之有效的符号体系都是通过多年的实践积累和反复改进后才基本定型的。认知不是一次性的符号行为，而是连续不断的积累过程。个体的积累形成个人经验，群体的积累形成民族文化。人类的每次认知都以记忆（包括大脑记忆和文字记载等）的方式把知识存储起来，并为下次认知奠定基础。存储的知识越多，认知的基础就越雄厚，认知能力也就越强。每个人都可以通过自己的符号行为进行独立认知，并因此获得直接经验。人们还可在交际中进行认知，即通过人际间的认知获得间接经验。其实，人类的绝大部分经验来自间接经验。认知既然是一个连续过程，那就会受到过去经验的影响，在学习过程中更是如此。知识的获取充分反映了人类认知的积累。由于较多的个人因素参与了认知，因此，认知的结果可能会出错。所以，还存在认知的自我修正过程。在符号行为实践中，人们经常修正自己的错误认知，使个人经验不断优化和成熟。个人认知如此，科学上的认知也是如此。比如，从地心说到日心说，再到如今的宇宙观，就是人类不断修正认知的结果。

人类通过神话、宗教、语言、艺术、科学、历史等符号形式来认知客观世界。反过来，客观世界也通过这些符号的形体而为人类所认知。这些符号形体是一些相对固定的系统，它们作为人类认知的结果被存储起来，形成了民族的历史和文化积淀，使人类获得了一个符号世界。符号能超越时空，将生活中获得的知识和经验等记录下来传给后代，这就形成了群体记忆。

其实，认知与交际这两种基本的符号功能彼此依赖、相辅相成，它们共同完成了人类的符号行为，创造了人类文明。首先，交际依赖认知。交际的目的是想有所得，为此必须认知相关对象。比如，若想通过语言来实现交际，就必须懂得每个语言符号的意义，必须掌握相关语言，否则就是鸡同鸭讲，彼此完全无法沟通，更谈不上交际了。其次，认知也依赖交际，一是因为认知所使用的符号都是在交际中约定俗成的，否则认知就无处着手；二是因为认知通常也是在交际中进行的，人们总是在交际中丰富自己的知识库。虽然依靠个人冥思苦想所得的认知非常少，但非常重要。比如，科学史上的许多重大突破都是科学家突发灵感的杰作。交流中最常见的认知活动就是学校教育，因为教学也是一种交际。其实，在人类的符号活动中，交际和认知是密切相关的。交际中的双方既在交际也在认知，在交际中获得了信息，也就获得了认知，又在认知中进行交际。

　　由于制造和使用工具（当然也包括符号系统这种工具），人类的身体和大脑结构不断发生变化，从而使符号功能的发展获得了生理、心理和智力基础，加速了人类自身的演化进程。人类与其创造的符号系统始终都在彼此促进，共同演化。如今，各种新的符号系统在不断涌现。利用这些新符号，人类揭示了越来越多的大自然奥秘，同时使得人际交往越来越密切，甚至把整个世界都变成了"地球村"。

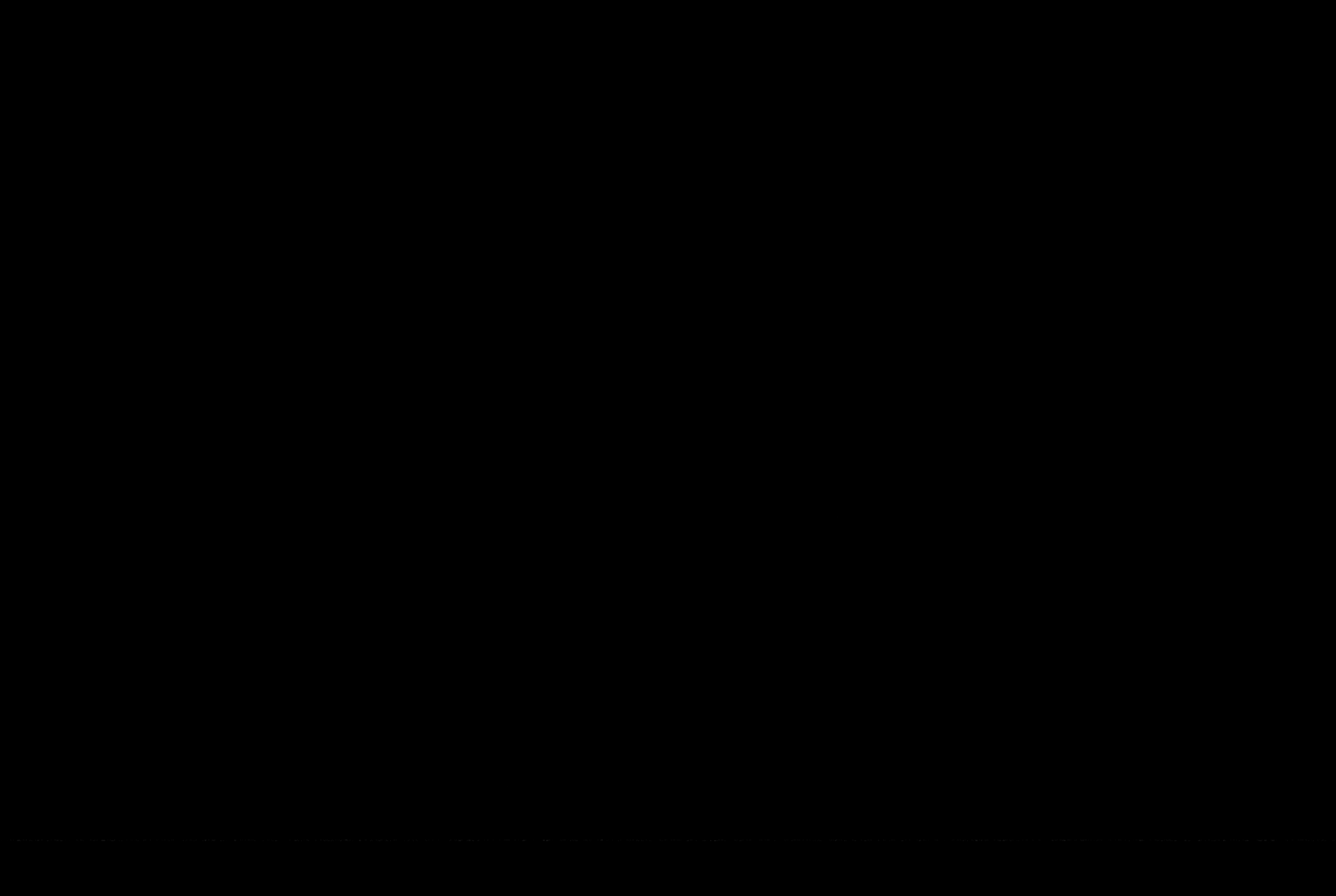

第 **5** 章 ▶▶▶

史前通信

何谓史前时代？不同的文献有不同的观点，本书从通信角度出发，采用目前较为普遍的断代时间表，将有文字记载前的时代称为史前时代。所以，本章内容将截止到甲骨文的出现，这相当于我国的夏末商初时期。由于史前阶段没有任何文字史料，所以，本章内容大都只能在考古基础上进行逻辑推理。到旧石器时代后期，人类的脑容量已与现代人相差无几了，故下面的推理不会太离谱，甚至可能还会显得保守呢。欢迎各位读者与我们一起进行推理。假设你穿越到当时的环境，在确保生存和繁衍的条件下，你将需要什么样的通信？在不允许打造二次工具（只能直接利用当时已有的工具）的前提下，你又能进行什么通信？当然，如果你的推理结果能在后世找到实例，那就更好了。

5.1 旧石器时代的通信

所谓旧石器时代，就是距今约 300 万年至 1 万年前，以使用打制石器为标志的人类物质文化的发展阶段。迄今所知的人类最早的石器发现于东非肯尼亚的科比福拉地区，距今 300 万年至 200 万年。注意，此阶段的石器是打制而成的，无论采用碰撞法、摔击法或锤击法等都行，反正就是不能采用磨制法，否则你就违规跳进了新石器时代。

有关旧石器时代的出土材料既多又少。

为什么说多？无论是欧洲、非洲还是亚洲等地，已出土的各种旧石器成千上万，不少有尖状器、雕刻器、管形器、锤形器、刀形器、斧状器等等。其中，石刀的刀锋有直刃、凹刃、凸刃和复刃等形式。出土的尖状器也有正尖、翘尖、双尖、歪尖等形式。在北非尼罗河地区的霍尔穆桑文化遗址中竟出土了带锯齿的石片，看来只能说鲁班是在近万年后又重新独立发明了锯了。全球出土的这些石器都非常类同，只是有些大有些小，有些精致有些粗糙，有些出现得晚有些出现得早，有些厚有些薄。除石器之外，还出土了诸如骨针、骨铲、骨棒等骨器，以及多处用火和击打生火的痕迹。总之，面对这些纷繁复杂的出土工具，除了简单罗列，几乎再也无法做其他归纳整理工作了。幸好，此处只锁定"通信"这一个角度，所以，没必要重复许多考古细节。

为什么说少？在现有文献中，除了如实描述这些石器的形状，猜测其用途和制作方法，以及进行一些同位素年代测定之外，好像很少再有其他信息了。换句话说，已有的文献中几乎没有一个字谈到旧石器时代的通信问题。好在我们可以紧密围绕生存和繁衍这两个所有生物都会面临的核心问题，穿越到旧石器时代，以那时人们的身份进行海阔天空式的畅想。

旧石器时代的时间跨度非常大，历时约300万年，其间环境的变化可谓沧海桑田，人类自身的变化也是翻天覆地的。人类从树上移居到山间，从山间扩展到平原，再从平原进军到水边；从风餐露宿变成穴居，从选择大型山洞到自己挖掘小型土洞；从使用自然木器到制造木器，从使用木器到使用石器，从使用自然石器到打制各种石器；从使用石器维生到使用石器刻画岩画、打制饰品等，再到多种艺术形式的出现；从怕火变成用火，从自然火场取火到主动击打生火；从吃素变成吃荤，从吃生肉变成吃熟食，从采摘到狩猎再到捕鱼；从赤身裸体到懂得穿戴，从陆上狂奔到水中游泳，从在树冠上自如穿梭到几乎不能爬树；从只会吼叫到产生语言，再到认知革命走上演化的快车道，并与其他动物正式分道扬镳等。算了，闲话少说，还是让我们设身处地，尽量按时间顺序开始通信畅想吧。

当人类还生活在树上时，看看他们是怎么报警通信的。不难猜想，原始警卫员发现敌情后，除了惊叫之外，他还可能拼命摇晃树枝。这时树枝就成了信号发生器，它通过声音、震动和光线（视觉的异动）等向全体成员发出诸如"危险，快跑"这样的信息。群体中的其他成员都是收信方，假若某人由于通信误差太大或其他原因而没能及时收到报警信息，那么他也许会为此付出沉重的代价，比如被野兽吃掉。如果某个调皮蛋一时兴起，也模仿警卫员疯狂摇晃树枝并引起群体骚动，那么他可能就属于造谣，也许会被部落首领训诫，严重时甚至可能被逐出群体或处死。当某位原始帅哥相中了另一位原始美女后，他也许会给她送上一个鲜桃。这时，桃子就是信息载体，它向她传输了诸如"嫁给我吧"等信息。此类通信系统至今都还在广泛采用，君若不信，可以想想结婚仪式上的送戒指环节。若原始人甲想讨好原始人乙，他也许就会主动替乙抓虱子。这时，"抓虱子"就是一种通信，传递了某种友好信息。此类通信系统演变到今天就变成了人们之间的各种抚摸。比如，领导鼓励下属时会自觉或不自觉地拍拍其肩膀。当然，科学家在分析人类身上的头虱和阴虱时，偶然发现大约在 120 万年前，人类变得无毛了。换句话说，替同伴抓虱子的行为也许后来就变为替同伴按摩了。

在旧石器时代，人类当然不是只会使用石器，其实他们主要使用木器，只是那些木器早已腐烂了而已。原始人使用的木器会是啥样呢？由于最初制造木器的工具只有手脚和嘴巴，因此，有理由假设他们的木器主要有带叉的和不带叉的棍子。叉棍的通信功能至少有以下几种：可以将其当成动态箭头路标，向同伴指明自己追踪猎物的方向或某个突发事件出现的方向等；也可以将其当成静态路标，向同伴指示水源或新发现的食物等的方向。当叉棍被当作长矛来使用时，其实也正在向对方发出各种威胁信息，也就是在通信。当叉棍被当成旗帜在草原上远处猛晃时，又是在向同伴发出诸如"我在这儿呢"等信息。尖头木棍既可以用作鱼叉，也可以插在泥地上当作地标。当一部分人仍生活在树上，而另一部分人迁居到地面上时，地上的某个人若想给树上吵吵闹闹的众兄弟发送信息，有效的通信方式可能是用木棍或石头猛敲树干，以机械震动为载体把信息发送给大家。同理，当树上的悟空要对树下的八戒喊话时，也许向下扔一个烂苹果就相当于拨通了专线电话。此时的收信平台就该算是八戒的痛觉了。

后来，人类彻底移居地面，甚至不再会爬树了。若首领要召集大家开会，或者要让会场安静，或者要报警等，他就可以用棍子猛敲树干、地面、水面，或用两个棍子互相敲击，反正只要能发出足够大的异响并以此传达必要的信息就可以。此类通信方式至今仍在法庭、议会等场所被频繁使用，当然还有老师上课敲黑板。身强力壮的首领当众挥舞棍子，要一通"指南打北无敌棒"，他其实也是在向众人发出诸如"别有异心，老实听话"等信息。此类通信系统的现代翻版便是形形色色的军事演习。棍子还有一个用途，那就是从火场中取火，于是火把就诞生了。火把的通信功能及其所能发出的信息就更多了。比如，取火者可用它告诉大家"看，我好勇敢"，夜间点燃的火可能意味着告诉同伴"我在这儿呢"，山洞外的火堆可用于警告猛兽"别惹我，否则让你变成烧烤"。洞中篝火上的烤肉香味相当于在大声吆喝"狗剩，回家吃饭啦"。此时，通信系统的收信平台便是馋猫们的味觉。森林大火的热浪或火光可以告诉原始人"烧烤节开始啦，等几天欢迎光临哟"或"玩火危险，注意回避"。

说罢木器，就该说说石器了。原始人在树上生活时，当然能以天下为家，不必担心迷路，反正只要能找到果树就行。可是，移居到洞中后，情况就不同了。每天晚上得回家睡觉吧，可每天"上班"的地点又不固定。追捕猎物时可以中途主动放弃，但被猎物狂追时就可能逃到天涯海角了。于是，原始人就面临一个大问题：如何才能迅速找到回家的路。这时，草原上沿用至今的敖包就派上了用场，将碎石块堆成小山，随时发送"欢迎您回家"的信息，而且这种通信系统还很皮实，既不怕风吹也不怕雨打。当然，下雪就得另当别论了。其实，这种敖包通信系统在现代摩登城市里仍经常被采用。当你身陷高耸入云的水泥森林中时，楼顶的某个广告牌也许就是你的敖包。

全球出土的石器有许多种，而且各有各的用途。其中，最简单的是石锤，它们类似于从河滩上随便捡起的鹅卵石。它们可用来砸碎动物的尸骨，让原始人吃到骨髓等健脑食品。据说，人类的脑容量突然剧增就与此有关。从通信角度来说，用石锤敲击树干等物体时，就相当于敲鼓或演奏打击乐。当若干人同时敲鼓时，另一种含义丰富的远程通信系统就诞生了。类似的方法至今还在使用，比如敲门就是在给主人发送信息"请开门"，腰鼓游行就是在告诉观众"请给我点赞"。用石锤敲击骨头时，难免偶尔会砸出骨刺，骨刺后来就被用作骨针，把树叶等串成各种时装。穿上时装的原始美女就好像一个通信系统，随时都在向同伴们发出信息"看，新款国际大品牌"。当用石锤敲击其他石头时，偶尔也可能敲打出刀状石片。于是，石刀就出现了。还可能砸出一些箭头样式的碎石，于是石质矛头出现了。

石刀除了用于刮兽肉之外，至少还可以用来剥兽皮。用骨针将兽皮缝成衣服，首领将其穿在身上。哇，一套崭新的通信系统就开始对外发布信息了。这相当于在说："看，本王全球领先，无与伦比！"石刀还可用于切割树枝等其他东西，于是"嘴啃手掰制木棍"的时代结束了，木棍的生产就可以批量化和"现代化"了：想要啥叉就砍出啥叉，想要多长就有多长，想要多粗就有多粗，想要多细就有多细。也可以用石刀把兽皮切成绳索，将较大的矛头绑在粗棍上，锋利的长矛就出现了；将更大的矛头绑在更粗的棍子上，标枪就出现了；将较小的矛头绑在细棍上，利箭就出现了；将皮绳绑在柔软的树枝两头，弓箭就出现了。总之，各种近程、中程和远程武器都出现了。于是，全副武装的首领不但可以威慑领地内的所有小动物，甚至敢对邻近部落说"不"了。如此一来，不但人际需要通信，部落之间也需要通信了，从此"融合通信系统"就必不可少了。比如，人们的叫声和行为的含义需要适当统一，至少应该有人能适当予以翻译了。部落间的通信显得更重要。对方的实力如何，是敌是友；对方需要什么，又拥有什么；如何对待邻居，是战是和，是谈是打……这些问题最终在很大程度上都得依靠各种通信系统提供的综合信息来解决。若要与其他部落联合起来，协同围捕大型动物，那么就需要不同族群成员间的及时通信，否则参与猎捕的人可能被猛兽各个击破，反而成了猛兽的盘中餐。将大型猎物搞定后，相关部落之间如何分配胜利成果？各方首领之间需要谈判吧。至于是当面谈判还是远程谈判，其实并不重要，关键是得有一套通信系统，能保证各方首领之间的有效通信。至于本部落中是不是有间谍，他按事先约定，趁夜晚将信息用弓箭发送到另一个部落，那就不得而知了。不过，不必担心那时人类还没有文字，因为任何载体都可以承载事先约定的信息。比如，只要收到来箭，就意味着"今晚可来袭击了"。据文字记载，过去数千年来，包括诸葛亮等在内的原始人的后辈们都在不断使用这种"箭传通信系统"。特工在家门口悬挂扫把的做法也与这套通信系统有异曲同工之处。此外，关于部落之间是否有"信使通信系统"，也无从考查，但在理论上是可以实现的。比如，小部落送给大部落一头鹿，表示臣服；大部落送来一件武器，表示提醒对方"该进贡了"。

利用石锤和石刀，还可将石片加工成石斧和石铲。带着石斧，原始人就敢深入茂密的森林采蘑菇，而不用担心迷路了。因为他们可以沿路用石斧在树干上砍出路标，从而建立起一套多"中继"通信系统，就像今天东北那旮旯的采药者一样。石斧当然还可以迅速砍倒"消息树"，让自己的部落知道敌人进村了！有了石斧和石铲后，原始人就可以在有水、有醒目地标、有充足食物、没有猛兽的宜居处主动挖掘洞穴，建起自己的"幸福新村"了。这时，每家门前都有一个"导航通信系统"，不用再担心迷路。情投意合者甚至可以悄悄过上自己的小日子了。总之，大事都听部落首领安排，生儿育女自己做主，既安全又自由，只要随时与部落首领保持通畅的信息交流就行了。如果首领的通信系统的容量有限，无法与众多成员保持有效的信息通信，那么部分成员可能就会失控，比如他们另立一个新部落，另建自己的通信指挥系统等。实际上，在人类历史中，无论是部落还是国家，其规模的大小在很大程度上取决于该群体的通信系统的容量，至少通信失控很可能造成统治失控而出现分裂。

用石刀切出的皮绳还可以结成网。于是，长期居住在水边的渔民就产生了。渔民偶尔爬上漂浮在河中的断木后突然发现：哈哈，原来可以无腿而行呀！于是，一种新型的运输工具就出现了，至少可以运人吧。任何运输工具都代表一种新型通信系统，因为任何有形或无形的符号都可以当成通信系统中的信息载体。比如，利用浮木至少可以建设"水上信使通信系统"。原始人可以用石斧砍断树干，至少可以砍断倒木的残枝，从而将倒木拉入水中成为浮木。用皮绳拉住浮木，便制成了木筏。当然，木筏之说只是我们的推导而已，没有考古证据，但今天的猴子也能在浮木上嬉戏。由于后来木器已相当普遍，至少可以利用石斧、石刀等轻松制造出木棍，因此，有理由推测：既然那时已能将兽皮做成衣服，为啥不能将树干连成木筏呢？定居在水边后，难免有失足落水者。出于求生本能，他们自然会拼命"狗刨"，没准某人因此就学会了游泳。当然，他们也可能是在浅水处长期戏水时顺便学会了游泳。人类在还是猴子时就会游泳了。更早一些，所有生物都是从水里诞生的。反正，无论是游泳还是木筏都会促进水上运输的发展，相当于出现了以水流为载体或者说以水流为载体的载体的新型通信系统。如果类比一下的话，就可以说在今天的无线通信系统中，电磁波也是比特串的载体，比特串则是信息的载体，所以，电磁波其实是载体的载体。

利用石器，原始人还能把动物的骨头加工成不同的骨器，比如比石铲更轻便的骨铲、比木棍更结实的骨棍。当然，骨棍可能很短，但它们非常有用，至今非洲草原上的独行者仍会随身携带一根像野兽腿骨那样的短棍，用于近距防身。骨器的出现为若干年后出现的文字（比如甲骨文等）提供了可能的信息载体。骨器的种类非常多，但除了骨针等人工痕迹明显的骨器外，面对其他残骨，很难分清哪些是人工打造的骨器，哪些是自然形成的残骨等。据说，仅在我国公王岭蓝田人化石出土的地点附近就发现了 40 多种动物的遗骨化石，其中包括剑齿象、大熊猫、爪兽、毛冠鹿、水鹿等的遗骨。

其实，早在旧石器时代之前，人类就开始了另一种人际通信，那就是生活技能的传授和模仿等。虽然没有相关考古证据，但是如果没有此类"学习型通信系统"，人类文明就根本不可能进步。况且连动物都在使用这种通信系统，就更甭说人了。

旧石器时代，人们能够制造的石器的种类还有很多，但从通信角度看，它们所能形成的各种主要通信系统也许已包含在前面介绍的内容中，所以，此处就不再细述了。在旧石器时代后期，饰品、绘画、雕塑等艺术品也出现了，语言也出现了，人类基于符号系统的认知能力大幅度提高了。由于它们的通信含义已在第 4 章中谈及，这里就不再重复了。

5.2　中石器时代的通信

中石器时代是考古学家假定的一个时间区段，属石器时代的中期，即旧石器时代晚期和新石器时代初期，但很难划出某个绝对的时间段。即使在考古界内部，对中石器时代的划分也存在争议，甚至有专家建议忽略中石器时代，而将石器时代重新划分为旧石器时代、先新石器时代和前陶新石器时代等。不过，这些争议属于考古界的家事，本书不发表意见，只按照多数意见，选定公认度最高的一种就行了。

更准确地说，中石器时代主要是以打制石器的先进水平为标准而划分出的一个相对时间段。同样在距今约 7000 年前，黄河流域基本上已进入新石器时代，而青海贵南的拉乙亥遗址显示当时那里仍处于中石器时代末期。而欧洲的中石器时代大约是在距今 12000 年前至 6000 年前。所以，为了避免不必要的争议，本书不划定中石器时代的绝对时间段。

不过，从技术水平的角度来看，中石器时代的界线还是比较清楚的。它的终点是磨制石器的出现，起点则是出现了采用间接打击法制作的几何型精细石器。具体来说，在中石器时代的起点出现了既美观又实用的石器，其形状包括锥形、柱形、楔形、三角形、半锥形、漏斗形、梯形和不规则四边形等。何谓间接打击法呢？形象地说，间接打击法就是不以原石为材料，而以初级石器为原料，打制出另类石器。比如，以船底形、楔形和圆锥形的石核为原料，再从这些石核上仔细剥离出长条形的规则石叶，就属于间接打击法。又如，在双刃石片的一边轻轻敲琢，并使其变得厚钝，成为刀背，而石片的另一边仍保持固有的锋利边缘，从而制成琢背小刀。这也属于间接打击法。此种带背小刀作为切割器时，它的切割力更强，因为可以从刀背处额外施压。

全球出土的中石器时代的石器成千上万，难以统一整理。所以，下面仍然只从通信角度，略去繁杂的考古细节来展开畅想。

首先，旧石器时代已有的石器、木器和骨器在中石器时代几乎都能发现，只是其外形更美观，加工更精细，携带更方便，使用更安全。比如，石器的手柄不再粗糙，不易磨伤手掌；木棒上的毛刺更少。此外，虽然此时石器的功能和形状与旧石器时代的石器相似，但是在大小和细节上有明显不同之处。比如，该大的就更大，不至因为分量不够而砸不碎坚果，或者必须反复多次敲砸；该小的就更小，不至耗费不必要的体力；该尖的就更尖，该锋利的就更锋利，该光滑的就更光滑。

此类石器包括刮削器、尖状器、砍砸器、砺石等。

其次，此时出现了若干组合型石器和多功能石器，特别是出现了镶嵌工艺。比如，将薄而小的石片镶嵌在骨柄或木柄上而制成箭和刀；以石叶为刃，经镶嵌而制成利器。采用压制法制作的石镞带有明显的锐尖和棱角，包括圆底和尖底。还有一种扁底三棱尖状器，它采用较大的厚石片制成，向背面修整出通体三棱锐尖，底端两面或一面被修理成扁薄形，以便装柄。这种三棱尖状器实际上就是狩猎时所用的石矛头等。总之，在中石器时代，虽然直接打制的粗加工石器仍在继续使用，但是占主体地位的木器、石器和骨器都属于精加工工具。有些镶嵌工艺显然已不仅是为了使功能更强大，而且是想让工具更美观。于是，艺术品的种类更加丰富。我们比较纳闷的是，在出土的这个时期的石器中，为啥有带柄的锯子？显然，它们不可能用来锯木头或骨头，更不可能用于锯石头。即使在今天，石头锯子也很难锯断木头和骨头。我们猜测，石头锯子也许是用来锯泥土的，准确地说是用来刨泥土的，毕竟那时还没有锄头，而且挖坑或挖小型掩体也有需求了。不过，无论石锯有什么作用，它肯定会为新石器时代发明磨制法提供灵感。当然，该灵感的另一个源泉也可能是割肉动作，毕竟割肉实际上就是用石刀在肉上摩擦而已。

再次，中石器时代还出现了许多旧石器时代不曾有过的新工具，而且前期的一些不够普及的木器、石器和骨器得到了广泛应用。比如，出现了具有新功能的琢制石器、琢背小刀、雕刻器、磨盘、锥、钻等，出现了制作精良的镖、锥等骨器，普及并改进了弓箭等既有器械。特别需要强调的是，此时出现了琢孔石环、穿孔砾石等带孔的工具。这可是一个重大进步，因为有了孔之后，组合工具各部分的机械连接就更有效了，特别是木石组合、木骨组合等更方便，不必再只依靠皮绳的捆绑了。孔出现以后，相关工具的携带更加方便了。总之，孔的出现为随后更先进的工具的出现奠定了坚实的基础。此时石器制作技术的另一大飞跃是出现了局部磨制的切割器，新石器时代才出现的磨制法开始萌芽了。另外，此时锥和钻的出现不但帮助开启了有孔木器和石器时代，而且引导人类掌握了转动的动作，从而为后来的钻木取火埋下了伏笔。当然，弓箭的出现对此也可能有启发作用。

由于石器、骨器和木器的改进及普及，中石器时代的社会生产力得到了空前发展，采集和渔猎效率大幅提高。那时属于最后一次冰川消退期，气候正由严寒转为温暖，人类的生存环境得到大幅改善，所以，各种通信系统也有了大发展。

中石器时代的社会形态处于母系氏族社会晚期，基本上取代了以往的族外群婚制，并出现了人类社会中最早的家庭组织。这意味着通信对象增加了一个最亲密的核心，即以血缘为纽带的小规模家庭成员；还增加了另一类次亲密的成员，即以姻缘为纽带的走婚者。家庭成员间的通信必须全面而高效，尽量不出现太大的传输误差，否则就会导致家庭破裂。好在家庭成员间的物理距离很小，面对面接触的时间较多，基于视觉、听觉、嗅觉、味觉和触觉等所有感知平台的通信系统都可以用上，况且此时语言已经出现，人类的认知能力也已经很强了。所以，关于家中到底需要哪些以及能有哪些通信系统的问题，各位只需扔掉手机等现代通信工具，想想自己的家庭就行了，此处不再赘述。在家庭成员之间的通信中，若大家都收到了好消息，那么就会其乐融融；若常有人收到坏信息，那么就会困难重重。家庭的出现进一步促进了私有观念的出现，于是保密通信的需求越来越明显了。随着智力的发展，保密手段也可能不再是天方夜谭了。

从通信手段上看，在欧洲和西亚的一些地方，狗已成为家畜，并且狗已能帮助主人捕猎。于是，通信对象又多了一个，那就是以狗为代表的家畜。若小狗完全搞不懂主人的命令，那么它又怎能帮主人做事呢？此外，通信手段也至少增加了一个，比如让小狗回家送信。注意，虽然这时仍没有出现文字，但包括小狗在内的任何事物都可当成信息载体，都可承载任何信息。比如，事先约定"小狗单独回家，则意味着遇到了危险，需要马上增援"。当然，还没有证据表明那时是否有狗拉雪橇之类的东西，毕竟那时冰雪远比现在多。如果真有的话，那么运输工具也就多了一种。相应地，通信工具也多了一种。在英国的斯塔卡遗址还发现了中石器时代的木桨遗存，这意味着在旧石器时代还不能确定的木船真的已能自由穿梭于中石器时代的湖面了。因此，水上通信手段的确已成为现实，甚至可能比较普及了。此外，既然渔民已能结网数千年，而且认知革命进行了数万年，没准儿他们就能结绳了。至于能否将结绳当成某种信息载体来记事，那就既不能证实也不能证伪了。不过，如果真的出现了结绳记事，那就又多了一种通信系统，虽然实际上是信息存储系统。

从通信对象上看，由于弓箭的广泛使用，捕猎能力得以提高，从而使人类可能将暂时吃不完或弱小的猎物豢养起来。也许正是在此类过程中，人类进一步了解了动物的习性，并逐渐将某些野生动物驯育为家畜，为家畜饲养业的出现打下了基础。有证据显示，此时已开始驯养猪和山羊了，所以，通信对象又增加了至少一大类。这时不但需要人际通信，而且需要主人与家畜间的有效、善意的通信，即主人与猪、狗、羊等之间要能"心有灵犀一点通"。至于具体的通信办法嘛，嘿嘿，相信养过宠物的读者都有足够的发言权。当然，在狩猎时，人与猎物也需要进行通信，不过那是恶意的通信，是双方你死我活、互不配合式的通信。如果猎人精准地理解了对方隐藏着的信息内容，或者破解了对方的加密通信，那么基本上就胜利在望了。由于埋葬死者的习俗已基本形成，所以，死者也开始成为人类的重要通信对象，至少生者会自认为发出了祖先能收到的问候和祈祷信息，偶尔也会在梦中"收到"祖先的回信。至于这种阴阳之间的通信系统到底是否存在，这就不是本书讨论的话题了。此外，考古证据还显示，中石器时代的人们除依旧利用自然洞穴栖息外，还搭建了一些季节性的窝棚。这意味着季节也成了人类的新的通信对象，即人们必须了解季节发出的环境信息，否则就会劳而无功。

中石器时代的经济生活仍以渔猎和采集为主，但由于人类自身能力的增强，再加原来适应寒冷气候的大型动物已消失，人类面临的猛兽的威胁基本上没有了，寒冷的威胁也减弱了。人类开始以猎取中小型野兽为主，其中鹿类是猎物的主体。长期采集植物籽实、根茎的活动，促使人们进一步了解植物的生长规律，为适时收获做好了准备。正是在这种经验积累的过程中，人们开始熟悉栽培植物的技术，破解了某些植物的生长信息，为农业的出现奠定了基础。再后来，由于磨盘等新工具的出现，人类的采摘目标逐渐集中于大麦、小麦等野生禾稼。当然，估计那时人类会生吃麦类，因为锅还没有出现，而麦粒显然又很难直接烧烤。另外，人们还从水域中获取了更多的鱼类和贝类，以丰富食源。总之，人类面临的外部威胁减少了，食物的种类丰富了。一句话，生存不再是大问题了。于是，人类就有更多的闲情开始思索文化发展问题了。而所有文化，无论是有形的工具创新和改进还是无形的规律的发现和符号编码等，它们的本质其实都是通信，是人类彼此间心灵的通信，或者说都可以用于通信。

中石器时代结束后，人类终于迈进了新石器时代。

5.3 新石器时代的通信

新石器时代仍是考古学家假定的一个时间区段，其绝对时间的设定相当困难，在不同地区可能会相差数千年。最早的地区大约在 1 万年前已进入新石器时代，而较晚的地区则在 5000 多年前甚至 2000 多年前才进入新石器时代。不过，新石器时代的技术标准相当明确，那就是磨制石器批量出现并被广泛使用。

各位千万别小看了摩擦这一简单动作。凭着对这一动作的熟练掌握和普及应用，人类学会了磨制外形更加精美、功能更加强大的新石器，然后带着这一身技艺，雄赳赳、气昂昂地第三次走出了非洲，走上了彻底征服全球动物的旅程，并最终登上了生物链的顶端。其实，走出非洲这一行动就是标准的通信动作，既是宣言书也是宣传队，把人类的各项生产和生活技能以存储在大脑中的知识和信息的方式（毕竟扛着石器搬家的可能性不大），以身体为载体，传输到世界各地。然后，在迁徙过程中不断接收外界信息，特别是借鉴和学习他人的经验并在实践中不断自我改进，制造出了更多、更先进的工具（比如陶器、铁器、玉器、青铜器、纺织品等），引发了社会形态的根本变革，出现了农业、畜牧业、纺织业和冶铜业等，建造了城邦和大型建筑群，甚至出现了文明之光。下面仍以出土文物为依据，从通信角度来推测各种相关的新型通信方式。

新石器时代，人类经历了"最激进的革命之一"，即由早期的母系制变成了晚期的父系制。如此翻天覆地的大革命咋能兵不血刃就实现了呢？嘿嘿，主要是通信工作做得好，产生了良好的人际交流效果，顺利实现了权力交接。具体来说，男人们主要采用了两条通信策略，就把媳妇带回家并慢慢变成了家长。策略之一叫"服婚役"，即男子主动无偿卖身为奴，自带工资去女方的母系大家庭中生活，任劳任怨地打工 3 ~ 7 年甚至长达 10 年，以此取得丈母娘同意自己携妻带子回到自己的氏族或本家。帅哥如果碰巧遇到了心软的丈母娘，也许结婚并生儿育女后就能回到自己的家里了。当然，带走妻儿后，夫妻俩及子女们自然也会常回家看看。其实，"服婚役"的习俗至今还在某种程度上保留着呢。不信的话，你看看左邻右舍，哪位准女婿首次拜访丈母娘时不假装抢着进厨房，露一手招牌菜呢？策略之二叫"产翁制"，更显得荒唐和违背常理，但生命力仍然旺盛，甚至直到近代还存留在一些族群中。从形式上看，"产翁制"是指由男人在其妻子生产期间模拟妻子分娩，或在妻子分娩后扮成产妇卧床抱子，代替妻子"坐月子"，而真正的产妇则像以往夫君那样外出干活，并为卧床"坐月子"的丈夫端茶送水，精心侍候。其实，"产翁制"的核心是男人要从仪式感上抢夺女人的权力，因为生娃几乎是女人能干而男人不能干的唯一大事，是男人夺权的最大拦路虎。当然，通过"坐月子"，男人也知道了女人的不易，女人也在产期劳动中体会到了男人的艰辛，从而彼此更加理解，信息沟通更加顺畅，今后的小日子也就更加幸福。父系家庭的规模更小，但其通信难度更大，因为母系家庭是纯粹的血亲，是铁打的营盘，毕竟血浓于水；而父系家庭的支柱则是姻亲，是流水的兵，万一沟通上出点障碍，可能就会出大问题。

新石器时代还出现了私有制，贫富差别开始产生，人类变得越来越自私。当然，这里的"自私"被当成一个中性词。这意味着不但某种程度上的隐私通信很有必要（毕竟信息就是价值，自私者肯定不愿让别人抢夺自己的价值），而且通信的需求也会越来越强烈（因为所有通信都有一个共同目的，那就是希望有所获得，或形象地说，通信的需求度与人类的自私度成正比）。其实，这种正比关系至今还存在，还会变得越来越明显。不信的话，你观察一下自己身边的人，欲望越强的人对通信的需求越强烈，甚至对别人的隐私信息越感兴趣。地位越高、权力越大的人与外界的通信越频繁，掌握的信息就越全面、越深入，基于这些信息所做出的决策就越正确。他们要么成天都在打电话和阅读文件，要么在满天飞。从表面上看，他们是在抓项目抓机会，实质上是在利用各种通信系统收集并利用信息。随着社会信息化程度的不断提高，特别是随着大数据时代的到来，数据信息即将成为比石油、黄金和土地还宝贵的资源。这也是许多互联网公司不惜大把烧钱也要抢夺数据资源的根本原因。

在出土的新石器时代的文物中，还有许多陶器，其中既有素陶也有彩陶，包括壶、罐、瓶、钵、盆、尊、鼎、豆、簋、盘、杯、瓮等。陶器上的花纹有条带纹、圆点纹、旋涡纹、方格纹、人面纹、舞蹈纹、波纹、蛙纹等。陶器上构图的笔法娴熟，采用以点定位的方法，使画面得以充分展开，富有变化，具有强烈的韵律感。最早的陶器出自 2 万年前的江西仙人洞遗址。关于陶器的故事还有很多，不过从通信角度看，我们最感兴趣的事实是：陶器显然不是普通原始人就能制作的，更不可能由每家每户自给自足。这就意味着此时出现了市场交换活动，哪怕只是以物易物。虽不敢肯定此时是否出现了货币（目前已知最早的贝币来自约 3500 年前的河南殷墟妇好墓），但肯定已出现了商业行为。商业行为显然就是交易行为，而交易行为的实质也是信息交易行为，即通信行为。其实，即使在今天，商人们也不得不承认做生意就是进行信息通信，得信息者得天下。比如，市场上需要什么，价格怎样，是否有利可图，从哪里进货，如何才能卖个好价钱等，无一不需要相关信息的指导。随着社会信息化步伐的加快，信息在各种商业行为中的价值就会越来越大。

在新石器时代，人类除了继续饲养猪、狗和羊之外，至少又开始饲养大型家畜牛和骡马了，而且畜牧业已相当发达。虽不敢确定这时是否已经发明了牛车，但是水平旋转的轮子肯定已经有了，因为许多陶器都是用转轮法制造出来的。无论是否有牛车，从通信角度看，牛的驯化都是一个重要的里程碑，这标志着人类又多出了一类交通工具，即畜力交通工具。相应地，也就多出了一种新的通信系统，即畜力通信系统。这种通信系统一直沿用至今，只不过家畜由牛变成了更快的马而已。据说，马是大约在公元前 3000 年由印欧人驯化的。这一推理的依据是人可以在没有鞍的情况下骑牛。在传说中，当年老子就是骑着青牛出关的。至今，仍有许多牧童在牛背上"遥指杏花村"呢。

新石器时代还出现了农业，人类学会了种植小麦、大麦、扁豆、豌豆、薯芋、玉米、南瓜、粟和黍等旱田植物以及水稻等水田植物，甚至建造了灌溉系统，发展了砍倒、晒干、烧光的"火耕农业"。这意味着人类对大自然的许多奥秘都有了更全面和深入的了解，比如何时播种、何时施肥、何时收获等。而种植每一类庄稼都离不开多方面的信息，它们无一不需要通过相关的通信系统来获得。学习和传承这些技巧也无一不需要通信。此外，农业的出现自然使得对土地的争夺更加激烈。于是，战争就爆发了。或者说，人类推动通信系统发展的最强劲的力量出现了。从古至今，任何战争胜败的关键其实都是通信，正所谓"知己知彼，百战百胜"。君若不信，可以翻开任何一部兵书，其中至少有一半的内容都会直接或间接涉及信息对抗技巧，比如如何建立自己的有效通信系统，如何破坏对方的通信系统等。不过，当时在战争中，各方到底都发明了哪些具体的通信手段，我们就不得而知了，毕竟那时的古人未留下任何考古证据。

在建筑方面，出土的新石器时代的文物有用土坯砌筑的半地穴式房屋、集体居住的村舍、多间式平顶房屋等。此时，人类已开始用石灰和土坯抹地和筑墙，人口聚集度也不断增大，甚至出现了原始城堡、城垣和大型建筑等。另外，开始出现一些中心聚落和大规模的公共墓地。人死后集中埋葬，墓地排列有序，葬制复杂。单人墓葬最常见，延续的时间最长；也有合葬墓，有些还是二次合葬墓。总之，众多事实综合反映出当时的社会组织已相当发达，社会的复杂程度非常高。换句话说，众多来自不同家庭，从事不同职业，甚至有可能属于不同氏族或信仰不同宗教的人员要想零距离地在一个原始城堡中长期和平共处，哪能缺少高效全面的通信系统呢？比如，关于大家应该共同遵守的规矩，需要达成一致意见吧？大家需要知道解决各种纠纷的机制吧？若有突发事件，得把相关信息准确无误地告诉大家吧？总之，各种通信需求肯定数不胜数。虽然此时的古人没有在通信系统方面给我们留下任何蛛丝马迹，但可以肯定的是在还没有文字出现的情况下，他们的通信绝不仅仅依靠语言口口相传。至于是否已出现专职通信员，就不得而知了。不过，需求就是最大的动力，大规模公墓就是良好通信效果的证据，否则城堡早就因内斗而变成空城了。

此外，从新石器时代的墓葬中还能读出其他重要信息。比如，当时的墓葬已颇具规模，某些大墓不但有棺椁，还有大量精美的随葬品。在良渚文化遗址中，甚至出现了大规模的人工堆筑坟山。在邓家湾遗址中，出土了许多小型陶塑，如鸟、鸡、猪、狗、羊、虎、象、猴、龟、鳖及抱鱼跪坐的人物等。关键是这些陶塑可用于原始巫术和祭祀活动。在出土的新石器中，更有许多用于宗教活动的石器、玉器和骨器，比如玉琮和卜骨等。总之，在新石器时代，巫术、祖先崇拜和宗教等均已出现。这些东西与通信有关吗？岂止有关，简直太有关了！简单来说，巫术让人与神通信祖先崇拜让今人与先人通信，宗教则通过众人与其保护神之间的通信来最终实现信众间的良好通信并形成后来的民族和国家。君若不信，下面就来逐一分析。

先看巫术。巫术是指企图借助超自然的神秘力量，对某些人或事施加影响或给予控制。换句话说，巫术是由"降神仪式"建立的某种通信系统，其信息载体是某种"神秘力量"，传输的信息内容就是"咒语"，发信方是"超自然"或其使者（即巫师），收信方当然就是被施以巫术的对象。虽然今人对巫术不屑一顾，但古人对其敬畏有加。作为这种通信服务的"运营商"，巫师们简直忙得不可开交。在强大的市场需求的推动下，巫术通信系统的业务范围几乎无所不包。从性质上看，巫术可分为黑巫术和白巫术。其中，黑巫术是嫁祸于人时所使用的巫术，而白巫术则是祈福时所使用的巫术。从施行手段上看，巫术又可分为模仿巫术和接触巫术。其中，模仿巫术以相似的事物为代用品来求吉或致灾。比如，若憎恨某人，就可使用黑巫术，做好人偶，写上那人的生辰八字，或火烧，或投水，或针刺刀砍，以置那人于死地。再如，小儿常常落井，为避此灾，巫师就可以使用白巫术，做一人偶代替小儿，将其投入井中。这种行为也称作破灾破煞。人若生疮，则将该疮画于树叶上，以期移走病患。如今，许多庙宇中的"拴娃娃"和民间的"偷瓜"等祈子习俗其实也是这种模仿类白巫术的延续。接触巫术则是指利用事物的某部分或与该事物相关的物品来求吉或嫁祸。比如，某人患病时，可在其病痛处放一贵重之物，然后将其丢在路上，任人拾去。于是，古人便认为病患转移到拾者身上了。今人当然不愿意被施以此类巫术，虽然它也属于白巫术。但是，大家经常用以自我安慰的"舍财免灾"思想其实也带有这种巫术的痕迹。又如，有些黑巫术常搜集仇人的头发、胡须、指甲及心爱之物等，以备加害对方。今天看来，这种巫术当然可笑，但其实它还在发挥作用。君不见愤怒的人群经常践踏或烧毁对方的国旗吗？

　　再看祖先崇拜。父母去世后要隆重安葬。这既是对先辈的崇拜，更是希望与先辈保持长期稳定的通信联系，当然实质上是希望获得先辈的庇佑。你看，无论通信对象是谁，所有通信确实都希望有所获得吧。活人们当然不只希望与逝去的父辈通信，还希望与父辈的父辈等通信，更希望与历代祖先通信，因为他们认为越早的祖先的神力越强大，庇佑子孙后代的本领越大。但是，在缺乏家谱的情况下，各家最早的祖先是谁呢？既然没有任何信史证据，只好由智者编出若干神话。于是，不同人群的原始祖先就出现了，其中有的是玄鸟，有的是白狼，有的是神龙等。可是，用什么东西来代替那些看不见、摸不着的祖先呢？答案就是图腾，各种图腾！于是，崇拜同一图腾的人们就组成了同一族群，该族群的成员都与自己的图腾保持着虔诚的通信，从而形成了各自的"多对一通信系统"。这里的"一"便是那个图腾。同时，在这个"多对一通信系统"中，活人们就能彼此"心心相印"了。即使某些人的祖先本非某一图腾，比如他们本是逃难或移居到某地的，但久而久之，他们也加入了当地的"多对一通信系统"并获得相应的好处。于是，他们也把当地的图腾当作自己的祖先了。有根总比没根强，认个祖先也无妨嘛。其实，所有图腾都具有如下5个基本特征：一是每个氏族都有自己的图腾；二是本氏族的祖先与氏族图腾之间被认为有血缘关系或某种特殊关系；三是图腾被认为具有某种神秘力量；四是图腾崇拜都有各自的禁忌，比如禁止同一氏族中的成员结婚，禁止宰杀图腾物等；五是同一图腾集团的成员被视为整体。

　　实际上，图腾的思想印记至今仍深深地烙在人们的思想意识中。比如，中国人的图腾为龙，俄罗斯人的图腾则为熊。图腾是族群灵魂的载体，是本族群成员的徽号或象征。古人对大自然和祖先的崇拜是图腾产生的基础，运用图腾来解释神话和民俗民风是人类最早的文化现象之一。古人认为本族群都源于某个特定物种，在多数情况下被认为与某种动物具有亲缘关系。当然，他们并不知道人类确实是由动物演化而来的。于是，图腾信仰便与祖先崇拜联系在一起了。例如，"天命玄鸟，降而生商"，所以，玄鸟便成为商朝的图腾。通过其强大的通信沟通作用，图腾充分发挥了团结群体、密切血缘关系、维系社会组织和互相区别的职能。同时，通过图腾标志，族群成员得到认同，并自认为受到图腾的保护。当然，图腾在促进本族群通信的同时，也在妨碍本族群与外族群的通信，因为它是某个族群的象征，它将一个族群和另一个族群区分开来。而区别就是矛盾之源，或者说所有矛盾都来自区别。根据某个民族的图腾，便可推断出该族群的神话、历史记录、习俗等。古人相信自己的族群成员都是由图腾繁衍而来的，图腾是自己的血缘亲属，图腾是族群的保护神。图腾的演变大致可分为3个阶段：一是初生阶段，此时的图腾对象与其自然形态极为相似；二是鼎盛阶段，此时生产力比较发达，人类的想象力也大幅提高，同时祖先意识也大大增强，出现了"兽的拟人化"，人们为图腾对象赋予了人的部分特征，图腾形象开始变成半人半兽的图腾圣物；三是最终阶段，图腾崇拜开始转化为祖先崇拜。

接着看宗教。从通信角度看，宗教其实是图腾的接力者。当然，它俩并肩奔跑了数千年，如今宗教已稳稳接过接力棒，开始独自前行，将图腾远远甩在了身后。宗教使神灵成了人类的通信对象。信仰同一宗教的所有人与神灵一起组成一个比图腾通信系统更大的"多对一通信系统"，这里的"一"便是那个神灵。宗教可以跨越氏族，甚至可以跨越国家等几乎任何群体。唯一的例外是，有些宗教具有排他性，相关信众不能"脚踏两只船"。信众通过祷告或祭祀等行为，向自己信奉的神灵发出各种信息，当然主要是请求信息，包括请求保佑和原谅自己等。然后，信众以做梦或"实现愿望"等形式，收到神灵的回馈，获得心灵上的安慰。在新石器时代，宗教通信系统具有一个重要功能：在某一个信念点上，全体信众都能获取并笃信同样的信息，从而能够形成强大的合力。比如，让拥有不同图腾的族群彼此进行沟通，形成利益共同体等。

其实，宗教可以分开解释为宗与教。其中，宗为主观的、个人的信念，而教则有客观说教之意。或者说，宗为无言之教，教为有言之宗。宗教也可以解释为"一宗之教旨"。宗教的最原始之意是指对超自然事物的畏怖和不安等情感，后来几经演化，才变为具有团体性和组织性的信仰、教义、礼仪体系等。也就是说，人类为某种神威赋予意义并视之为绝对真理，产生畏怖、神圣、信赖、归依、尊崇之念，进而施行祭祀、祈祷、礼拜等礼仪，更将其戒律、信条等列为日常生活规范，以期安心立命及完美人格。宗教的种类很多，按其发达程度，可分为原始宗教、国民宗教和世界宗教。其中，原始宗教又称部族宗教，是未开化社会之宗教，如自然崇拜、精灵崇拜、图腾崇拜等。国民宗教又称民族宗教，指流行于部族、民族、国家等一定范围内的宗教，比如印度教、犹太教、道教等。这些宗教都与所处地域的社会风俗、习惯、制度等密切相关，而未必有其开祖或经典依据等。世界宗教有佛教、基督教、伊斯兰教等，个人多随自己的意志而接受信仰，顺从组织内的信条、仪礼、戒律等。这类宗教多由其开祖所创，并以开祖的行迹及教说为中心，形成教理与经典；其教团多站在超越国家或民族的高度而创立，其教法也以全体人类为中心，具有世界性与普遍性。按信仰对象的不同，宗教还可以分为多神教、单神教和泛神教等。相关细节就不再介绍了。

总之，新石器时代可能比许多人想象中的要先进得多。比如，在石器制作方面不但继承了中石器时代的砍砸器制作等传统，而且出现了许多精美小巧的磨制石器，包括更加锋利的石斧和更加合理的磨谷器。钺、镞等武器也明显增加，它们显然不只是为了狩猎，更可能是为了作战。此时还出现了不少骨器、蚌器等人工制品和动物骨骼等。琢玉工艺崛起，出现了璧、坠、环、珠、玦、璜、玉钺、玉蝉、玉鸟等许多雕琢精细的小型玉器。在青铜器方面，发现了铜块和炼铜原料孔雀石，甚至普遍出现了小件青铜器。这标志着冶铜业的出现。在乐器方面，出现了陶钟、石磬、木鼓、陶鼓及摇响器等打击类乐器，以及埙、哨、笛、号等吹奏乐器。所有这些进步无不受益于各种通信系统，它们又会反过来促进人们开发和利用更多的通信系统。

5.4　文字通信之史略

文字是继语言出现后最具革命性的通信手段。实际上，语言使人类脱离蒙昧，文字使人类进入文明。文字是记录事物、交流思想和承载语言的符号，同时还蕴含着一定的意义与审美价值。自文字出现后，人类的几乎所有通信系统就再也离不开文字书写系统了。形象地说，从此以后，所有通信方式只不过都是用"笔"在"纸"上写好字后，再利用人力、畜力、自然力、机械力、磁力、电力或未来的量子纠缠等，将"纸"从发信方送到收信方而已。这里的"纸"包括石片、木片、竹片、骨片、泥板、草叶、树叶、羊皮、布帛、纸张、胶卷、磁盘、屏幕、数据库等；这里的"笔"包括树枝、小刀、尖针、毛刷、羽管、粉石条、金属片、塑料管等。这里的"书写"包括楔形文字的"压写"、汉字的"刷写"、拉丁字母的"划定"、打字机的"打写"、相机的"摄写"、计算机键盘的"敲写"以及语音输入的"说写"等。总之，文字对人类通信的促进作用怎么强调也不过分，绝大多数通信系统是以语言文字为通信信息的核心载体。

虽然每个人几乎每天都在使用文字，但对于文字的前世今生，许多人并不了解。特别是对于其他民族的文字，人们更是知之甚少。其实，文字系统与生物系统类似，它们也在不断出现和演化，也遵从"不适者死亡"的演化规律。因此，今天的文字不但是人际通信的基本载体，而且是遗传的结果，当然也是通信的结果，因为遗传也是一种通信嘛。此外，每种文字都有自己的"基因组"，也可以像生物那样进行分类。每个文字系统都包含数种文字。例如，汉字系统中就有楷书和草书等，楔形文字和圣书字等文字系统也是如此。不同的文字系统都从属于人类文字的总系统，若看不到这个总系统，就是只见树木而不见森林。过去，人们都以为文字知识枯燥无味，本节将用进化论思想，努力把死的文字写活，把枯燥的内容讲得有趣。

在文字出现之前，人类通信主要依靠口语。它的优点是表达比较直接，便于及时沟通，既能面对面通信（并加上必要的表情和肢体动作）也能口口相传，甚至由专业的文化传承者将若干重要历史知识等代代相传下去。但是，口语也有很大的缺陷。比如，一旦某位文化传承者意外去世，那么他所传送的文明记录就会全部中断；若某种语言被淘汰，相应民族的历史也就会消失。此外，当需要传承的信息内容实在太多时，任何人都不可能仅凭记忆就能传承全部信息了。

文字则克服了语言的这些弊端。文字可以反复阅读，不再受时间和空间的局限，既可将信息从甲地传到乙地，也可将信息从今天传输到明天。从理论上看，文字能够记载的信息容量没有上限，能使人类完善教育体系，提升自己的智慧，发展科学技术，所以，文字促进了人类文明的发展。文字将语言的听觉信号变成了视觉信号，把时空影像编码成了符号系统，使后人可以通过间接的文字就能想象出历史画面并学习相关知识。文字还能更清晰地再现口语的含义，从而促进人类思维的发展。

5.4.1 人类文字简史

人类文字的发展可分为 3 个阶段：原始文字期、古典文字期和字母文字期。其中，从公元前 8000 年到公元前 3500 年是原始文字期。原始文字大都脱胎于巫术，因为原始巫术都以图画文字为符咒记号。原始文字既包括没有上下文连接成词的单个符号（比如象形性岩画和陶器上的"指事"性刻符等，当然严格说来它们只能算是文字的萌芽），又包括文字性图画（称为文字画）和图画性文字（称为图画字）。当从单幅的文字画发展到连环画形式的图画字后，书面符号就越来越接近口语了。

原始文字还没有成熟。有的只有零散的几个符号；有的是一幅无法分割成符号单位的图画；有的只画出了简单事物，但不能连接成句子；有的只能写出实词而没有虚词。原始文字既能表形又能表意。比如，画一只小船，再在其上画 9 条短线，就表示 9 个人在划船。这里，小船是表形符号，9 条短线则是表意符号。又如，画一头熊和一只虎，再在它们的心脏之间画一条连线，就表示熊氏部落和虎氏部落之间存在同盟关系。这里，熊和虎是表形符号，而心脏间的连线则是表意符号。此外，各种原始文字大都有表示数目的表意符号。

从公元前 3500 年至公元前 1100 年属于古典文字期。在长期的面对面通信过程中，人们对原始文字进行了不断改进和完善，终于在约定俗成的基础上创造出了 3 种较为系统的古典文字，即楔形文字、圣书字和甲骨文。其中，楔形文字最古老，成熟于公元前 3500 年左右的农业和手工业发展的初期，诞生地是两河流域（即现在的伊拉克），创作者是苏美尔人。楔形文字已能按语词的次序写出实词了，但写不出完整的句子。直到公元前 2600 年左右，它才演化成真正完备的文字。楔形文字主要是象形符号，它以软泥板为纸，以树枝为笔，压刻出一头粗一头细的、像钉子头一样的笔画，故又称钉头字。它的传播范围非常广，曾是西亚和北非的通用文字，而且使用时间长达 3000 多年。第二种古典文字是稍后的古埃及人在约公元前 3000 年创造的圣书字。它一开始就很完善，也是象形符号，广泛传播到许多邻国，使用了 3000 多年。它所包含的标声符号成为后来字母文字的主要来源。第三种古典文字是公元前 1300 年左右中国古人在黄河流域创造的甲骨文，它是汉字的祖先。后来，汉字传播到四周邻国，成为越南、朝鲜和日本等国的文字，并长期被使用。

从外形上看，楔形文字、圣书字和甲骨文这三种古典文字好像迥然不同；但它们的内在结构和演化路径惊人地相似。比如，它们的符号都表示语词和音节，它们的表达方法都是表意兼表音。又如，它们都是传播到其他民族后才从表意变为表音的。此外，比较有代表性的其他古典文字还有约公元前 2000 年出现的印度印章文字、约公元前 600 年出现的玛雅文字等。

古典文字的共同点还包括：它们都既有类似于基因的基本符号（称为"文"），也有基本符号组合成的复合符号（称为"字"）；它们都可以用较少的基本符号组合出大量的复合符号。其中，楔形文字的基本符号本来很多，但发展到巴比伦时代后就只有 640 个了，到亚述时代后又减少到了 570 个。玛雅文字的基本符号有270 个。汉字的基本符号有多少呢？这可是一个很难精确回答的问题。《广韵声系》中有 947 个基本声旁；《康熙字典》中有 214 个部首和 947 个基本声旁，共计 1161个基本符号；《新华字典》中有 189 个部首和 545 个基本声旁，共计 734 个基本符号。总之，基本符号不断减少是古典文字的共同趋势。

从公元前 1500 年开始，字母文字逐渐出现，人类进入了字母文字期。与古典文字不同的是，字母文字不是为贵族准备的，主要用于记录经济往来账目，而且这些账目主要供书写者自己看，而不是给别人阅读或欣赏，更没想过要流芳百世，所以，根本不在乎是否简陋，反而越简单越好，只要实用就行。由于楔形文字和圣书字等古典文字实在太繁杂，很难被普通民众掌握，于是在巨大的商业需求的推动下，简化的字母文字就诞生并得以迅速发展。为什么会简化出字母文字呢？这主要是因为在文字还没出现前，口语就已经高度成熟了，所以，只需把组成口语的基本音素用符号表示出来，然后把这些符号按口语顺序记录下来就行了。阅读时，只需按当初记录的顺序，拼读出字母符号，就可以将其恢复成口语了，从而便能像口语那样传情达意。至今还有许多民族没有自己的文字，但他们的口语照样能涵盖传统的日常事务。

　　拼音文字的"基因"就是该种文字的字母表，无论文字如何演化，其字母都很难变化。当然，这也绝不意味着字母总是不变。实际上，人类的所有字母都是由 3000 多年前的 24 个闪族字母通过"基因突变"而形成的。具体地说，早在楔形文字和圣书字中就已经开始用数个图画符号的组合来"象形"地表意事物了。当然，这些古西文的"象形"与大家熟悉的汉字的"象形"存在本质区别。古西文中的绝大部分图画符号并非像汉字那样以形表意，而是以形表音，即它们在本质上类似于字母文字。比如，某些圣书字的外形似鸟，却与鸟无关，而只是表示不同的发音而已。因此，圣书字是世界上最早的拼音文字之一。后来，圣书字放弃了图画符号，不再以形表音，而是用线条来标音，从而发展出了当今的众多字母文字体系。实际上，拼音字母的演化路线大概是：先从腓尼基字母借用圣书字的形而用其声，再经一系列演变分化出希腊字母、罗马字母、阿拉伯字母、西里尔字母和满文字母等。在东亚，日本从汉字的草书和楷书形态中演化出了平假名和片假名。表音的字母文字可根据其记录的语音单位，分为音节文字和音素文字。比如，日语的假名就是音节文字，每个字都是一个音节；而英文则是音素文字，例如由 3 个字母组成的单词"one"包含 3 个音素。

5.4.2　文字的演化

　　早期的每种文字都像老虎那样拥有自己的独立地盘，不允许同类侵犯。实际上，某地区一旦形成了较为完善的文字系统后，该文字便会在有效通信范围内消除相邻地区独立创造其他文字的可能性，使相邻地区的部落不再努力造字，而是借鉴邻居的书写系统。这既是为了省事省力，也是为了彼此通信方便。既然老虎能演化，文字当然也会演化。既然文字是人类约定的视觉形式，当然在必要时也可以重新约定，从而推进文字不断演化。这既催生了若干新文字，又使所有文字都拥有严密的系统结构。下面从演化角度重新诠释文字的发展。

从宏观上看，人类的文字可以看成一个生物总系统，各种文字有着共同的演化规律，每种文字随时都在进行着多方面的演化。比如，在文字符号的形式方面，大多数文字是按照从图符到字符的顺序进行演化的，越早的文字越接近图画，越接近几何线条。实际上，原始图符向两个方面发展：一方面发展成了如今的图画艺术，另一方面则发展成了文字。今天的拉丁字母就是由简单的直线、弧线和点构成的，今天的汉字则主要由直线构成，而早期的甲骨文、埃及象形文字和玛雅文字等的图画性更强。在行文结构上，所有文字都按照从语词到音节再到音素的顺序进行演化；在表达方式上，所有文字都按照从表形到表意再到表音的顺序进行演化。虽然文字的演化非常缓慢，成百上千年才出现一次"基因突变"，但历史上的所有文字都遵从这些演化规律，从未出现过逆向倒退现象。"基因突变"常常在相关文字从一个国家传播到另一个国家后才发生。如今，针对特殊人群和场景，人类又设计了若干专用文字，比如基于触觉通信的盲文、不需要声波就能通信的手语、适用远距离无声通信的旗语等。但是，这些特殊的代码文字都以现有的文字为基础，更适合传递表音文字或表意文字的信息。所以，严格来说，它们并不是新文字，只是现有文字的新型编码而已，类似于数据通信中的用比特串来代替文字。

从长期来看，每种文字都在不断演化，但从短期来看，每种文字又相当稳定。实际上，每种文字的发展都可以分为成长期、传播期和再生期3个阶段。其中，文字从原始形态发展到成熟属于成长期。此时，文字不断生长、发育、定型，直至成为能够书写的语言和约定俗成的符号体系。在成长期中，文字的演变性强于稳定性。文字成熟后就会进入传播期，发挥其积累文化和传播文化的作用，把文化从源头传播到新兴地区，形成一个新的文字通信圈。此时，文字的稳定性又强于演变性。当文字的传播达到饱和状态后，便进入了再生期。此时有两种情况：一是新兴地区的文化上升，要求改变外来文字，创造本族文字；二是两种文化融合，一种文字融入或取代另一种文字。此时，不但会发生符号形体的变化，甚至可能引发文字体制的更改。因此，在文字的再生期，演变性又强于稳定性。比如，在汉字文化圈中，当汉字传播到日本后就出现了假名，当汉字传播到朝鲜后又出现了谚文。文字融合不仅解决了文字和语言间的冲突，也符合文字发展的一般规律。其实，汉字还曾经传播到越南，但后来由于西方文化的进入，越南放弃了汉字而采用拉丁字母文字。

文字的演化还与其书写工具密切相关。楔形文字的特殊格式就归因于泥板压写；甲骨文之所以用直线是为了便于在甲壳上刻字；现代汉字能写得像图画与毛笔有关；缅甸文的"一路圈到底"与针笔在树叶上的划写有关。当然，正如生物演化会导致各种体形的动物出现一样，历经数千年的演化，目前各种文字的形态也千奇百怪，有的像豆芽，有的像铁环，有的像篱笆，有的像窗格，有的像钉头撒地，有的像玩具排行，有的像乌鸦栖树，有的像蝙蝠悬梁等。

正如生物演化出了跑、跳、游、飞等不同的行进方式一样，各种文字也演化出了不同的行进方式。拉丁字母在古代曾是从右往左进行书写，后来改为从左往右，甚至有段时间还采用"牛耕式"，本行向右，下行向左，接着再向右，如此循环。汉字在甲骨文时期还没有行进规矩，后来隶书和楷书出现后人们开始约定字序为自上而下，行序为从右往左。20 世纪 50 年代，汉字的书写又改为字序为从左往右，行序为自上而下。从整体上看，所有早期文字当初都没有固定的行进方式。

下面重点谈谈汉字的演化问题。

若将出土的陶器上的一些已具文字雏形的陶符纹饰看成文字，汉字的历史可能长达 6000 年。不过，真正成熟的批量汉字体系应该从 3600 年前的甲骨文算起，虽然后来又发现了更早的良渚原始文字，还出土了数百个约 5000 年前的甘桑石刻字符，但这些文字的个数太少，而且不成体系，因此，无法确立其地位。随后，从繁到简，汉字又经历了两大演化阶段。第一阶段，从甲骨文、金文、大篆演化到小篆，此时的汉字还处于复杂的图形体阶段，每个汉字的书写都像是在画图。第二阶段，从秦汉时期的隶书、楷书演化到如今的简体字，此时汉字已处于笔画体阶段，只需运用简单的笔画就能写出汉字。历史上，汉字一直在不断发展，不断简化。至于行书和草书，那就简化得更厉害了，它们已属于流线体。日本的假名也是汉字简化的结果。汉字简化的动力当然来自频繁书写对速度提出的新要求。

汉字是一种语素文字，即由若干基本要素编码而成的文字。这些基本要素就相当于汉字的"基因组"。从内部构造来看，汉字的偏旁结构可分成形旁（即有含义的偏旁）、声旁（即标注声音的偏旁）和配旁（无理由的偏旁）。比偏旁部首更底层的汉字"基因"就是各种笔画。有些汉字只含一个偏旁，故称为独体字，比如"弓"字；有些汉字含有多个偏旁，称为合体字，比如"弘"字。合体字又可分成形声字、会意字和指事字。

形声字是汉字的主体，它由表示意义的形旁和表示读音的声旁两部分组成。形旁只取其义，不取其音，例如"鸠"字的偏旁"鸟"；声旁则只取其音，不取其义，例如"鸠"字的偏旁"九"。随着汉字的演化，形声字逐渐增多。甲骨文中的形声字只占比 20% 左右，在《说文解字》中形声字已增加到 45% 左右。如今，形声字的占比高达 80%，以至半文盲面对陌生的汉字时几乎可以通过"认字认半边"进行识读了。由于字义和字音的不断演变，有些形声字的形旁或声旁已失去了其表义或表音的功能。比如，早期的"球"字本来是某种玉的名称，所以那时就以"玉"为形旁，但后来"球"已不再指玉了，这个形旁就没用了，并被简化为"王"。再如，早期的"海"字本来以"每"为声旁，但由于字音的变化，"海"和"每"的读音完全不同了，故它的声旁"每"也就无用了。在有些汉字中，形旁和声旁同时丧失了原有功能，例如"给""等""短"等字，因此，它们就不再被作为形声字看待了。

当然，形声字和非形声字之间并无明确界限。早期的形声字和它的声旁读音可能本来就不密切，发展到今天后出入就更大了。若以普通话读音为标准，与声旁完全同音的现代合体汉字（声母、韵母和声调都完全相同的汉字）在所有汉字中的占比不足 5%，声母、韵母相同而声调不同的约占 10%，只有韵母一项相同的约占 20%。

汉字演化的另一个重要方面就是笔画化。实际上，每个汉字自创始以来，经过频繁使用后，其屈曲无定的线条都会慢慢变成少数几种定形的笔画。比如，早先的篆书根本分不清有多少笔画，而发展到楷书后就出现了所谓的"七条笔阵"和"永字八法"。再到 20 世纪 50 年代，汉字的笔画就被归纳为横、竖、撇、点、弯（折）5 种，称为"札字法"。类似地，楔形文字以泥为纸，以树枝为笔，笔画形成钉头格式，可分为直、横、斜等笔画；圣书字以纸草为纸，以羽管为笔，笔画屈曲，难于定形，没有笔画化。此外，文字的笔画本身又有圆化和方化两种趋势。比如，汉字和希伯来字母都发展成了方块字，缅甸字和塔米尔字母则发展成了圆圈字等。当然，从微观角度来看，各种笔画都可以看成相关文字的"基因"，其稳定性更强，遗传性更好。

5.4.3　汉字趣谈

会意是构造汉字的另一基本方法，其重要性仅次于形声。但由于历史变迁，后人很难对前人造字时的真正会意给出唯一的标准答案，所以，经常会错意。比如，将"武"字会意为"止戈为武"，将"信"字会意为"人言为信"，等等。哪怕像《说文解字》这样的权威经典在会意方面也难免闹出笑话。

关于会意，历史上还有不少著名的无头官司。由于汉字的笔画化、讹化以及古今异义等原因，许多汉字最初的造字理由都看不出来了。比如，有人理直气壮抛出了貌似合理的歪解，声称"射"字和"短"字应该互换。他们的理由是：寸身很短，故"射"字就该是"短"；豆矢就是飞着的箭，故"短"就该是"射"字。实际上，"射"字早在金文中就是引弓射箭的形象，但在后来的篆书中，左边就被讹化成了"身"字，右边的"寸"字本来是手的形象，而不是今人常用的长度单位"寸"。而"短"字本是形声字，"豆"是其声旁。其实，从实用角度看，探索每个汉字的标准会意已不重要，只需借助相关会意加深对汉字的记忆和理解就行。比如，将"歪"字会意成"不正为歪"，或将"孬"字会意成"不好为孬"。这样既有趣又有用，而不必纠结于它们是不是标准答案。

5.5　通信内容的革命

自文字出现后，人类通信之"道"已基本成型，剩下的进展主要体现为各种通信之"术"了。这种状况至今仍未被打破，也许随着生物学和信息技术的发展，当人类对自身的认识有了质的提升后，新的通信之"道"才会横空出世。不过，这已超出了本书的范围。实际上，从通信之"术"的角度来看，人类过去的 6000 年文明史无非就是在对通信工具进行不断改进而已。比如，找到能"书写"得更快更好的"笔"，造出能容纳更多信息、保存更长时间的"纸"，发明能将"纸"更顺畅地传递到更广范围的交通工具。由于随后几章将重点介绍这些通信之"术"，所以，本节只聚焦于通信之"道"。

通信之"道"的本质就是通信内容。从表面上看，通信内容只不过是一些文字（包括比特串等文字等价物）而已，但这绝对是误会！确实，到目前为止，几乎所有通信内容都可最终转化为文字及其等价物。但是，即使把这些文字和所有通信技术，甚至最先进的 5G 等网络通信技术毫无保留地传授给能讲标准普通话的鹦鹉，它们也仍不能达到人类的通信效果，哪怕再给它们配上实时文字与语音互译系统。实际上，人际通信系统包括两大部分，即内化的通信之"道"和外化的通信之"术"，它们彼此促进，共同发展。正是因为出现了文字，人际通信系统的内化才发生了飞跃，产生了革命性的通信内容；反之，外化的文字能被创造出来也归功于人类的内化能力。套用辩证法的经典说法，那就是：内化是高效人际通信的源泉和动力，是根本原因；外化则是确保高效人际通信的条件，外化通过内化起作用；高效的人际通信是内化和外化共同作用的结果，内化决定着通信的核心，外化则是通信发展的条件，起着增强或减弱通信传播力度的作用。

语言文字促成的革命性通信内容分为三大类：主观、客观和互为实体。

5.5.1　通信的主观内容

主观，意指人的意识所支配的一切。想问题、做事情都属于主观范畴。主观内容来自人类个体与自己的反复通信，经仔细纠错和去噪等处理后，以感觉、语言或文字等形式出现。当然，如果该通信过程出错，个体就会获得错误的主观认识。为啥要强调反复通信呢？因为除极少数直觉情况外，个人的绝大多数主观感受和决定其实是心中的两个或多个自己之间多轮通信的结果。即使直觉也在潜意识中经过了快速的自我通信过程，至少将以往的经验结果从记忆库中提取出来，而这也是一种通信，是过去的你和现在的你之间的一种通信。比如，当你犹豫是否购买某个东西时，这个犹豫过程的实质就是你在与自己反复通信。又如，思考问题的过程也是自我通信的反复过程，而思考的结果便是最终的通信输出结果。

个人为啥能与自己通信呢？因为每个个体都是由多个自己组成的。生物学家已经证实，每个人都是由两个自己组成的，一个是体验自我，另一个是叙事自我。其中，体验自我代表每时每刻的自我意识，它没记忆，也不叙事；而且当个体要做决定时，体验自我也不会发挥作用。但体验自我会与叙事自我保持通信，随时将其体验告知叙事自我。而叙事自我既有记忆，也能随时唤醒记忆，还能叙事，并负责做决定。叙事自我总是忙于将往事编织成故事，并为未来制订计划。不过，叙事自我不叙述所有细节，只会用事件的高潮和最后的体验来叙事，而且它的叙事结果将基于"峰终定律"来给出，即忽略体验时间的持续长度，只把体验自我的峰值体验与终点体验两者加，然后再求其平均值，便给出了自我通信的最终主观内容（主观感觉）。比如，护士打针时有两种选择：其一，长痛不如短痛，迅速注入药液，造成仅持续 1 秒的"剧痛"，再轻轻地揉揉；其二，慢慢注入药液，造成持续 10 余秒的"稍痛"，再轻轻地揉揉。凡打过针的人都更喜欢后者，因为此时叙事自我输出的最终主观体验将是"稍痛与轻揉的平均值"，而前者的结果是"剧痛与轻揉的平均值"，其痛苦感受显然更甚。虽然第二种方法持续了 10 秒，但叙事自我只会记住此间"稍痛"的那一瞬间，而忽略其他持续约 9 秒的低于"稍痛"的所有痛苦感觉。若打完针后，护士再给小朋友送上一粒糖使其产生好感，那么小朋友的最终体验就等于"稍痛与糖果的平均值"，没准还能让该小朋友产生愉快的感觉。

体验自我和叙事自我并非各自独立，而是随时都在通信。叙事自我会实时接收体验自我发出的感觉信息，叙事的结果也会塑造体验自我的感受。比如，分别在主动减肥、斋戒禁食和没钱吃饭的情况下，同样是两天没吃饭的客观事实所造成的饥饿感受肯定完全不同。体验自我有时也能强大到足以控制叙事自我的程度。比如，本来已决心戒烟的你在接过朋友递来的香烟时，无论叙事自我怎么警告吸烟有害，体验自我也常常会咬牙抽上几根。总之，一个人与自己的通信其实是体验自我与叙事自我之间的通信，并由叙事自我最终给出通信结果。

如果想要区分得更仔细的话，则可借用心理学家的另一套理论，它认为每个人都是由三个自己组成的，它们分别叫作本我、自我和超我。所以，自己与自己通信其实就是这三个自我在相互通信，而且针对不同的事物，由不同的自我来回答。

本我是与生俱来的潜意识思想，是最原始的本能冲动和欲望，如饥饿、生气、性欲等生理需要。本我是非理性的、非社会化的和混乱无序的，它是所有行动的力量来源。它只遵循一个原则——享乐原则，即追求个体的生物性需求，避免痛苦。在婴幼儿时期，本我表现得最突出，享乐原则的影响也最大。本我是人格结构的基础。

自我是从本我中逐渐分化出来的，其作用是调节本我与超我之间的矛盾，既调整本我，又受制于超我。自我遵循现实原则，以合理的方式来暂时中止本我的享乐原则，同时也要满足本我的一些要求。正是基于自我，个体才能区分内在的思想与外在的思想。自我在自身和所处的环境中进行调节，它是自我意识的存在和觉醒，它是有逻辑性的、理性的，是人格的执行者。

超我是人格的管制者，由完美原则支配，属于人格的道德部分，位于人格结构的顶层，是道德化的自我，由社会规范、伦理道德和价值观念内化而来，其形成是社会化的结果。超我遵循道德原则，它有三个作用：一是抑制本我的冲动，二是监控自我，三是追求完善的境界。

在与客体的冲突中，超我总是对抗本我的原始渴望，而又想控制自我。超我以道德的形式运作，维持个体的道德感，回避禁忌。更简单地说，超我是本我的对立面，是人类心理功能的道德分支，它包含了个体为之努力的那些观念，以及在违背了自己的道德准则时所预期的罪恶感。

人的一切主观感觉都是自己体内的本我、自我和超我三者之间反复通信的结果。当然，在这些通信过程中，也会进行多次通信纠错和去噪处理。实际上，人的任何心理活动都可以通过本我、自我和超我之间的通信得到合理解释。自我是始终存在的，而超我和本我又几乎始终是对立的。为了协调本我和超我之间的矛盾，自我需要进行调节。若个人因承受过大的来自本我、超我和外界的压力并因此而焦虑，自我就会启动防御机制，比如产生压抑、否认、退行、抵消、投射、升华等行为。简单来说，本我是本能，超我是理想化的目标，自我则是二者发生冲突时的调停者。比如，帅哥若对美女心动不已，本我就会意图据她为己有，这时超我就会挺身而出，从道德、法律等层面加以阻止。而面对冲突时，自我将会出来调停，给出折中的办法，如上前搭讪等。若搭讪失败，他就可能产生懊恼等情绪，而化解此种情绪困境的方法则可能是转移注意力等。

当然，本书不在乎每个人到底由几个自己组成，只是想强调个人的主观感受其实是自己与自己通信的结果。

5.5.2　通信的客观内容

所谓客观就是指不依赖意识而存在的事物，即不管人类是否认识或承认它，它都照样存在。比如，万有引力在牛顿发现它之前就已存在，尽管那时人们还不知道，但它早在地球出现之前就存在了。客观既包括有形的东西，也包括无形的东西。客观和主观密切联系，客观决定主观，主观也能反映并影响客观。当主观正确地反映客观时，客观事物的发展将被促进；反之，就会受阻。

谁都熟知主观和客观的定义，但也许有人没意识到客观与主观一样，也是通信的结果。准确地说，客观是人类与外界大自然反复通信并经仔细纠错和去噪处理后最终所收到的信息。你也许会感到奇怪，大自然没有知觉，人类怎能与之通信呢？这其实涉及主动通信的概念。想想看，蝙蝠为啥能与树木通信并在林间自由飞翔呢？因为它首先主动向树木发出超声波，然后接收这些超声波被树木反射的信号，以此判断自己是否需要调整方向。其实，类似的主动通信在日常生活中也会随时出现。比如，走在崎岖的山间小路上时，你为啥不会摔跤呢？因为你随时都在利用眼睛等感官与山路通信，接收路面反射的光线，并调整自己的步伐。君若不信，你只需闭着眼睛试试，保准没好果子吃。至于盲人嘛，他们则是通过耳朵或手杖与周围的客观环境进行通信。更一般地说，人类能与所有已知的客观事物进行通信，否则当初就无法认识这些客观事物了。实际上，逐步认识客观事物的过程就是一个不断通信的过程，并且这样的通信过程重复得越多，所产生的通信结果就越接近客观事物的真相。

人类能与未知的客观事物进行通信吗？当然也能，只是在人类发出信息后，客观事物的回应经常滞后，或早已回应而人类没能收到，或人类收到后没能理解，或理解错了，只好等待下次通信。其实，科学家做科研的过程就是在与未知的客观事物进行通信。对此，可采用伽利略倡导的现代科研方法，即以数学与实验方法来解释科研的通信过程。虽然用数学研究物理学的方法早在公元前 3 世纪的阿基米德时代就出现了，后来 14 世纪的牛津学派和巴黎学派以及 15 世纪和 16 世纪的意大利学术界等在这方面也颇有成就，但在伽利略之前人们并未将实验方法放在首位，因而在思想上未能有所突破。如今，伽利略的这套方法基本上已成了科研标准。伽利略的数学与实验相结合的方法可分为三步。

第一步，从实验现象中提取直观认识的主要部分，这相当于从客观事物的通信回复（即实验室结果）中，努力破解相关的通信信息内容，并用最简单的数学形式将这些结果表示出来，以建立量的概念。这相当于将客观事物的通信结果初步数学化。

第二步，根据此数学形式，用数学方法推导出其他易于用实验证实的数量关系。这相当于向客观事物再次主动发出超声波信息。

第三步，通过实验来证实这种数量关系。这相当于验证客观事物的第二次通信回复的结果。若实验结果与数学关系相吻合，那么原来未知的客观事物就变成已知的了，那个数学形式就是该客观事物的描述公式。若实验结果与数学关系不吻合，那么就需要重新调整数学关系，然后基于新的关系，重复上述第二步。若始终没能找到与实验结果相吻合的数学关系，那么该客观事物就暂时只能保持未知状态，即相应的科研工作暂时失败。或者说，该客观事物的回信没能被人类理解，或干脆就没有回信。

伽利略对落体匀加速运动规律的发现就是解释其科研方法的实例。

首先，落体的运动速度只与路程或时间有关，所以，有理由分别做出两个最简单的假设。假设一：物体的瞬时速度 v 与路程 s 成正比。假设二：v 与下落时间 t 成正比。这就是上述的第一步。

用实验结果很容易验证假设一不成立。于是，只好转向假设二，即 v 与落体的下落时间 t 成正比，记为 $v=at$，这里的 a 是加速度。由于 v 值无法直接测量，所以伽利略将此式转换为可测量的路程的形式。这便是上述的第二步。

最后，用实验来验证假设二。由于自由落体的加速度 a 太大，即使在短时间内下落的路程也会很大，难以测量。于是，伽利略设计了斜面滚球实验，测量从斜面上的光滑小槽内往下滚动的青铜小球的路程与时间的关系。他采用精密的漏壶，反复实验了 100 次，所得结果与假设二都吻合，且重复性良好。于是，他便肯定了落体作匀加速运动的设想是正确的。可见，通过几次通信，伽利略就发现了一个重要的客观事实：自由落体是在做匀加速运动。

总之，人类在客观世界中的所有行为都是在与客观世界进行通信，虽然最终的通信结果有些是主观的，有些是客观的。这是因为人类的行为都是与客观环境互动的结果，而互动就是通信。

但是，严格来说，在人类的意识中，根本就没有绝对客观的存在，因为主观认识肯定会或多或少地影响客观判断。比如，从宏观上说，万有引力确实客观存在，而且真的是"任何两个物体都会相互吸引，且引力的大小跟这两个物体的质量的乘积成正比，跟它们的距离的平方成反比"，但是牛顿给出的那个引力公式带有主观因素，因为无论精确到小数点后面多少位，那个引力常数都存在误差。后来爱因斯坦确实也证明牛顿定律只适用于低速的宏观世界。同样，伽利略发现的匀加速运动规律也会在微观世界中失效，因此，它也含有主观因素。又如，海岸线的长度肯定是客观存在的唯一值，但无论你用多么精确的尺子去计量，最后给出的结果都只是主观的，或者说都不是绝对精确的。更一般地说，即使在最客观的自然科学领域，人类历史上的几乎所有科学结论都或多或少地带有一定的主观色彩，都会随着科学的进步而不断被修正。像欧氏几何这样的严密逻辑体系也是有条件的，条件变化后，在非欧体系中几乎所有的欧氏结果都不再成立了。

5.5.3　通信的互为实体内容

一般人都可以感受客观和主观，甚至连许多动物也是这样的。比如，狼既能感受到自己熟悉的草原等客观环境，又能感受到自己的恐惧和喜悦等主观体验。但是，人际通信所产生的最具革命性的通信内容既不是主观内容，也不是涵盖所有自然科学成果的客观内容，而是过去许多人比较陌生的互为实体内容。若无这部分内容，直立人可能根本就不会演化成人类。从互为实体中的那个"互"字便可推知它与人际通信密切相关。互者，互动也；互动者，互相通信也。当然，这里的通信主要是基于语言和文字的通信。若无语言，就根本不可能产生互为实体这样的通信内容革命；若无文字，互为实体的影响就将大打折扣，至少其影响的规模和时间将受到严格限制。

互为实体是什么呢？它既不是客观，也不是个人的主观，而是因许多个体相互通信而产生的一种群体性主观，或者说是许多人达成的某种共识性想象。当然，达成共识的过程既可能是自愿的，也可能是被迫的。简单来说，互为实体只是一种特殊的虚幻。它特殊在哪里呢？最大的特殊之处在于它同时具有极度的真实性和虚幻性。具体来说，虽然它不是客观的，但经常比客观还客观，比你看得见、摸得着的所有东西都真实，甚至可使全人类为它而疯狂。另外，虽然它不是主观的，但经常比主观还主观，以致个体对它的感受可能弱于对自己心态的主观感觉。它是可以存在于个体之外的虚幻，无神论者对宗教的感觉就弱于被耗子吓一跳的感觉。大家不必深究互为实体的严格定义，因为只需要看看下面几个熟悉的例子，就能体验到它的奇妙之处和重要性。人类社会中的许多重要概念都是互为实体。换句话说，人类其实是一种被自己所创造出的各种虚幻故事控制着的生物。

第一种互为实体便是每个人每天都为之牵挂的钞票。钞票本来只是一些没有任何客观价值的彩色纸张，既不能吃，也不能喝，还不能穿，但政府将它们印出来并宣布它们有价值，接着就开始用它们来计算所有客观物体的价值，于是它们就真的有价值了。只要大家都相信钞票有价值，你就可用它们购买吃的、喝的和穿的。若某家包子铺忽然不相信钞票，不愿意用包子来换你的这些纸，那么没关系，你只需换一家包子铺就行了。况且政府还会强迫所有包子铺接收钞票，强迫公民用钞票纳税，于是公民别无选择。如此一来，政府只需控制钞票的发行权，就能基本上控制本国的经济秩序。若某位书呆子非要较真说钞票只是没价值的废纸，而且很认真地把钞票当作废纸，那么他的日子肯定难过。然而，若因某种原因（比如改朝换代等），大部分国民都拒绝接受钞票，那么钞票就没有价值了，而且真的不如废纸。

第二个互为实体的例子便是每个学生都在努力为之拼搏的文凭。从客观角度看，文凭更是一张纸，甚至还是一张印刷水平很一般的纸。但是，当全社会都承认它时，它就变得有价值了。比如，你可以凭它获得继续深造的机会，凭它获得入职资格。许多高级职位都会被某些知名大学文凭的持有者占据，而这些人自然也会支持这样的"唯文凭论"。于是，文凭将获得越来越多的认可。为了获得那张文凭，学生们不得不全力以赴，努力取得好成绩。因此，教育部门只需掌控各项关键文凭考试，就能拥有足够的权力来影响教育和就业。若某位书呆子非要较真说文凭只是一张纸，而且真的很认真地把文凭当成废纸，那么他的日子也肯定会很难过。

互为实体是如何产生的呢？它产生于众人在相互通信时所达成的某种共识。比如，传统上新婚时为啥要穿红衣服呢？因为新娘的长辈认为该这样，亲朋好友认为该这样，街坊四邻认为该这样，甚至全国人民都认为该这样，那么新娘自然也就认为该这样了。但另一个民族或国家可能有另一种习俗。实际上，人类会以某种不断自我循环的方式持续增强彼此的信念，而且每次互相通信确认都会让这种信念得以增强，最终大家都别无选择，只能相信大家都相信的事情。即使某种剧变致使某个固有的互为实体烟消云散，众人也会在频繁的相互通信中有意或无意地约定出其他虚构的互为实体。回顾历史，不难发现：上辈人非常重视甚至愿意为之付出任何代价的某些互为实体，对下辈人来说也许已变得毫无意义。比如，曾经信奉"宁愿留发，哪怕不留头"的人的儿子可能很乐意每月进一次理发店。可见，人类离不开各种互为实体，因为得依靠它们来找到自身的价值；但对任何特定的互为实体，无论它当前多么神圣，最终都会被淘汰，被新的互为实体取代。

互为实体对人类的贡献无与伦比，甚至整个人类文明史就是一部互为实体的演化史，即旧的互为实体不断被新的所替代的历史。其他动物也会想象某些事情，比如猫在伏击老鼠前也可能会想象老鼠的形状和美味，但据目前所知，猫无法想象自己看不见、听不到、闻不着、尝不出的东西，例如钞票和企业等。所以，它们的通信系统只能传输主观或客观的现实，不可能传输互为实体这样的虚幻事物。只有人类能想象出某些虚幻的事物，并通过语言和文字与更多同类共享这些虚幻的事物，最终将这些虚幻的事物变成众人的共识，从而使其成为非常真实的互为实体，并据此战胜其他所有动物，登上生物链的顶端。其他动物之所以无法与人类对抗，并不是因为它们没有灵魂，而是因为它们没有足够的想象力，无法借助互为实体来获得力量。比如，病弱的小狮子很难胜过强大的雄狮；但是，病弱的妇人能打败最强大的拳王，甚至压根儿就不需要动手，因为她也许只凭一纸诉状就能将他送进牢房。此时她的力量便来自法律这个虚幻的互为实体。随着时代的发展，特别是随着信息网络的普及，人类的通信能力越来越强，达成一致虚构想象的机会越来越多，推翻既有的互为实体以及产生新的互为实体的速度也越来越快。总之，互为实体可能成为世界上最强大的力量，它的影响力会不断增长，而诸如土地与恐惧等客观和主观的东西反而会被逐渐边缘化，因为互为实体既能建造客观世界，也能控制人类最深切的主观感觉。

当然，互为实体在为人类做贡献的同时，也会引发许多破坏性事件。比如，法西斯分子创造了"纳粹"这个互为实体，希特勒得以发动第二次世界大战，并让人类遭受了有史以来最惨重的战争伤亡。

最后，在本节的结尾，我们从互为实体出发，用通信的语言来重新阐述人类发展简史。由此，大家可以再一次深刻地体会互为实体的威力。

大约在 7 万年前，由语言通信掀起的认知革命让智人开始谈论只存在于想象中的虚幻事物。于是，在随后的 6 万年间，智人编出了许多虚构故事。不过，这时人类的有效通信网络还很有限，因此虚幻故事无法广泛流传，当然也就不能达成广泛共识。比如，某部落崇拜的先祖精神可能在邻近部落中销声匿迹了；某地流通的货币在另一个地方变成无用的贝壳了。但即使这样的小规模虚构故事也能促成几百甚至上千人通力合作，产生远超过尼安德特人的综合力量，并最终战胜了他们。

大约 1.2 万年前，农业革命提供了必要的物质基础，农业已能养活拥挤在城里的众多人口，但在人际通信方面遇到了瓶颈。在维护祖先之类的集体神话或组织大规模合作的过程中，当时的农民只能依赖语言和有限的脑力来处理数据。幸好，那时的农民深信各种伟大的神灵，愿意为其兴建庙宇和举办庆典，愿意供奉各种祭品。换句话说，那时已具备了产生互为实体的心理基础，唯一缺乏的是编制和传播大型虚幻故事的工具。于是，文字准备登场了。具体来说，大约 6000 年前，在苏美尔人的大型城市中，神庙不仅是信仰中心，而且是重要的政治、经济中心。苏美尔诸神的功能类似于现代的品牌和公司，它们也拥有田地和奴隶，也能发放和接受贷款，还能支付薪资和建造水坝等。由于神不会死亡，所以在其名下长期累积了很多财富和很大的权力，并最终使许多人都成了神的员工。他们拿着神的贷款，耕种着神的土地，还向神纳税。因此，对苏美尔人而言，虚幻的神已变成了真实得不能再真实的存在了，就像今人眼中的企业那样。与先前石器时代的鬼魂相比，苏美尔人的神已成为更大的互为实体，以至负责管理神灵事务的祭司们已无力应付了。比如，他们很难记住哪些是这个神的庄园，哪些是那个神的田地，哪些神职员工已领了薪资，哪些佃户还没缴纳佃租等。正是因为这些巨大的记忆障碍，人类的合作通信网络在数千年间迟迟无法大幅扩张。因此，也就不可能出现疆土辽阔的王国，也不可能出现遍及四海的贸易，更不可能出现全球性的宗教。

记忆障碍终于在大约 5000 年前被打破了，原来苏美尔人发明了文字与货币。它们就像一对双胞胎，让人类突破了大脑处理数据的限制。文字和货币让人类能够向成千上万的人收税，能够组织复杂的管理体系。而在文字出现前，互为实体的虚幻故事不能讲得太复杂，否则大家都记不住了。但有了文字后就可以创作复杂的故事，并将它们记述在黏土板或莎草纸上。虽然没有任何一个人能够知道法老的所有土地和税收数据，也没有任何人能够知道全部法律和规章，更没有任何人能够清楚每一分钱的流向，但是所有这些信息都可以随时查阅，因为它们都以文字的形式被记录在某个地方。正因为如此，文字才让人类能以互为实体的方式组织超级社会网络，使得每个人只需完成巨大任务中的一丁点儿，就能使整个群体威力无穷，而且该威力甚至能以神的名义来体现。比如，从公元前 1878 年到公元前 1814 年的半个多世纪里，在法老辛努塞尔特三世父子的统治下，埃及竟然建成了一个蓄水量超过 500 亿立方米的巨型人工湖，须知当时既没有推土机，也没有炸药，甚至连铁器、役马和轮子都没有（轮子一直要到公元前 1500 年才在埃及普及）。当时的尖端科技只是青铜器，但其价格高昂，极为罕见。大多数基建工具仍是石器和木器，完全由手工操作。许多人都误认为古埃及的伟大建筑来自外星人，但真相并非如此。实际上，埃及人之所以能建成巨型人工湖和金字塔是因为在神这个互为实体的杰出组织下，数千位识字的官员和数万名劳工能精细合作数十年。与苏美尔的诸神相比，古埃及的神所具有的威力更上一层楼。你看，文字创造了强大的互为实体，它们能组织数百万人统一行动，能重塑外界的客观现实。同时，文字也让人类习惯了通过抽象符号的调节来体验现实，这更容易使人相信互为实体的真实存在，虽然它们确实只是虚幻之物。

虚构的互为实体既能让人类更容易合作，又能决定合作目标。也许人类千辛万苦所付出的一切只是为了服务于某些虚幻的利益而已。如今，随着人类互联互通能力的增强，虚构的互为实体也将变得更加威猛。

第6章 >>>

非电通信

从发明文字到如今，在人类漫长的 6000 年文明史中，通信始终扮演着不可替代的关键角色。对于自然科学和社会科学等领域的许多成就，只要认真剖析就不难发现：它们几乎都直接或间接地与通信密切相关，要么它们可以被用于通信领域并催生出新的通信手段，要么它们可以借助已有的通信手段取得新成果。比如，大家耳熟能详的中国四大发明都是这样。造纸术提供了价廉物美的通信系统新载体，印刷术让通信的发信方可以更快地传出更多通信内容，指南针让跨海通信更安全可靠。关于火药，且不说它在战场上可用作武器和信号弹，即使丧葬鞭炮也能响亮地传递悲伤信息。如果纯粹从通信角度看，在以电报和电话为代表的电子通信出现前，人类在通信方面虽然取得了难以计数的重大进展，但始终都处于量变阶段。当然，同时也必须承认人类在通信的便捷性和普及程度方面确实硕果累累。那么，什么样的成就才能算通信的质变，才称得上通信之"道"呢？回顾历史，语言和文字的出现就可以算是人际通信的两次重要质变。语言开启了人类的认知革命，从而使人类不但脱离了野兽，而且在与尼安德特人的竞争中取得了最后的胜利。文字能让人类编造出大型虚幻故事，进行超大规模的群体合作，催生了诸如国家、民族和宗教等互为实体，终于让人类进入了文明世界。显然，到目前为止，人类再也没有取得超过语言和文字的突破性通信成就了。整个文明史的通信景象，无非就是在通信载体的传播速度、收信方和发信方的网络组合、信息发送与接收的便捷性和普及程度等通信之"术"方面有所进步而已。展望未来，人类在通信之"道"方面还有可见的希望吗？当然有！那就是以大数据通信为基础的人工智能。此时，与外界的海量通信所产生的质变竟让机器产生了过去以为人类所特有的智能，以至可以保守地说，凡是今天人类能做的事情，在不远的将来，机器也将照样能做，而且做得比人类更好。当然，在这样的智能通信场景中，收信方和发信方已不再限于人类个体了，既可以是人与人的通信，也可以是人与机器的通信，还可以是机器与机器的通信。但是，通信系统的三要素始终没变，仍然是收信方、发信方和信息载体。

由于智能通信的基础是电子通信，我们粗略地将人类通信史划分为本章将要介绍的"非电通信"和下章将要介绍的"电子通信"。各位大可不必叹息于人类在过去 6000 年中未能取得通信之"道"的突破。回顾历史，为了突破语言这个通信之"道"，人类整整演化了约 38 亿年，还得益于一次偶然的 FOXP2 基因突变。为了突破文字这个通信之"道"，人类又苦苦探索了差不多 6 万年。如今回过头来看，文字和语言其实几乎是等价的，还可以将语言和文字合而为一。人类只经过了短短 6000 年的奋斗就可能取得第三次通信之"道"了。这绝对是可歌可泣的壮举。

本章主要介绍通信之"术"，所以技术路线相对松散，而且有些内容只是传说或旁证。不过，这些传说至少从技术角度看是可行的，或者是基本可行的，毕竟有关通信的信史材料并不多。由于许多古典的通信技术已被淘汰，所以，即使这里介绍的内容有些失真，也不会有太大的影响，读者权当了解一些历史故事罢了。

6.1 陆上通信

陆上通信当然是主流，毕竟绝大多数人在绝大多数时间都待在陆地上。所以，陆上通信系统的种类繁多，有些为单向通信，有些为双向通信；有些偶尔使用，有些经常使用；有些是专用的，有些是通用的；有些是军用的，有些是民用的，有些是军民共用的；有些是语音通信，有些是文字通信，有些是图像通信，有些是比特通信；有些以光波为信息载体，有些以声波为信息载体，还有些以文字、符号或实物为信息载体；有些借助人力，有些借助畜力，有些借助自然力，还有些借助机械力，当然更有些借助电力；有些属于"固网"通信，其通信干线基本上固定不变，有些属于"移动网络"通信，其收信方和发信方可以随意流动，通信干线也可以轻松改变。本节主要从通信手段和技术角度来介绍一些有代表性的陆上通信方式。

中国最早的有文字记载的陆上通信是商代的军用击鼓传声通信方式。到了商纣王时，单向传输军情的烽火系统显然只是一个"固网"的中继通信系统，也是一种应急通信系统，其信息载体为光波，发信方可以是任何一个烽火台上的士兵，其信道容量仅为 1 比特，即告诉收信方是否有来犯之敌。历史上有关烽火通信的记载非常多，比如著名诗句就有杜甫的"烽火连三月，家书抵万金"（这两句分别涉及军用通信和民用通信），韩愈的"登高望烽火，谁谓塞尘飞"，王昌龄的"烽火城西百尺楼，黄昏独坐海风秋"，杨炯的"烽火照西京，心中自不平"，鲍溶的"闻道玉关烽火灭，犬戎知有外家亲"，陆游的"烽火照高台"，祖咏的"沙场烽火连胡月"，李白的"汉家还有烽火燃"，蔡琰的"城头烽火不曾灭"，鲍照的"烽火入咸阳"，辛弃疾的"烽火扬州路"等。

当然，有关烽火通信的最著名的故事当数"烽火戏诸侯"，大意是说：西周末代君王周幽王为博取宠妃一笑，竟无故点燃烽火台，谎报军情，戏弄诸侯前来救驾。妃子虽笑了，诸侯却怒了。被周幽王戏弄数次后，诸侯们就再也不相信烽火军情了。后来，犬戎真的前来进犯，周幽王又点燃烽火求救，当然再也没有救兵前来。于是，都城被攻破，周幽王被杀，西周王朝谢幕。周幽王的儿子比较争气，总算收拾半壁河山，开启了东周历史。当然，有关该故事的真实性，目前还有争议。2012 年初，清华大学的相关专家在整理获赠的战国竹简时竟然发现竹简上的记述与"烽火戏诸侯"的故事相左。原来周幽王是主动进攻申国，于是申侯联络犬戎打败了周幽王。该竹简上并没有记述"烽火戏诸侯"的故事，从此，史学界才给那位宠妃平了反。不过，无论周幽王之事是否属实，烽火通信系统确实早在商周之时就开始使用了。《史记·周本纪》中记载有"幽王为烽燧大鼓，有寇至则举烽火"。烽火通信系统历经各朝各代，一直沿用到明清时期。以《武经总要》为代表的许多古代兵书对烽火台进行了详细介绍，全面涵盖了烽火通信系统的设置、烽火的种类、燃放烽火的方法、烽火报警规则等内容。

烽火台又称烽燧，汉代俗称烽堠，唐代俗称烽台，明代俗称墩台等。在不同的年代，其名称略有变化，但大同小异。发送信号的烽火台的外观为大约 1 米见方的突出高台，通常架设在长城的瞭望台上。每座烽火台都有数名士兵专职管理，士兵人数多少不一。有的烽火台靠近后方，纯粹负责报警，人数就较少；有的烽火台靠近前线，不但要报警，而且要观察敌方阵地，更有驻军，所以人数就较多，甚至接近 300 名，还储备有充足的弩、枪、羊头石等防御武器。整个烽火通信系统包含若干个视线良好、相距 5～10 里的烽火台，它们沿边境线分布，一直延伸到后方的军事指挥部。烽火通信的中继传输过程是：第一个看到入侵者的瞭望台首先点燃烽火，下一个瞭望台看见烽火后迅速点燃自己的烽火，经过多次接力点火后，指挥部便能及时接到报警，并采取相应的措施。单独建设这样的通信系统，当然费钱费力，但若只把它当作长城的附加设施，那么就相当合算了。在崎岖不平的山间传递信息，烽火通信比当时其他所有通信方式都迅速。所以，烽火通信在古代大受军方欢迎，以至被重用了 2000 多年。

由于每堆烽火所能传送的信息量非常少，其实只有 1 比特，所以，为了改进该通信系统的传输能力，古人做了许多软件方面的预先编码处理工作，毕竟硬件方面的成本太高。若只发现极少数敌人，守军士兵干脆就直接出战，将其消灭，根本不用点燃烽火；若入侵者为 50～500 人，那么就点燃一堆烽火；若虽然敌方只有 500 多名骑兵，但他们的身后沙尘滚滚，那么肯定还有后续部队，此时就点燃两堆烽火；若敌方有 500～3000 人且骑兵不多，也可只点燃两堆烽火；若敌方以骑兵为主，但总数不超过千骑，此时就点燃三堆烽火；若敌军超过千骑，或总数超过万人，则点燃四堆烽火。当然，针对各种意外情况，还有许多具体约定，此处就忽略不述了。这些编码规则可以随时修改，只要收发双方事先约定好就行了。关于烽火系统的收信方，也有若干约定，毕竟不希望区区数百敌军就惊动皇帝大驾吧。比如，只点燃一堆烽火时军情只需传递到所在的州县，由地方指挥官见机处理；而点燃两堆或更多的烽火时，军情就得传到都城，由高级官员进行决策。

为增强烽火通信传输的可靠性，古人还进行了许多优化。比如，将烽火台的报警信号分为 6 种，即烽、表、烟、苣、积薪和鼓，其用法各不相同。其中，烽、表、烟为白天使用的信号。烽是装满柴草的笼子，平常悬挂在高杆的底部，发现敌情时立即点燃并将笼子升至约 15 米高的杆顶，以烟报警。表是一块红白相间的布，十分醒目，白天用以高悬示警，此时就不用点火了。除了举烽生烟外，还可以通过燃烧堆放在一起的柴草，产生更多的烟，使信号更清晰。有些地区使用狼粪或牛粪，其中狼粪最好，燃烧后其烟浓密而直耸，微风吹之不斜。王维的诗句"大漠孤烟直，长河落日圆"中的"孤烟"指的就是狼烟。苣、积薪和鼓则多用于夜晚报警。苣是用苇秆扎成的火炬，点燃后火光较亮。积薪即堆放在一起的柴草，又称燧，点燃后既有烟又有火，可昼夜兼用，但因其消耗较多，常用于夜晚。鼓，当然就是大家熟悉的那个响物了，它的信息载体不再是光波，而是声波。鼓既可在烽火通信中担任配角，也可在战场上担任即时通信的主角。大家熟悉的"一鼓作气"便是在向冲锋的战士传送进攻命令，在鼓舞士气。根据事先约定的编码方式，鼓的不同击打方式代表不同的含义，既可以表示进攻，也可以表示撤退，还可以表示追击，更可以表示收兵等。当然，后来金属普及后，便单独采用"鸣金"方式传达收兵命令了，以避免在慌乱中收信方发生误解。

　　烽火是中国历史上最主要的战略级军事通信系统，在历朝历代的使用中也有一些细微差别。春秋战国时期，诸侯争霸，相互兼并，出现了秦、楚、齐、燕、韩、赵、魏等大国。为了互相防御，他们利用大河堤防或山脉逐段构筑了城墙和关塞，并将相邻部分连接起来，构成更大的防御体系，并随之建起了烽火台。不过，当时的烽火系统规模较小，互不连贯，只有一些彼此相望的烽火台。后来，再用城墙把烽火台连在一起，便成了长城的雏形。再后来，长城的大规模出现又反过来促进了烽火台的发展。长城沿线的烽火台干脆与长城合为一体，成为长城防御体系的重要组成部分。

　　汉唐两代，烽火通信达到顶峰，几乎所有边境、军事要塞和交通关卡都被联网，这些网络延绵相接，各有统辖，自成系统。在某些地段，一连串的烽火台甚至取代了长城城墙。当然，从硬件结构上看，烽火台以"因地制宜，就地取材"为建筑原则。西北地区的烽火台多为夯土打筑，山区的烽火台多为石块垒砌，中东部的烽火台自明代后便用砖石垒砌。烽火台的布置主要分 4 种情况：其一，主干线建在早期的长城上；其二，在长城以外，一直向远处延伸，以图尽早监测到敌方动向；其三，在长城以内，与关隘、镇所、郡县相连，以便让后方及时收到军情；其四，在长城两侧，以便就地调兵遣将，及时迎敌。在更早的时候，有的烽火线路还会直接进入都城，让朝廷在第一时间收到报警。

在软件和管理方面，烽火通信也有许多讲究。烽火台位于最前线，对驻防通信兵必须严格要求：既要技术过硬，又要政治可靠；既不能漏报军务，也不能虚报敌情，更不能误报兵力。所以，对烽火通信兵的人员架构也采取了许多制约措施。每个烽火台安排主帅一人，副帅一人，成员若干，而且他们必须都是谨慎、诚信之人，若有失职、渎职行为，家属就将连坐受罚。每个烽火台的配员有明确分工，有的负责瞭望，有的负责点火，有的负责核查敌情并下达命令，有的负责收集所需柴草，有的负责做饭和后勤保障。总之，为了保证烽火系统高效运行，古人制定了一整套严密的规章制度。

自宋代以后，由于火药已开始用于军事，烽火台的放烟和点火便逐步被替换为放炮或放铳，同时辅以放火、悬灯与举旗等。此时，信息载体可同时为光波和声波。放炮和举旗既可以部署在烽火通信这样的"固网"系统中，也可以像今天的传感器网络一样临时部署在荒野中，组成移动网络，及时传送相关军情信息。放炮和举旗的通信传输速度远比过去的"煽风点火"要快得多，一昼夜就可传7000 余里。难怪清代兵书《洴澼百金方》用了一首七绝诗来描述这种新型移动通信系统："一炮青旗贼在东，南方连炮旗色红。白旗三炮贼西至，四炮玄旗北路逢。"显然，这种"炮旗移动通信"的信道容量大于传统的烽火通信，不但能告知是否有贼，还知道贼在何方。当然，还可设计出更好的编码方案，以传递更多的信息。

到了明清，烽火通信的地位虽已下降，但仍不可或缺。比如，抗倭名将戚继光特别重视烽火通信，他甚至进行了大量重建工作，在长城之上兴建了若干作为碉堡的墩台。它们比过去的烽火台更高、更厚、更大、更结实。墩台的间距也更短，有的墩台旁还配有深井，以使墩台卫兵不受断水之困。墩台上可宿上百人，而且储备了充足的粮食和弹药，足够维持 5 个月。各路墩台都延绵至内地，有些墩台还可供随军家属长期居住。今天，人们在甘肃省高台县发现了一个墩台，其旁有一块石碑，上面刻着守军及其妻儿的姓名、家具、火器及其他器械等信息，其意在随时逐条验收，以防守军逃跑。由此可见，当时守卫烽火台其实是件苦差事。不过，通信兵也会受到奖惩，"传报得宜克敌者，准奇功；违者处以军法"。经戚继光改造后，明代的烽火系统非常壮观，可谓"两千里声势联结"。此时的烽火系统既可传递军情，又可就地打击敌人，还可供孤军坚守。形象地说，戚继光在烽火系统这个"广域网"上又兴建了一个基于墩台的"局域网"：发现重大军情时，仍用烽火将其传至远端总部；发现次重大军情时，就向左右墩台求救，以便通力合作，迅速消灭来犯之敌。每个墩台既是一个通信节点，也是一个有力的战斗部。为了防止通信兵误传军情，戚继光还编制了《传烽歌》，让守台官兵熟记这些编码、译码规则。

烽火系统与现代通信系统类似，也有自己的安全保障体系。若信号不能如期发出（如柴草被雨淋湿不能点燃，或风沙晦日无法示警等），或信号虽已发出，而下一站的烽火台没响应等，就必须启动灾备方案，火速派人前往通知。若发现误报了敌情，或敌情因各种原因已被解除，就必须赶紧灭掉已点燃的烽火，并驰报上级。凡失职误发和遇警不发，其本人及家属都将受到严厉惩处。为避免某个烽火台遭到敌方偷袭，关键地段的某些烽火台还会形成三五成群的犄角配置，确保军情信息能够被及时中继，除非敌方同时消除了所有这些中继节点。平安无事时，为了防止意外，各烽火台早晚都要定时燃火报平安，以确保通信系统能正常运行。若到时不见"平安火"，就说明该烽火台可能有变，应立即采取行动。

当然，烽火通信也有许多重要缺陷，比如信道容量太小，无法精确描述来犯之敌的方位、人数、兵种、进犯目标等，同时还只能单向传递信息，后方无法将增援细节回传前方，以至于可能造成误会。比如，援兵即将到达时，前方守军已灰心而投降；或后方放弃救援，而前方守军还在苦苦支撑，付出了无谓的牺牲。烽火台的遗迹至今在我国南北特别是边疆仍随处可见。有长城的地方，肯定有烽火台；没长城的地方，偶尔也会发现烽火台。越来越多的烽火台遗址逐渐被考古专家们发现。

另一种真实使用过的、原理类似于烽火台而信道容量更大的陆上通信系统叫作"通信塔"，它是在18世纪由法国工程师克劳德·查佩研制的。据说，该通信系统在18世纪法国大革命中曾立下了汗马功劳。该通信系统铺设在巴黎和里尔之间，由相继的一系列通信塔组成。在每个塔顶上都竖起一根木柱，木柱上装有一根水平横杆。操作者可转动横杆，并能在绳索的帮助下使横杆摆动，形成各种角度。在水平横杆的两端装有两条垂臂，它们也可以转动。这样，每座塔通过木杆就可以产生192种不同的构形。附近相邻的塔上的守卫人员用望远镜可以观察到并轻松复制出所看到的构形。如此接力，依次传递下去，230千米内的信息传递仅用2分钟便可完成。

中国有文字记载的最早民用通信系统当数骑马送信的邮驿系统，甚至甲骨文中都有记载。不过，从技术角度看，邮驿系统的创新程度其实并不突出，反而是它的系统架构和组织管理体系更有价值。所以，有关邮驿通信的内容将在本章第四节中进行介绍。在本节结束前，下面简单罗列一些在传输载体方面有特色的通信系统，它们不像烽火系统那样受到官方的追捧，甚至没有出现在历史档案中，此处通过推论和一些案例进行介绍。

7万年前，在语言出现的同时，人类就有能力仅凭人力进行远程通信了，那就是派人传口信。这既不需要文字，也不需要额外的信息载体。历史上最著名的人力通信事件当数公元前490年9月的那次全程为42.195千米的长跑了，它直接催生了马拉松比赛和奥林匹克运动会。当时的超级大国波斯试图吞并希腊，波斯军队一路凯歌横渡爱琴海，踏上了雅典郊外的马拉松平原。处境险恶的雅典人赶紧派长跑健将斐里庇第斯日夜兼程前往200千米外的斯巴达求助。这位跑者以惊人的毅力和速度，在一天多以后到达邻邦斯巴达。但邻邦以"月不圆不能出兵"的祖训为由，拒绝增援。苦苦哀求未果的斐里庇第斯只好返回马拉松复命。虽然没有救兵，但雅典人依然士气高昂，他们立即动员全民，并抢先赶往马拉松，占据了有利地形。战斗打响了，雅典人佯装战败，把敌人引进了事先设置的包围圈，突然发起攻击，打得敌人抱头鼠窜，慌忙退往海边，试图登船逃跑。雅典军队紧追不放，誓死与侵略者争夺战船。经过一天鏖战，侵略者丢下了6400多具尸体和

7 条战船大败而逃。雅典军队的司令官急于把喜讯告知焦急万分的雅典人民。于是，长跑健将斐里庇第斯又承担了这次光荣的通信任务。当时，他已受伤，可是为了让同胞尽早放心，他拼命奔跑。当到达雅典中央广场时，他用尽最后的力气激动地喊道：“欢乐吧，雅典人，我们胜利啦！”话音刚落，他便一头栽倒在地，从此再也没能醒来。为了纪念这场伟大的胜利，为了表彰斐里庇第斯的英勇行为，2000 多年后的 1896 年，雅典人在首届奥林匹克运动会上设置了马拉松赛跑项目，其距离便是当初马拉松至雅典的距离。

　　畜力通信是古代最主要的人际通信手段，其传输模式基本上为：借助牲畜的体力传送某种信息载体，把牲畜当作信息载体的载体。在所有此类牲畜中，马的功劳肯定无与伦比。不过，最著名的历史故事讲的是一条狗。传说，晋朝诗人陆机养了一只名叫黄耳的狗。陆机在洛阳当官，好久没收到家信，甚是担心。一天，陆机半开玩笑地对黄耳说：“你能带封书信回老家吗？”黄耳听罢又摇尾巴，又点头。于是，陆机就写了封家信并将其装入竹筒，然后把竹筒绑在黄耳的脖子上。黄耳一路狂奔，昼夜不停，很快就回到老家。亲人看到陆机的信，又赶紧写了封回信。黄耳又立即上路，翻山越岭，奔回了京城。家乡和京城洛阳相隔数千里，若靠步行需要 50 多天，而黄耳只用了 20 多天。黄耳死后，陆机给它举行了隆重的安葬仪式，还为它树了碑。后来，黄耳的事迹越传越广，甚至被许多诗人写进了千古名句中，比如苏轼的“寄食方将依白足，附书未免烦黄耳”，尤袤的“青蝇为吊客，黄犬寄家书”，等等。

　　自然力通信系统就更多了，实际上几乎所有的自然力都能用于信息通信，正如所有事物都能用作某种通信系统的信息载体一样。至于风雨雷电等自然力和机械力如何用于通信系统，将在下面各节中分别举例介绍，此处只介绍文学家们的代表性工作。比如，苏东坡的“明月几时有……千里共婵娟”把月亮打造成了全国人民永远共享的全球通信系统。哪怕手机就在身边，今人有时也愿意用月亮来与远方的恋人进行心灵沟通。一首“我住长江头，君住长江尾。日日思君不见君，共饮长江水”把长江打造成了另一个永垂千古的情感通信系统。

6.2 水上通信

水上通信是仅次于陆上通信的另一大类通信手段，其具体技术思路非常多，很难归纳整理，许多案例的历史起点也无从考证，还有不少传说。所以，本节仍将适当依靠推理，着重从技术特点出发，只介绍一些有代表性的水上通信手段。

若说古代陆上通信的功臣是马的话，那么水上通信的主力肯定就该是船。船舶行进需要利用人力、畜力或风力，通过划桨、摇橹、撑篙、拉纤或扬帆等方式驱动。从理论上说，船舶诞生之日便是水上通信出现之时。就算那时还没文字，通信者也可乘船前往目的地传送口信。在英国的斯塔卡遗址中，考古学家发现了中石器时代的木桨遗存，这意味着没理由否认水上通信诞生于中石器时代。但是，当初的水上通信到底是纯粹的个人行为还是部落或家族首领的安排，这就不得而知了。早在古埃及的文物上就绘有船只图样，那时船只主要航行在尼罗河上。到了古希腊时代，已出现了多种类型的船只，有的使用风帆，有的使用多根船桨。

据《艺文类聚》中的记载，早在西周成王时，中国就有"于越献舟"的故事了，讲的是越人将舟作为贡品献给成王。而所谓"越人"在古汉语中指的就是涉水民族，他们"水行而山处，以船为车，以楫为马，往如飘风，去则难从"。由此可见，越人用船已经相当普遍了。另外，该书中还记载说："越人献舟一路，取道东海，渡黄海，泛渤海，入黄河，逆流而上，进入渭水，终达周都镐京。"由此可见，那时越人的船就已经造得很好了，能在黄河和大海上航行。到了春秋战国时期，大国争霸，越国甚至有了造船工厂，能批量制造战船，而且航海业也相当发达。《越绝书》称，越迁都由会稽至琅琊，以水兵2800人"伐松柏以为桴"，沿海北上，气势已然磅礴。到了秦汉时期，中国古人已能制造带舵的大型楼船。在西汉中期前后，海上丝绸之路以古合浦郡为起点，通往印度、斯里兰卡等。这也算得上是世界上第一条真正的海上国际贸易航线。三国时期，孙权"遣将军卫温、诸葛直将甲士万人浮海，求夷洲及澶洲"。这里的"夷洲"便是今天的台湾，"澶洲"

就是日本列岛。换句话说，孙权统治的吴国已能远航到日本了。东晋后期，法显和尚西行印度，历时 14 年，数次濒死，终于在 70 岁高龄时只身远航归国，他的船上载回的就是后来对中国影响巨大的佛经。隋炀帝好大喜功，多次征发民工无数，在江南大造龙舟及各种花船数万艘。最大的龙舟竟有 4 层，高 15 米，长 70 米，上层有正殿、内殿、东西朝堂，中间二层有 120 个房间，都"饰以丹粉，装以金碧珠翠，雕镂奇丽"。随后，这位昏君数次乘船巡幸江都，日夜寻欢作乐，终于把江山给搞丢了。唐朝时，造船工艺高度发达，其最大的战船"和州载"能"载甲三千人，稻米倍之"。唐朝与各国的海上交往频繁，开辟了数条海上航线，多次到达南洋、西亚、东非等地。唐朝著名的鉴真和尚曾先后 6 次东渡日本。宋朝时，海外贸易不断扩大，海上和内河运输更上一层楼，浙江、福建、广东成为海船制造中心。此时，造船和修船时开始使用船坞，并创造了滑道下水法，发明了水密隔舱等技术。许多港口设置了专门管理海外贸易的机构，若干大型港口分别出现在明州、广州、泉州、杭州等地。元朝积累了丰富的造船经验，船只的使用更加广泛。1291 年，忽必烈"备船十三艘，每艘具四桅，可张十二帆"，派马可·波罗从泉州起航，护送阔阔真公主至波斯成婚。明朝在船只的尺度、性能和远航能力等方面都遥居世界领先地位。可惜，随后朝廷就开始闭关锁国，直到清朝灭亡为止。

中国最早且最有影响的官方水上通信员当数秦始皇的御医、著名道士徐福。他早在公元前 210 年就奉秦始皇之命，率三千童男童女，带着充足的粮食、衣履、药品和耕具等，乘坐"蜃楼号"大船入海，试图将皇家书信送到蓬莱、方丈和瀛洲三山的神仙手中，并索回长生不老之药。虽然后来秦始皇没能收到回信，但远程水上通信确已完成。至于徐道士到底将信送到哪里去了，史学界的说法不一。最流行的观点是徐福信使团最终到达了日本，其理由是日本现今仍存有徐福墓。但立墓的年代颇晚，应该是后世在徐福来日的传说盛行后为附会该传说而补建的。况且徐福的墓又补建得太多，竟有数十座，很难断定其真伪。不过，早在徐福来日前，日本就已有原住民和本土文化。即使徐福与童男童女来到此处，也只是与当地人通婚、生育后代而已，没理由咬定所有日本人都是徐福信使团的后人。据

《日本国史略》所载，徐福确实带着童男童女来到日本修好，既献"三坟五典"，也曾寻仙，但未果。他们只好定居下来，不敢回国交差，怕被以欺君之罪问斩。日本的《富士文书》则记载说，徐福到日本后带来一些新技术，并帮助当地农民耕种，从此再也没有返回中国，也没能找到长生不老之药。由于担心秦始皇派兵追杀而至，徐道士还要求同行的男女各自改姓为"秦""佃""福田""羽田""福台""福山"等姓氏。另一种说法是，徐福率众出海数年，并未找到仙山，只好在当地的"崂山"留下后代，分别改姓为"崂"或"劳"。还有一种说法是，徐福先到琉球群岛或渤海湾，再到济州岛，后来不幸在海上遇难。

中国历史上声势最浩大的官方水上通信活动当数郑和下西洋。从 1405 年到 1433 年，在长达 28 年的时间内，郑和奉旨先后 7 次率船队下西洋，其中单次航行人数最多时近 3 万，总共打通了与 30 多个国家和地区进行水上通信的线路。当时，航船所借助的自然力应该主要是风力以及部分洋流的推力等。航船的排水量大得出奇，每船能载千余人，设施齐全，既有洗漱用品，又有供随船家属使用的幽雅客房，还有充裕的食物，更有后勤基地。比如，在船上竟能养猪、种菜、酿酒、种药和种植盆景等。航船的设计水平很高，对淡水储存、稳定性、抗沉性等都进行了考虑。整个船队能在"洪涛接天，巨浪如山"的险恶条件下，"云帆高张，昼夜星驰"，很少发生意外。在导航方面，既采用了天文导航手段，也采用了地理导航技术。前者将天文定位与导航罗盘相结合，提高了船位和航向的精确度。比如，通过星星判断船只所处的位置和方位，以确定航线。这是当时最先进的天文导航技术。后者以海洋知识和海图为依据，运用航海罗盘、计程仪、测深仪等，保证航线正确。概括说来，白天使用指南针，夜间利用星星和水罗盘。在船队内部的协调通信方面，白天按约定的方式悬挂和挥舞各色旗带，组成相应的旗语，夜晚则以灯笼显示航行情况。若遇浓雾厚雨，则使用铜锣、喇叭和螺号等。不过，后人一直纳闷的是，明朝皇帝为啥要连续大搞 7 次如此兴师动众的"烧钱"活动，而全然不顾投入产出比呢？《明史·郑和传》给出了几种可能的原因，比如寻找建文帝，宣扬大明威德，防范帖木儿帝国，获取海外朝贡，或者为了某些宗教目的。不过，从最终效果来看，与随后的几次国际大型水上通信活动相比，郑和的航海活动可被评价为：时间最早，规模最大，综合收获最少，对中国提升航海水平的帮助不大，因为很快朝廷就开始长达百余年的禁海活动。

　　国际上最具震撼力的水上通信活动当数麦哲伦的首次环球航行。此次活动从 1519 年 9 月 20 日开始，到 1522 年 9 月 6 日结束，历时 1082 天，航程达 6 万千米，不仅事实上成功地开辟了新的水上通信线路，而且首次验证了地球确实是圆的，发现了最伟大的地理事实。关于地球到底是什么形状，古人一直在苦苦探寻。古代中国人认为天圆地方；古巴比伦人认为地是圆的，大地周围是河流；古希腊人更具想象力，在他们绘制的地图上，在海的尽头竟站着一个巨人，他手举路牌"到此止步，勿再前进"。即使到了 15 世纪，大多数欧洲人仍认为大地是平的，海洋的尽头是无底深渊。而麦哲伦船队的这次伟大航行用事实给出了明确答案，证实了某些古希腊哲学家关于大地为球形的猜测。麦哲伦的这次远航的目的非常清晰，那就是试图探索一条通往东方的新航路。可惜，他本人只完成了一半，当然是关键的一半。横渡太平洋后，1521 年 3 月 8 日麦哲伦船队抵达菲律宾群岛中的胡穆奴岛，3 月 27 日又到达马克坦岛，随后到达宿务岛。为了征服原住民，把该岛变成西班牙的殖民地，麦哲伦率领船员手持火枪和利剑，强行登陆，展开了血腥的征服活动，并用西班牙国王的名字命名该地区。但原住民不服，他们拿起原始武器进行激烈的反抗。麦哲伦本人被毒箭射中，命丧他乡。麦哲伦死后，其他船员继续完成了这次代价沉重的航行。当初 200 多人乘坐 5 艘海船，浩浩荡荡地出发，但回家时只剩下区区 18 名船员缩在仅存的"维多利亚号"上，勉强保住了性命。

　　国际上收获最大的一次水上通信活动当数哥伦布发现美洲新大陆。其实，第一个到达美洲的欧洲探险家本是莱夫·埃里克松，但哥伦布带来了第一次欧洲与美洲的持续接触，并开辟了后来延续数百年的探险和殖民时代，对西方历史产生了无可估量的影响。在西班牙国王的资助下，从 1492 年到 1502 年间，哥伦布先后 4 次横渡大西洋，到达美洲大陆。哥伦布航海的直接目的之一还真是送信。1492 年 8 月 3 日，他第一次出征时确实随身携带了西班牙女王写给印度君主和中国皇帝的国书。当时，哥伦布率领 87 名船员分乘 3 艘排水量仅百余吨的帆船，从西班牙的巴罗斯港扬帆启程，直接驶向正西方向。经 70 个昼夜的艰苦航行，他们终于在 1492 年 10 月 12 日凌晨，登上了加勒比海中的巴哈马群岛。哥伦布将其命名为圣萨尔瓦多，意指救世主。随后的事实证明，这个救世主确实拯救了欧洲，但给美洲带来了巨大灾难。当然，哥伦布的送信任务肯定没有完成，因为作为收信方的中国皇帝和印度君主压根儿就没有住在他所到达的那个大洲。哥伦布至死都不知道他其实是发现了一块新大陆。准确地说，哥伦布只是发现了一个欧洲人不曾知道的美洲。早在 4 万年前，亚洲人就渡过白令海峡到达那里，并长期繁衍生息，演化成了当时人数已多达几千万的印第安原住民。后来，哥伦布又于 1493 年、1498 年和 1502 年横渡大西洋，先后抵达美洲的巴哈马群岛、古巴、海地、多米尼加、特立尼达等地，发现并利用了"大西洋低纬度吹东风，较高纬度吹西风"的风向变化事实，证明了"大地球形说"，促进了新旧大陆的通信联系。

为了通信，人类专门打造了特殊的大型船只，它们至今仍叫邮轮，其原意是跨洋运送邮件的大型快速客轮。当然，邮轮肯定不只是送信，也能送人和送物。邮轮面向社会提供运输服务，所以乘客不必再像徐福、郑和、麦哲伦和哥伦布那样必须要有自己的专用船队。如今，通常所说的邮轮实际上是指在海洋中按固定航线定期航行的大型旅游客轮，反而很少用于送信了。这主要是因为飞机普及后就不再需要速度慢、耗时长的邮轮来送信了。邮轮在 1850 年左右兴起于英国。当时，英国皇家邮政局允许私营船务公司以合约形式帮助政府运送信件和包裹。于是，一些原本只是载客的远洋轮船摇身一变，成了悬挂英国皇家邮政信号旗的远洋邮轮。史上最著名和最短命的邮轮当数"泰坦尼克号"。它是当时世界上体积最大、内部设施最豪华的奥林匹克级邮轮，排水量高达 4.6 万吨，号称"永不沉没"。不幸的是，在它的首航中，厄运突然降临。它从英国的南安普敦出发，途经法国的瑟堡 – 奥克特维尔以及爱尔兰的科夫，驶向美国纽约。大约在 1912 年 4 月 14 日 23 时 40 分，它与一座冰山相撞，造成右舷首至中部的损毁，5 间水密隔舱被撞破。仅仅 3 小时后，船体就断成两截，迅速沉入深达 3700 米的大西洋底。在 2224 名船员及乘客中，1517 人丧生，其中仅 333 具遗体被找到。"泰坦尼克号"沉没事故是和平时期最为惨重的一次海难，其残骸直到 1985 年才被发现，目前仍受联合国教科文组织的保护。至于在这次航行中是否真的发生过电影《泰坦尼克号》所讲述的穷画家杰克和贵族女露丝的爱情故事，就不得而知了。

　　至今仍在广泛使用的另一种水上通信设施是古老的已有 400 多年历史的信号旗，它们被悬挂于航船的醒目处，其优点是十分简便，特别适用于航船之间的近程通信。在用信号旗进行通信时，旗帜既可单独使用，也可组合使用，以示不同的意义。通常悬挂单面信号旗，传送最紧急、最重要和最常用的信息。例如，悬挂 A 字母旗，表示"我船下面有潜水员，请慢速远离我船"；悬挂 O 字母旗，表示"有人落水"；悬挂 W 字母旗，表示"我船需要医疗援助"等。航海信号旗共有 40 面，包括 26 面字母旗、10 面数字旗、3 面代用旗和 1 面回答旗。信号旗的形状各异，包括燕尾形、长方形、三角形和梯形等。信号旗的颜色和图案各不相同。如今，信号旗在社会生活中随处可见，出租车、救护车等上的醒目标志其实就是一种信号旗，单位门口的招牌也是信号旗的衍生品。

　　除信号旗外，还有一种与旗帜有关的水上通信系统，它当然也可以陆用，名叫旗语。旗语通过旗手挥动手旗来传递信号，现已成为世界各国海军的通用语言，可分为单旗语和双旗语。即使距离较远，也可借助望远镜，完成双方的水上通信任务。早在 1684 年，英国人就通过在船上悬挂数种明显的符号进行通信，并编写了相关的信号手册。1817 年，英国海军编制了第一套国际上承认的旗语信号码。双旗语的旗手左右各持一面方旗，每只手可指示 7 种方向，除了待机信号外，两旗都不重叠。旗上沿对角线分割为两色，在陆地上使用的为红色和白色，在海上使用的为红色和黄色。用旗语可以表示字母和数字，但通过一些编码规范的转译，也可以传达更复杂的信息。1933 年国际旗语信号通信约定成俗；1961 年政府间海事咨询组织增修了相关的国际旗语信号，1968 年新版再次颁定。在双方开始通信时，发信船将字母旗"J"悬于旗绳顶端，收信船看到后也挂字母旗"J"，表示已准备妥当后，随后便可以开始进行旗语通信。新制定的国际标准旗语信号大约有 30 种，可分别用于收发信息、更正符号、结束通信等。此外，国际水上通信还约定了其他信号表示方法，比如旗号、灯号和声号等。只要是在公海上航行，无论是军舰还是商船都可依据国际上约定的符号进行沟通。

　　除了前述的水上通信系统之外，还有一种至今仍在使用的通信系统，那就是指引船只航向的灯塔。它们部署于海岸、港口和河道中，主要用于船与岸之间的通信。灯塔一般为高塔形建筑，塔顶装有透镜系统，可将光线射向水面。在电力出现前，灯塔上常以火作为光源。灯塔的位置相当显要，造型十分特别，以便船员在远方就能分辨。若在港口，灯塔需立于最高点之上。由于地表为曲面，塔身必须足够高，以便灯光能被远处的人观察到，一般视距为 28 ~ 46 千米。但灯塔也不宜过高，以免受到云雾遮蔽。有些灯塔需专人看管，有些则位于荒野之中，无人看管。灯塔起源于古埃及的信号烽火。世界上最早的原始灯塔建于公元前 7 世纪，位于达尼尔海峡的巴巴角上，它像一座矗立着的巨大钟楼。那时人们在灯塔里燃烧木柴，用火光和烟雾来指引航向。公元前约 280 年，托勒密二世委派希腊建筑师索斯特拉图斯在法罗斯岛东端建造了一座高达 85 米的灯塔，既可为进入亚历山大港的船只指引方向，又可作为展示埃及君主显赫声名的巨大标志。如今，法罗斯灯塔已成为古代世界的七大奇观之一，只可惜它毁于 1302 年的一场地震。大约公元 50 年，罗马皇帝克劳狄乌斯下令在港口城市奥斯蒂亚建造了一座一直留存到 15 世纪的奥斯蒂亚灯塔。紧接着，古罗马人建造了一系列灯塔，创建了最早的灯塔网络体系。再后来，阿拉伯人、印度人和中国人等也开始用灯塔指引水上的船只。中国的第一座灯塔是 1387 年由民间集资兴建于福建惠安县的崇武灯塔。25 年后的明代永乐十年，官府出资在长江浏河口东南方向的沙滩上首次筑起了一座"方百丈、高三十余丈的土墩"，"其上昼则举烟，夜则明火"，指引船舶进出长江口。1858 年，中英《天津条约》规定："通商各口岸分设浮桩、号船、塔表、望楼，由领事官与地方官会同酌视建造。"由此拉开了中国近代大规模建造灯塔的高潮。其实，这里的"浮桩、号船、塔表、望楼"是指引航船的各种通信系统。如今，由于先进导航技术的普及，灯塔也快被淘汰了。不过据说，全球有大约 1500 个灯塔依然在使用，其中包括始建于 1304 年的莱戈恩灯塔。它由石头砌成，高约 50 米，位于意大利。

另一个罕见的有文字记载的水上通信故事叫作"竹筒传书"。据说，在隋文帝开皇十一年（公元 590 年），中国南方各地纷纷发生叛乱。隋文帝紧急下诏，任命杨素为行军总管，前往讨伐。领命后的杨素渡江进入江南，接连打了好几个大胜仗，一举收复了京口、无锡等地。为了彻底消灭叛军，杨素一面命令大部队就地驻扎，一面派猛将史万岁率精锐步兵两千人翻山越岭穿插到叛军背后发起突然袭击。史万岁率部挺进，转战于山林溪流之间，前后又打了许多胜仗，收复了大片失地。但是，在深山荒岭中，如何把这些捷报及时传送给杨素呢？一天，史万岁站在山顶临风而望，看到前面茂密的竹林正随风翻浪。突然，他灵机一动，立即派人砍了数节竹子，装入战报，封口后将其放入水中，任其漂流而下。几天后，一个挑水的乡民偶尔捞到竹筒，便按照其上的提示，将战报迅速送到了杨素的手中。此时，杨素正为史万岁的生死焦虑不安，忽见送来捷报，满心欢喜，立即把史万岁的功劳报告了朝廷。隋文帝龙颜大悦，立即提拔史万岁为左领军将军。然后，杨素率大部队继续追击反隋散兵，没多久就彻底平定了叛乱。后来，唐代大诗人李白、贯休和文学家元稹等在与朋友的通信中，也多次采用这种水上通信方式，充分展示了文人墨客的浪漫情怀。其中，贯休还为此留下了"尺书裁罢寄邮筒"的诗句。这里的"邮筒"便指史万岁当年所做的那种竹筒。史万岁的这种水上通信方法至今还被许多浪漫的年轻人使用呢，只不过换了一个新名字罢了，改叫"漂流瓶"。没准你还用它给情人发送过信息呢。

6.3　空中通信

与陆上通信和水上通信不同，古代空中通信的占比非常小，甚至可以完全忽略不计。但是，非常奇怪的是，有关空中通信的文字记载和各种传说占据了相当大的比重。假如外星人获取了古代地球人的文字材料，他们没准儿会误以为地球人的通信主要依靠空中飞行呢。你看，所有神仙之间的通信几乎都离不开腾云驾雾。二郎神当初也是带着玉皇大帝的信件飞往花果山传达圣旨的。牛郎和织女每年一度的见面也得依靠喜鹊来牵线搭桥。虽然观音菩萨的"掐指一算"很难算是基于空中飞行的通信，但也属于凭空通信，仍与"空"有关，至少肯定不算是依靠量子纠缠的量子通信。其实，几乎所有的神仙都有一个共同的本领，那就是他们都能飞。换句话说，他们都能被当成空中通信的工具。本节当然不是要讲神仙们的故事，而是只想指出人类都有一个共同的特点，即喜欢幻想。当然，非常幸运的是，许多幻想后来真的变成了现实。比如，现在基于飞机的空中通信几乎已成为除电子通信之外的主要方式了。不过，下面还得从遥远的古代说起，从还没有飞机的时候说起。

你知道中国通信界最高学府北京邮电大学的校徽是什么吗？若不知道的话，这里提醒一下，它就是我国邮政通信的象征物。现在你能猜出答案了吗？你也许会猜它是马，因为若按为人类通信所做贡献的大小来衡量的话，没有哪种动物能与马媲美。但是非常遗憾，答案不对！你也许会猜它是烽火台，因为在电子通信出现以前，速度最快的通信方式非烽火莫属。但是非常遗憾，答案也不对！你也许会猜它是奔跑中的人，毕竟最早的人际通信是由人类自己的嘴和腿来完成的。但是非常遗憾，答案仍然不对！若你还没猜到的话，这里再提醒你一下，它是一种飞禽。现在能猜出答案了吗？哦，你也许会咬定它是飞鸽，因为古代确实有飞鸽传书的实例，而且在特殊情况下非常管用，既安全又快速，成本还很低。但是非常遗憾，答案还是不对！告诉你吧，代表中国邮政通信的飞禽是一种你经常听说而也许从没见过的大型候鸟，它就是鸿雁。对，就是成语"鸿雁传书"中的那种鸿雁。鸿雁为啥能成为中国邮政通信的代名词，并早在 1897 年就登上了中国邮票呢？须知，中国现代意义上的邮政局仅仅是在 1896 年才正式成立的。换句话说，清政府在发行了大龙邮票后，很快就发行了鸿雁邮票。

原因之一是鸿雁的名声很好，特别是它们每年秋季的南迁常引起游子的思乡之情和羁旅伤感。历代文人更乐意用大量笔墨来极尽讴歌之能事。比如，杜甫在《天末怀李白》中叹道"鸿雁几时到，江湖秋水多"，李商隐在《离思》中泣道"朔雁传书绝，湘竹染泪多"，欧阳修在《戏答元稹》中吟道"夜闻归雁生相思，病入新年感物华"，戴复古在《月夜舟中》中唱道"星辰冷落碧潭水，鸿雁悲鸣红蓼风"，赵嘏在《长安秋望》中颂道"残星数点雁横塞，长笛一声人倚楼"，薛道衡在《人日思归》中咏道"人归落雁后，思发在花前"，屈原在《思美人》中歌道"因归鸟而致辞兮，羌宿高而难当"，传奇词人李清照则更是一会儿"雁字回时，月满西楼"一会儿又"雁过也，正伤心"。总之，若愿意的话，还可列出更多关于鸿雁的美妙诗文。

原因之二，也是更主要的原因是鸿雁关联着一个动人的爱国通信故事，即鸿雁传书。不过，略加分析就不难发现这肯定是一个虚构的传说。鸿雁传书只是理论上可行，毕竟任何能飞的东西都可用于空中通信，但实际上不靠谱，因为鸿雁至今也未被驯化，不可能乖乖地替人送信。

鸿雁传书的故事大意是说，汉朝与匈奴曾是一对冤家，彼此征战百余年。在此期间，为缓和局势，双方都多次互派使节，既想促进睦邻友好又想借机刺探情报。为此，匈奴扣留了数批汉朝使臣，汉朝也以牙还牙。故事的主角苏武便是众多被派往匈奴并被扣留的使臣之一。在公元前 100 年，由于匈奴政权更替，新单于为集中精力解决内乱，主动向汉朝示好，自称晚辈，并释放了以前扣押的许多汉朝使臣。汉武帝也投桃报李，派出了以苏武为首、张胜为副的新使团，以示诚意。可是到达匈奴后，该使团因卷入了一场匈奴宫廷政变而被捕。张胜等认罪投降，而苏武则宁死不屈，当场拔剑自刎。虽经旁人抢救而自杀未遂，但苏武终因流血过多而昏迷数日。在多次劝降无果后，单于便将苏武流放到人烟稀少的苦寒之地——西伯利亚的贝尔加湖畔，给了他一群公羊，声称待到这批公羊产崽下奶后，才允许他回汉朝复命。

就在苏武被扣不久，他的好友李陵将军也因兵败被俘。李陵很快就投降了匈奴，并受单于之命试图再次策反苏武。为了攻心，李陵带给了苏武许多致命打击，像什么苏母已于年前去世了，两个弟弟被汉武帝逼得畏罪自杀了，妻子已改嫁他人了，两个妹妹下落不明了，儿子过得很凄惨了，等等。总之，就是希望苏武断了归汉念头。但出乎匈奴意料的是，苏武仍不肯变节。在流放期间，苏武既要忍饥挨饿强咽生活艰辛，又要风餐露宿面对无边寂寞，还得忍受亲人噩耗的折磨，常常被思乡之苦折磨得痛不欲生。汉昭帝即位后，经数年协商，汉朝终于又与匈奴达成和解，双方还结为姻亲。汉昭帝不相信苏武会莫名消失，多次派出使者向单于要人，可单于一口咬定苏武已死多年，汉使也无计可施，一次次无果而返。直到有一次，汉使偶然从同样被羁押在匈奴的苏武当年的老部下口中得知了苏武的真相。于是，使者再次面见单于并谎称苏武没死，这些年来一直在北海牧羊。不久前，他还通过大雁为汉朝皇帝捎去了一封书信，云云。没想到，单于竟然中招了，听罢使者的故事后，他惊视左右，遂向汉使谢罪，随即把苏武放归汉朝。从此，鸿雁传书便传为千古佳话，高飞的鸿雁也因此成了信使的美称。

其实，只需稍稍冷静一点，单于就该识破使臣瞎编的这个故事。无论苏武有天大的本事，他也无法驯化一只从没到过皇宫的鸿雁将书信送到那里。即使今天的家鸽也只能单向从野外向鸽巢传信。当然，此故事的另一个版本可能更容易骗过单于。这个版本是：某天，汉朝皇帝在上林苑中打猎时射到了一只大雁，见其腿上系着一封书信，此信竟然是苏武利用大雁的迁徙习性传递到汉朝的，故皇帝方知苏武未死，于是便派使者前来接回苏武。当然，在关于苏武鸿雁传书的故事中，描述得最精彩、最简洁的当数李白的《苏武》一诗。诗曰："苏武在匈奴，十年持汉节。白雁上林飞，空传一书札。牧羊边地苦，落日归心绝。渴饮月窟冰，饥餐天上雪。东还沙塞远，北怆河梁别。泣把李陵衣，相看泪成血。"

关于鸿雁传书还有另一个更神奇的版本，只不过主角已由汉朝男变为唐朝女。传说，本为相府千金的王宝钏在彩楼上抛绣球招亲，砸中了乞儿薛平贵。为嫁命中注定的郎君，王宝钏离开相府迁居薛花子的寒窑。后来，薛平贵征西，王宝钏苦守寒窑十八载，靠挖野菜度日。一日，空中传来鸿雁的哀鸣，勾起了王宝钏对丈夫的思念。于是，她撕下罗裙，咬破指尖，写下血泪书信，托鸿雁传书给远方的夫君。当听罢王宝钏凄苦的唱词"无边相思托鸿雁，为我捎书赴西凉"后，那只忠贞的鸿雁感动得泪如泉涌，当即表示绝不辜负王宝钏的一片痴情，于是飞越千山万水，终将那封思念夫君、盼望夫妻早日团圆的血泪之书送到了薛平贵的手上。再看那薛平贵，展信痛断肝肠，边哭边唱道："我一见血书泪如倾，止不住大漠放悲声，恨不能插翅回寒窑，急切切向公主告实情。"薛平贵遂将血书呈给西凉国的玳瓒公主，非常幸运的是公主不但没怪罪薛平贵，更被王宝钏的坚贞所感动，特赦薛平贵回到家乡。从此，一对痴情男女托鸿雁之福，最终团圆。

其实，无论哪个版本，也无论传说的真假，鸿雁传书如今已成了书信来往的代名词。难怪汉朝奇女蔡文姬在《胡笳十八拍》中哭道："雁南征兮欲寄边声，雁北归兮为得汉音。雁高飞兮邈难寻，空断肠兮思愔愔。"

　　鸿雁传书的原型可能是更早期的青鸟传书，其主角青鸟最早出现在先秦古籍《山海经》中。青鸟本是一只三足神鸟，是西王母的随从与使者，居住在三危山上。青鸟不但力气大，还特别能飞。青鸟既能为西王母寻找美食，又能飞越千山万水为西王母传递信息。每次西王母驾临人间，青鸟都会先去传书报信。一次，西王母前往汉宫，青鸟又去传书，并一直飞到了皇宫的承华殿前。汉武帝看到这只美丽的鸟儿时甚为惊奇，便问大臣东方朔这只鸟叫什么名字，从哪里飞来？后者回复说，这是青鸟，是西王母的使者，它是来报信的，西王母很快就要到了。果然，说时迟，那是快，西王母已由另外两只美丽的神鸟左右搀扶着来到殿前。汉武帝与群臣赶忙迎接，热情款待。难怪陶渊明在《读〈山海经〉·其五》中写道："翩翩三青鸟，毛色奇可怜。朝为王母使，暮归三危山。我欲因此鸟，具向王母言：在世无所须，惟酒与长年。"

　　在后来的神话中，青鸟又演变成了凤凰。美丽的青鸟，美好的传说，引得文人墨客争相赋诗吟诵。李璟诗云"青鸟不传云外信，丁香空结雨中愁"；李白诗曰"愿因三青鸟，更报长相思"，但他仍嫌不够，又补曰"三鸟别王母，衔书来见过"；李商隐赋诗道"青鸟西飞意未回，君王长在集灵台"，又补曰"蓬山此去无多路，青鸟殷勤为探看"；韦应物颂诗曰"欲来不来夜未央，殿前青鸟先回翔"；崔国辅感叹道"遥思汉武帝，青鸟几时过"；曹唐盛赞道"歌听紫鸾犹缥缈，语来青鸟许从容"；胡曾诗曰"武皇无路及昆丘，青鸟西沉陇树秋"；曾士毅诗曰"幡影不随青鸟下，洞门空闭紫霞微"；姚孟昱诗曰"穆王驭骏旧时游，青鸟书传信久幽"；杨巍诗曰"青鸟已无白鸟来，汉皇空筑集灵台"；张帮教诗曰"黄竹歌堪听，青鸾信可通"；练国士诗曰"蟠桃难定朝天日，青鸟依然入汉时"；万象春诗曰"一双青鸟归何处？千载桃花空自疑"。

　　鸿雁传书除了上述贵族版外，还有许多平民版。其一说，唐朝开元年间，长安某女郭绍兰嫁给一个商人。可惜，丈夫在新婚不久就去湖南经商，数年不归。郭绍兰见堂中双燕在梁间嬉戏，心有所感，便吟诗一首："我婿去重湖，临窗泣血书。殷勤凭燕翼，寄与薄情夫。"郭绍兰刚把诗写好，受到感动的梁燕就一飞而下，衔走诗笺。数日后，忙于生意的丈夫刚回客栈，就见一只春燕在头顶盘旋，随即落于肩上。丈夫看罢妻子的来信，潸然泪下，赶紧收拾行李，回家团聚了。其二说，唐玄宗时期，茂陵才子霍都梁赴长安赶考，在曲江之畔偶遇礼部尚书之女飞云。因见霍都梁仪表堂堂、文采飞扬，飞云不禁陡生爱慕之意，但碍于礼法，无法表达，就在花笺上题诗一首。梁上春燕忽然飞冲而下，立即把诗笺衔给了霍都梁。后来，安史之乱爆发，飞云与父母离散，自己被贾仲南将军收作养女。无巧不成书，刚好霍都梁正在贾将军手下任职，因屡建奇功，受到贾将军赏识。贾将军把养女飞云嫁给了他。洞房花烛夜，新娘见夫婿就是自己当年暗恋的才子，喜出望外。霍都梁更因诗笺之事，感叹千里姻缘一线牵。后人根据这个故事，编写了戏剧《燕子笺》。

本来从未送过书信的青鸟、鸿雁、飞燕等为啥会如此备受追捧呢？这主要是因为古人通信实在太难，几乎无法获知远方亲人的下落，常常"九度附书向洛阳，十年骨肉无消息"。所以，面对通信难的惆怅与无奈，百姓只有将情思寄托于飞禽，让虚幻的青鸟等传递吉祥、幸福和快乐，以此抒发思乡和思亲之意。

关于飞禽传信的另一个有文字记载的古老传说发生在唐玄宗时期的首都长安，此事也许有一丁点儿靠谱，因为类似的现代版也曾有所报道。据说，富翁杨崇义的家中养了一只绿鹦鹉，其妻刘氏与李某私通，合谋将杨崇义杀害。官府派人至杨家查看现场时，养在厅堂上的鹦鹉忽然开口，连叫冤枉。官员甚奇，问道："莫非你知道谁是凶手？"鹦鹉回答："杀害家主的是刘氏和李某。"此案上报朝廷后，唐玄宗特封这只鹦鹉为"绿衣使者"。

谈罢传说，就该讲真事了。其实，家鸽才是历史上真正长期为人类特别是为普通百姓传递信函的飞禽，而且其送信成本很低，所以，至今它们仍享有"信鸽"的别称。具体做法是：发信人外出办事时，随身携带自家的信鸽，若需发信，便将信纸系于鸽足，再放飞信鸽，后者自然会依其倦鸟归巢的本能，迅速返回家中，顺便完成送信任务。鸽子比普通飞禽具有更强的归巢意愿和本领，这是因为它们对地球的磁场更敏感，而且特别恋家。当然，为了提高鸽子送信的速度和准确度，最好事先进行适当的选种、饲养和驯化。其中，驯化是关键，核心是要充分利用信鸽的生物及生理特点，把条件反射的效果发挥到极致。幼鸽刚出壳时绝不能缺水，但它又不会自己饮水。此时，若帮它喝水，就能让它产生强烈的恋主之情。驯化内容主要包括：基本训练、放翔训练、竞翔训练、适应训练和运动训练等。驯化的原则是"从娃娃抓起"，即从幼鸽开始训练，由简到繁，由近到远，由易到难，由白天到夜间。

早在公元前 3000 年左右，古埃及人就开始利用鸽子传递书信了。有关鸽子传信的最早文字记载见于公元前 530 年，当时有人利用信鸽传送奥林匹克运动会的成绩。中国也是养鸽古国，驯养信鸽的历史悠久。隋唐时期，广州等地开始普遍利用鸽子传信。比如，五代王仁裕的《开元天宝遗事》中就有关于"传书鸽"的记载："张九龄少年时，家养群鸽。每与亲人书信往来，只以书系鸽足，依所教之处，飞往投之。九龄称之为飞奴，时人无不爱讶。"这里的张九龄便是那位大名鼎鼎的唐朝政治家和诗人。他不但用信鸽来传递书信，而且给信鸽起了一个形象的名字"飞奴"。清乾隆年间，广东佛山等地开始每年定期举办各种信鸽比赛，参赛的信鸽多达数千只，有些信鸽的送信距离竟远达 200 多千米。如今，全球各地的信鸽协会数不胜数，规模大小各不相同。当然，人们现在饲养信鸽的主要目的是娱乐，不会再有人真正拿鸽子送信了。

历史上，有关信鸽传书的故事多如牛毛，这里只简要介绍几个与军事有关的故事。据说，当年汉高祖刘邦被楚霸王项羽所围时就是以信鸽传书、引来援兵脱险的。又如，张骞、班超出使西域时也是用鸽子来向皇帝传送信息的。再如，公元 1128 年，南宋大将张浚前往视察部下曲端的军队，可到达营地后，竟未见一兵一卒。张浚非常惊讶，质问曲端。后者闻言答道："部队早已整装待命，请首长具体指示要见哪个军？"张浚指着花名册说："第一军！"曲端领命，不慌不忙地放出一只鸽子。顷刻间，第一军将士全副武装，火速赶到。张浚大为惊讶，又命道："集结所有军队！"曲端又放出数只鸽子，其余部队很快都及时赶到。张浚大喜，不但重奖了曲端，还将其经验加以推广。其实，曲端放出的鸽子都是训练有素的信鸽，它们的身上早就绑好了调兵令。一旦放飞，这些信鸽就会立即回到事先指定的地点，传递军令。

除了飞禽外，风筝也是中国古代的一种空中通信工具。传说早在春秋末期，鲁班就曾"削竹木以为鹊，成而飞之，三日不下"。这种以竹木为材料制成的会飞的木鹊就是风筝的前身。到了东汉，蔡伦发明造纸术后，人们又用竹篾做架，再用纸张糊之，便成了纸鸢。五代时，人们在纸鸢上拴一竹哨，经风一吹，其声如筝鸣，"风筝"一词便由此而来。当时的风筝相当于现在的无人机，最初主要用于军事通信和应急通信。到了唐代，风筝才逐渐成为一种娱乐玩具，并在民间流传开来。据文字记载，楚汉相争时，刘邦围困项羽于垓下，韩信向刘邦建议，用绢帛竹木制作大型风筝，并在上面装上竹哨，于晚间放到楚营上空，发出呜呜的哭泣声。同时，汉军也高唱楚歌，引发楚军的思乡情，瓦解楚军士气，从而赢得了胜利。这就是成语"四面楚歌"的由来。

孔明灯是中国古代的另一种空中通信工具，最初用于军事目的，后来才慢慢演化成了天灯、文灯、许愿灯、祈天灯等寄情之物。如今，每逢元宵节和中秋节等重大节日，一些地方的百姓特别是汉族百姓非常喜欢施放孔明灯。男女老少亲手写下祝愿，然后让它们伴随孔明灯一起飞向天空。有些孔明灯甚至能在空中飘浮1小时之久。孔明灯备受青睐的另一个原因是它的别名"天灯"与"添丁"谐音，哪家不愿意"人丁兴旺，家景兴隆"呢？放天灯时，只需给纸筒中的碎布浇上油，点燃油布后，整个纸筒内就会充满热空气。每当天灯冉冉上升时，人间的美好祝福便也飘上了夜空。

关于孔明灯的来历，有多种说法。早期的说法是，相传早在五代时期（公元907—960），有一位随夫在福建打仗的莘七娘，她用竹篾扎成方架，糊上纸，做成大灯，底盘上放置燃烧着的松脂。大灯就能飞上天空，成为军事联络信号。这种松脂灯之所以叫"孔明灯"是因为其外形酷似诸葛亮的帽子。稍晚的另一种说法是，孔明灯是由诸葛亮发明的。当年诸葛亮被司马懿围困在平阳，全军上下束手无策。于是，诸葛亮想出一条妙计，算准风向后，命人拿来白纸千张，糊成无数小灯笼，再利用热空气向上的浮力，使小灯笼升空。当众多小灯笼布满夜空时，蜀兵随即高呼："诸葛先生坐着天灯突围啦！"司马懿信以为真，便带兵向天灯方向追赶，诸葛亮也就借机脱险了。于是，后世就称这种灯笼为孔明灯。

孔明灯在国内的传播非常广泛，在各地的用途也千奇百怪。大约在清朝道光年间，孔明灯由福建惠安、安溪等地传入台湾的基隆河上游地区。当时，这些地区的匪患猖獗，原住民不得不经常逃入深山避祸。待土匪撤退后，村中留守人员就在夜间施放孔明灯作为信号，告知山中逃难的村民可以下山回家了。后来，村民也借此种方式来报平安。有一次，避难回家的日子正好是农历正月十五的元宵节。从此以后，每年的元宵节，这些地区的村民便以放天灯的仪式来庆祝节日，互报平安。这也是孔明灯被称为祈福灯或平安灯的原因。

原理与孔明灯几乎相同且至今仍受全球探险人士追捧的另一种空中通信工具便是热气球。其实，无论是孔明灯还是热气球，它们之所以能自动升空都是因为空气受热膨胀，从而产生向上的升力。热气球是在 18 世纪由法国造纸商孟格菲兄弟发明的。当时，他们受到碎纸屑在火炉中不断升起的启发，用纸袋把热气聚集起来做实验，发现纸袋能随气流不断上升。1783 年 6 月 4 日，孟格菲兄弟在里昂的安诺内广场上公开表演，让一只周长为 33 米的气球飘行了约 2.5 千米。当时那只气球非常粗陋，是用糊纸的布料制成的，接缝处则用扣子扣住。同年 9 月 19 日，在巴黎的凡尔赛宫前，孟格菲兄弟又为国王、王后、宫廷大臣及 13 万巴黎市民进行了更大型的热气球升空表演，还搭载了首批乘客——公鸡、山羊和鸭子各一只。同年 11 月 21 日下午，孟格菲兄弟又在巴黎的穆埃特堡进行了长达 25 分钟的首次热气球载人飞行。在跨越半个巴黎后，热气球安全降落在意大利广场附近。这次飞行比莱特兄弟的飞机升空早了整整 120 年。

热气球最初也被用于军事通信和侦察。在 1870 年的普法战争中，巴黎被围，法国人曾用热气球在夜间将人和信件送出包围圈。现在热气球飞行已成了诱人的旅游项目，很多景区都少不了热气球观光项目。由于高科技材料的出现，热气球已成为不受地形约束、操作简便的体育项目。1978 年 8 月 11 ~ 17 日，"双鹰 3 号"热气球成功飞越大西洋。3 年后，它又成功飞越太平洋。国际航空联合会曾将热气球列为最安全的飞行器。据了解，全世界约有 2 万只热气球。在欧美等发达国家，热气球更成了一项热门运动，几乎每天都有热气球比赛和活动。热气球曾创造了升空 34668 米的纪录。

此外，飞箭、飞刀、飞石、飞炮等所有能飞的东西其实都可以当作空中通信工具，而且办法也很简单，只需将信件系于其上就行了。在隋唐时期，突厥人没有文字，他们常用金镞箭作为信契，用蜡封印。武侠小说和军事故事都添油加醋地对这些千奇百怪的空中通信工具进行了零星记载，此处就不再啰唆了。当然，如今最主要的空中通信工具肯定是飞机，只是大家对它太熟悉了，此处直接略过。火箭、导弹等也可用于空中通信，主要是太空通信，即向太空基地输送必要的物资和信件等。

6.4 邮驿通信

前面三节主要介绍了各种非电通信技术。其实，通信的真正核心不是点对点的信息传输技术（虽然它们确实是基础），而是组网，否则很难普及。比如，烽火通信系统之所以难以推广就是因为它的组网太难，效率也不高。所谓通信组网，其实就是使信息在传输过程中，能根据需要进行各种拆分和组装，就像列车的编组能大大提高运输效率一样。在非电通信的历史长河中，最成功或最主要的通信网络便是古老的邮驿通信系统，以及由它发展而来的现代邮政系统。本节重点介绍古代邮驿系统的组织管理架构，而不再关心具体的通信手段。

早在公元前 558 年，波斯就有了邮政驿站，配有待命的信使和驿马，邮件以信使间接力的方式在各驿站间急速传递。在不同的历史时期，我国邮驿系统的名称各不相同。从先秦时期开始，邮驿的曾用名有羁、传、邮、驲、置、驿、馆等。为简洁计，下面尽量将这些大同小异的名字统称为邮驿。在机械力出现以前，邮驿主要靠专人加快马。每隔一定距离就有一个驿站，传输速度取决于信封上所标注的紧急程度，一般每天可传递三百里。如遇紧急情况，每天可传四百里或六百里，最高速度可达每天八百里。当然，邮驿的发展经历了漫长的历史过程，而且与当时的政治、经济等情况密切相关。

中国最早的有文字记载的邮驿出现在商朝。据殷墟甲骨文记载，在商朝盘庚时期已有边疆通信兵，当时称为"僖"；而且已有邮驿的雏形，当时称为驲传制度。据《周礼》的记载，在周朝官职中专门设置了主管邮驿的官员，称之为行夫，其职责是"虽道有难，而不时必达"。西周时已建成了以首都丰镐为中心的邮传网路，负责传递政令和军情等，当然不传民间消息。当时的主要传信方式是步传和车传。步传，即依靠步行投递，当时称为"徒遽"；而车传则依靠车来传递，当时称为"传遽"。传信人称为"邮人"，他们通过邮驿系统，在上至最高层、下至各县之间往返传送邮件，按规定"不得遗漏任何一个县府"。商周的邮驿系统已初具规模，在要道处设置了驿站，供在送信过程中更换人马，使邮件的传送能全速接力。为了确保邮驿系统的安全，邮人在送信途中需要在驿站中住宿或使用车马等时，都得出示有关部门颁发的专用凭证。最初的凭证有 6 种，分别是龙、虎、人、符、玺、旌等，各种凭证的使用也有严格规定。《周礼》中规定"山国用虎节，泽国用龙节"。后来，这些凭证被统一简化为一种符节，称为"路节"。周朝还出现了著名的阴符与阴书，它们是我国有文字记载的最早的加密通信方式，据说是由姜子牙发明的。春秋时期出现了另一种更快的传递方式，即用快马轻骑接力的"马传"，可以长距离快速传递邮件。春秋的邮传系统已能"北通燕蓟，南通楚吴，西抵关中，东达齐鲁"。难怪连孔子都说"德之流行，速于置邮而传命"，意指他所提倡的道德学说会比邮驿送信传播得更快。可见，那时的邮驿通信已相当完备，而且速度很快。

秦汉时期，邮驿又得到进一步发展，通信方式由过去的"以专递为主"改进为"以接力为主"，可对邮件适当加以分拣，中央也加强了对各地的管控。"车同轨""书同文"等政策促进了全国性的邮驿交通网络的发展。国家主持修建了以咸阳为中心的通往各地的专用驿道，这相当于现在的国道，包括通向北方的直道与回中道，通向西南的栈道和五尺道，经蒲津和平阳通往云中的河东道，经函谷关、洛阳、定陶通往临淄的东道，以及经南阳通往吴楚的南道等。总之，这些陆路要道已成为与邮驿相伴的交通网络。在驿道上设置有邮亭和传舍等交通设施以及多种通信机构，比如规模和级别不等而功能大同小异的邮、传、驿等。这里的传舍就是邮人停宿之地，每隔 15 千米即建一个。以步行传信称为邮，适用于短途普通慢速邮件的传递，平均每小时走 2.5 千米，但要求当天邮件当天送完。与之配套的有邮亭，每隔 2.5 千米便设一个，供邮人休息时用。以车传递称为传，每天要行 35 千米，最多每天可行 150 千米。以马传递称为驿。驿站与传舍的共同点在于它们都能提供食宿与车马。此时对所传递邮件的管理更加精细，除了有专人负责传递和管理邮件外，还会按照紧急程度将信件分为急件和普通件。皇帝诏令等当然属于急件，必须立即送出。普通件则只需当日送出就行。此时还制定了邮驿的相关法律，涉及邮件的传递、传舍等方面，以保障邮驿系统全面正常运转。为了防止邮件中途泄密或被调包，秦时的书信都写在竹简上，传递前先将邮件捆扎妥当，并在结绳处使用封泥，加盖印玺，以防私拆。对于写在绢上的书信，则要将其装入特制的书袋中。同时，邮人的入职要求较高，老弱和失信之人将被拒绝。汉武帝时已开始建立国际邮路，其中最著名的就是丝绸之路。汉代邮驿的主要流程包括封发、运递和时限核查三项。

《左传》中记载了一个秦汉时期邮驿系统拯救国家的故事。秦国和晋国这两个强国图谋联合进攻弱小的郑国。在情急之下，郑人巧用晋位于秦郑之间的事实，成功地离间了秦晋联盟。当时郑人的理由是：郑国灭亡后，晋国将占尽地理优势，秦国则可能分不到任何胜利果实。还不如秦、郑马上结盟，互惠互利，秦国至少可以获得郑国丰厚的进贡。秦国认为有理，随即罢兵。郑国也狂表诚意，甚至将自己国都北门的钥匙交给秦国使者保管。可哪知秦国想借机独吞郑国，并暗自派兵试图发动长途奔袭。当秦军路过滑国（今洛阳东面）时，正在此处做生意的郑国商人弦高偶然发现了这个秘密。弦高临危不惧，赶紧双管齐下。他一边通过当时的邮驿系统，星夜向郑国报警，请求立即全面备战，迎头痛击入侵者；另一边又假扮郑国的邮驿使者，用他刚贩的 12 头牛去犒劳秦兵，并暗示对方郑国早已得到消息并已备战完毕。秦军见偷袭无望，只好放弃，顺便灭掉滑国而回。

魏晋时期，社会动荡，政权频繁更迭，全国性邮驿系统惨遭破坏，但区域性邮驿网络得到了充分发展，显示出其特有的活力与格局。这时邮驿的发展体现在三个方面。一是在法律方面出现了首部邮驿法《邮驿令》，对邮驿机构的人员、传送速度及保密要求等都做了详细规定，为后世类似法令的制定提供了蓝本。另一种说法是早在秦朝就出现过国家级的通信法令《行书律》。二是传、邮、驿逐渐统一。因此，基于车、马和人的邮递系统得到了集中管理和统一调度，邮驿的效率更高。随着马传的普及，以步传信的邮就逐渐被边缘化，以马传信的驿开始成为主流。到了北周后，驿道沿途几乎只剩下驿而没有邮了。这时，邮、传、驿三者的统一过程基本完成，这是邮驿史上的一个重要里程碑，为后来隋唐的邮驿体系建设奠定了基础。三是区域性邮驿得到空前发展。蜀汉时期，西南地区得到开发，以成都为中心，重修了子午道、褒斜道、金牛道，并在金牛道上开凿剑山，架设阁道，沿途设置邮驿；修复了四川至宜宾的石门道；疏通了自汉源（当时叫旄牛）经严道至临邛的驿路；开辟了岷山至常德（当时叫武陵）的驿路，从而形成了大规模邮驿网络，为以后蜀国的南征北伐奠定了基础。当时蜀国和吴国间的邮驿盛况被古人描述为："东之与西，驿使往来，冠盖相望，串盟初好，日新其事。"在通信牌符方面，曹魏又增加了一种凭证——信幡，这就使得路人很远就能辨别飞速驶来的信使，以便提前为其让道。

隋唐时期，随着中国的再次统一，邮驿体系更加完善，并首次实现了邮驿与烽火的无缝对接。除了人和马，骆驼也开始用于邮驿，特别是边塞军情的紧急传递。隋朝修建了西安至洛阳的两京驿道，形成以西安（当时叫大兴）为中心的驿道交通网，使得从西安出发，往西北可至河西走廊并通向西域，往南可远至南海，往西南可至成都（当时叫蜀郡）等。那时，全国驿道四通八达，而且与通往国外的道路相接；由于大运河的开凿，水路邮驿也越来越发达。对于此时的邮驿盛况，《隋书·食货志》中有详细的记载："诸州调物，没岁河南至潼关，河北自蒲坂，达于京师，相属于路，昼夜不绝者数月。"唐朝在隋朝的基础上又开辟了几条新驿道，包括关中至成都的骆谷道、长安至蒙古哈尔的参天可汗道以及长安至涪陵的荔枝道（据说该道是专为供杨贵妃吃荔枝而修建的）。

除了驿道建设外，隋唐邮驿的管理也更完善了。此时的邮驿组织分为馆与驿。其中，馆是在州与县以上行政区设置的宾馆，负责接待官员住宿与更换马匹；而驿则设置在驿道上，每 15 千米设一驿，既负责接待官员和使者等，也负责传递公文和军情。为保障邮驿畅通无阻，隋唐政府重点抓了以下两方面的工作。一是行政方面，在中央尚书省下设置驾部司，负责管理全国馆驿，并有令史专门负责核验用于邮驿的各项凭证。在地方上，各道节度使之下设置了馆驿巡官，专管驿政。在各州有兵曹，在各县有县令掌管驿政。二是监察方面，各道都有判官负责考核邮驿官员，进行奖罚、升迁等。此外，还设有御史，负责巡察各地驿站。隋唐时期，政治的清明与经济的发展为邮驿的发展提供了基础；反过来，邮驿系统的完善又促进了交通和商业的发展。据文字记载，唐玄宗时期，全国大约有 1600 个驿站，其中水驿 200 多个，陆驿 1200 多个，水陆相兼驿约 200 个；邮驿人员约 2 万人，其中在路上来回奔跑的驿夫约有 1.7 万人。

唐朝对邮驿速度的规定是：普通马每天跑 35 千米，驴每天跑 25 千米，车每天跑 15 千米，快马每天跑 90 千米，再快的则要求日行 150 千米，最快的要求日行 250 千米。安禄山在范阳起兵叛乱，当时唐玄宗正在华清宫，两地相隔 1500 千米，6 日内唐玄宗就知道了消息。可见，传递速度已达每天 250 千米。唐玄宗讨好杨贵妃时，便是用快马从涪陵向长安递送鲜荔枝（"一骑红尘妃子笑，无人知是荔枝来"），足见当时邮驿系统之高效。在唐朝法律中，对邮递过程中的各种失误都有非常细致的处罚条例。比如，要求驿站长官必须每年呈报经费支出和驿马死损肥瘦等情况。若有驿马意外死损，长官将负责赔偿；若谁胆敢私自裁减驿员和马匹，则被杖罚一百。对驿丁的处罚更严厉：驿丁抵站，必须换马更行，否则杖罚八十；邮件误期分派，杖罚一百；邮件晚到一天杖罚八十，两天加倍，以此类推，直至判刑二年。唐朝还通过邮驿系统，面向各州县官员发行了中国最早的一份报纸《开元杂报》。唐朝时，中日往来频繁，唐驿也被引入日本。所以，从架构、方式、设备、工具等方面来看，日本的邮驿都与唐驿大体相同。至唐朝末期，日本已有 400 多个驿站。

宋代最快速的邮驿称为急脚递，它并非人力的步递，而是一种特殊的马递，且要求日行 200 千米。在宋朝，驿馆和邮局（当时叫递铺）的职能已经分离。邮局专门负责传递文书，每隔 9 ~ 12.5 千米设一邮局，分别有步递、马递、急脚递和金字牌急脚递。皇帝向岳飞连下的 12 道金牌就是由金字牌急脚递传递的，上书"御前文字不得入铺"等字样。这种文件不能在邮局停留，传递人员在快到邮局时就开始摇铃，局里人员听见铃声时就必须提前在门口等候，准备接手传往下一站。整个过程像接力赛那样，一路鸣铃，过如飞电，行人望之避路，昼夜不停。与以往的邮驿相比，宋朝的邮局有三大优点：一是距离短，机构多，邮件的分拣更合理；二是昼夜不停，接力传送，速度更快；三是深入内地，形成规模庞大、四通八达的通信网，规模效益更好。宋朝的邮件保密制度更为完善，出现了诸如字验、数递、色递、字递、物递等多种先进的保密手法。宋朝还颁布了最完整的通信法规，即后来被《永乐大典》辑录其中的《金玉新书》。宋朝邮驿的发达情况被沈括在《梦溪笔谈》中描述为"急递最速，唯军兴用之"。宋朝的邮驿制度还有一个重大突破。公元 985 年，宋太宗下令，首次允许臣僚的家信交驿附递，这在过去历朝历代是被绝对禁止的。元朝基本上延续了宋朝的邮驿体系，只是速度更快，马匹更多，毕竟蒙古族本来就是马背上的民族，而且元朝军事活动的范围更广，需要高速邮驿通信。此时，邮差传信时必须悬铃、持枪、挟雨衣，夜里还要举着火炬。每到路狭处，邮差就用力振铃，其他车马闻铃必须避至路旁。元世祖时，还制定了《站赤条例》。这里的"站赤"是驿站的蒙古语音译。据《马可·波罗行纪》中的记载，元朝共有驿马 30 万匹，每 12.5 千米必须设一个驿站，大型驿站有 1 万多个，每个驿站都有宏大华丽的房屋，内备的床铺和被褥皆以绸缎制成，居室物品一应俱全。

明初，朱元璋曾下令：非军国大事，不能擅用驿马及邮递设施。但颇具讽刺意味的是，他的两个女婿都违犯了此规定：驸马郭镇从辽东回京时私自用邮驿运回了三缸榛子，被朱元璋罚交了运费，并张榜通报。另一位驸马欧阳伦更过分，竟用邮驿系统走私茶叶，结果被皇帝岳父判了死刑。首辅张居正带头遵守此规定，无论是儿子参加科举考试还是自己回老家给父亲祝寿，他都没敢动用邮驿系统，完全自费出行。明朝的邮驿系统虽然本身没啥建树，但孕育了许多影响中国历史的大人物，下面简要介绍其中的 3 位。

大人物之一本是最底层的一名小邮差。在明朝末年的驿站制度改革中，他因丢失公文而被裁撤，失业回家，并欠了一屁股债。同年冬季，他被债主告到米脂县衙，被县令判罚游街示众，幸被亲友救出才拣回一条命。年底，他杀死了那位告发他的债主。接着，他再因妻子与野汉通奸，又杀了妻子。终于，背负两条人命的他于崇祯二年二月参加了意在推翻明朝统治的农民起义。在军中，他越战越猛，地位也越来越高，最终竟成了首领，并率军打进皇城，逼死了崇祯皇帝，然后自己坐上了龙椅。对，你肯定已经猜到了，这位著名的邮差就是只当了 42 天皇帝的李自成。

大人物之二名叫徐霞客。他之所以能成为历史上著名的地理学家、旅行家和文学家，之所以能写出不朽名著《徐霞客游记》，其实是因为他像其他明朝邮差那样，拥有一张能在所有驿站免费吃住的"马牌"，但又不必像其他邮差那样真的去送信。换句话说，当其他邮差在驿道上辛苦送信时，徐霞客却在各旅游景点更辛苦地写游记。

大人物之三是过去 600 多年中对中国影响最大的思想家、哲学家、书法家、军事家和教育家，他也是中国历史上能与孔子并肩成为仅有的两个"三不朽人物"。对，他就是王阳明，他的最主要的成就《阳明心学》也是他在被贬为贵州龙场驿臣期间完成的。

清朝的邮驿系统由驿、站、塘、台、所、铺 6 种组织构成，邮驿速度可达每天 300 千米。当时全国至少有 2000 个驿站，7 万名驿夫，1.4 万个邮局，约 4 万名邮局员工。为了满足日益增长的邮件通信需求，清政府在无驿站的州县普遍设立了较小规模的县递，用于地方间的通信，以弥补干线驿路的不足。清朝邮驿系统的规模庞大，驿站和邮局星罗棋布，网路纵横交错，无论在广度和深度上都超过了以往任何朝代。咸丰年间，清朝又效仿西方设立了邮政局。从 1896 年开始，真正具有现代意义的邮政系统——大清邮政正式运行。1913 年，北洋政府宣布撤销全国驿站。从此，现代邮政才彻底取代了古代邮驿系统。回顾历史，历朝历代的统治者都高度重视邮件的传递；反过来，不断发展的邮驿系统也为国家的统一和中外文化交流做出了重要贡献。

古代邮驿系统都只为传递公函服务，民间通信咋办呢？下面就来唠叨唠叨。当然，民间通信的系统性远不如官方的邮驿制度。这方面没有权威的文史资料可考，甚至连精确的时间节点也难说清，但好在这些细节并不重要。

先来说说古代民间通信的"信封"。唐朝时，富人开始用大约一尺长的绢帛来写信，故此时的书信又称为"尺素"。为了携带方便和保护隐私，此类绢帛通常会被折叠成双鲤鱼形。这便是"软信封"。于是，文人墨客开始对这种特殊的物件大书特书。唐朝李商隐在《寄令狐郎中》中赋诗道："嵩云秦树久离居，双鲤迢迢一纸书。休问梁园旧宾客，茂陵秋雨病相如。"所以，在古诗中，读到"鱼"字时，可千万别只想到吃，否则可能崩坏了牙。若是看到诸如"鱼素""鱼书""鲤鱼""双鲤"等字眼，那就更可能是在指书信或信使了。其实，书信和鱼的关系早在唐朝以前就有了。秦汉乐府诗集《饮马长城窟行》记载了秦始皇为修长城强征大量男丁服役而造成的人间悲剧，特别是妻子思念丈夫的离别之情。其中一首诗写道："客从远方来，遗我双鲤鱼。呼儿烹鲤鱼，中有尺素书。长跪读素书，书中竟何如？上言长相思，下言加餐饭。"这里的"双鲤鱼"其实是一种"硬信封"，它是用两块木板拼起来的木刻鲤鱼，内有凹槽，用以容纳信件。实际上，在纸张发明前，穷人的书信常写在竹简或木牍上，然后将它们放进"硬信封"中，接着用绳索捆扎数圈，再穿过一个方孔缚住，并在打结处用黏土封好，盖上印章。这就成了保护隐私的"封泥"。当然，"硬信封"的外形除了鱼形之外还有雁形等。

　　再来说说古代民间通信的组织机构。随着社会的发展，民间的通信需求也越来越大，出外经商的、做工的、当兵的等都想与亲友通信。特别是各地商人还需要互相交流行情、洽谈贸易、寄递账单等，于是民间通信业应运而生了。大约在唐朝时，长安与洛阳间就有了专门为商人服务的驿驴，即骑驴送信者。到了宋朝，民间邮递已比较普遍了。特别是到了南宋，已出现半官方的邮驿机构——摆铺，可同时传递官方文书和私人信函。明朝初年，西南地区又出现了一种名叫麻乡约的民邮机构。那时，许多湖北人移居到四川，他们想念家乡，所以每年都要定期举行集会，并推举代表回乡探亲，同时也帮其他同乡捎带书信和包裹。慢慢地，这就成了传统。后来，干脆成立了名叫麻乡约的商行，专门负责替人传递包裹和信件，兼营货物运输。至永乐年间，比较专业的民邮机构——民信局终于出现了。它首先在水陆交通重镇宁波得到普及，这得益于当地有许多人在外经商做官，彼此间的书信交往非常频繁，而托人代转又不便，不但速度慢，而且不太可靠。后来，民信局迅速推广到全国各地，尤其是大城市和沿海口岸。民信局一般都有既定的管辖范围，路途遥远的邮件常需数个民信局互相合作，才能最终完成邮寄任务。在咸丰和同治年间，全国大小民信局多达数千家。按照传递范围，民信局可分为两大类：一是以传递国内信件为主的民信局；二是以传递海外华侨及其家属的邮件为主的民信局，又称为侨批局。其实，侨批局本该称为侨信局，只因在福建方言中错把"信"说成了"批"。在现代邮政局出现前，侨批局在海外相当发达，比如新加坡的侨批局曾多达 50 多家。

6.5 通信交通

在英文中，"通信"和"交通"其实是同一个单词"communication"，而在国内普通人甚至通信界和交通界的专家面前，它们的差别好像很大，有点风马牛不相及之意。这或许是因为 1949 年后我国的交通和通信事业分属交通部和邮电部等不同部门管辖吧。不过，在《现代汉语词典》中，"交通"的词义之一为"原是各种运输和邮电事业的统称"。所以，"通信"应该算是"交通"的一部分。难怪过去若干朝代都将代表通信的"邮"和代表交通的"驿"合称为"邮驿"。更准确地说，通信中的"非电通信"部分应该属于标准的交通，所有交通工具都可当成通信工具。实际上，只需将邮包当成要运输的物品就行了。当然，一般来说，邮件的分拣比交通集散或物流分配更复杂，邮件对速度的要求更高。反过来，交通所运输的所有物品在某种意义上都可以当成某些信息的载体，此时的交通就真的变成了通信，而且只是通信中的"非电通信"部分，毕竟"信件"不一定非得用纸张才能书写嘛。

一旦承认"交通"和"通信"是同义词后，通信的内涵和外延将大幅度扩展。衣、食、住、行是人类最基本的生活需求，四者缺一不可。其中的"行"就是通常意义上的交通，指人和物的有目的的时空移动，以此实现两地间的交流。更一般地说，包括人在内的所有动物与其他生物的本质区别在于能不能自己行动，而这里的"动"当然就是"交通"。"交通"的概念最早可追溯至《易经》中的"天地交而万物通"。而作为一个完整的词语，"交通"最早出现于春秋战国时期。当时，它的含义甚为广泛，包括人际交往、信息传递、万物生长等。看来本书第 2 章介绍的生长通信还真有其历史根据呢。若古人知道遗传学，那么他们肯定就会同意本书第 1 章中介绍的遗传通信观点。不过，汉晋之后，交通才主要指人和物的时空流动，其含义已接近现在之意。

　　既然"交通"与"通信"是同义词，那么本节为啥又叫"通信交通"，而不直接简化为"交通"呢？一方面，想强化这两个词之间的联系，毕竟它们过去被有意或无意地分隔开了；另一方面，中文本来就喜欢将同义词重叠使用，比如"交通运输"一词也是两个同义词的叠加。本节将换个视角来看一下交通简史，并介绍一些过去被通信界（甚至是交通界）忽略的有趣故事。当然，这里以古代交通为重点，因为现在每个人每天都在零距离接触各种交通，压根儿就不需要我们再来介绍近代、现代甚至未来的交通知识。比如，谁都知道交通的主要方式有 5 种，分别是铁路、公路、水路、空路和管道。当然，在不远的将来可能还会有天路，即地球与太空之间的交通。谁都知道这些交通方式所对应的主要交通工具分别是火车、汽车、轮船、飞机、管道和火箭等。因此，下面穿越到远古，参观一下先人们的高科技交通成就。

　　与人类同时出现的人力交通至少包括步行和肩扛，后来又增加了游泳等方式。此外，还有一项容易被忽略的快速人力交通，那就是滑雪。滑雪的起源大概可追溯到 1 万年前的新疆阿尔泰山地区。关于滑雪的文字记载可追溯到大禹时期。据《史记·夏本纪》，大禹在治水时是这样四处奔波的："陆行乘车，水行乘船，泥行乘橇，山行乘檋。"此处的"橇"就是雪橇；"檋"或是某种防滑鞋，或是另一种人力交通工具——轿子。《史记正义》解释道："橇，形如船而短小，两头略微翘起，人曲一脚，在泥上探行。"后人在此基础上，将橇用于冰雪上行走，就成了雪橇。隋唐时，北方少数民族已普遍开展冰雪运动。宋代时，滑雪成了一种颇受追捧的游戏，叫"冰嬉"。《宋史·礼志》称："幸后苑观花作冰嬉。"这时还出现了冰床，数人坐在木板上，由一人拉动，在冰上滑行。元代时，滑雪和滑冰叫"骑木"，而且雪橇已被正式用于交通运输。《大明一统志》中记载道："元代，滑雪板亦称木马，其形如弓，系足急行，可及奔马，但只可行于冰雪。"再往后，就有了中国古代首届冰上运动会。据《满洲老档秘录》中的记载，1625 年正月初二，努尔哈赤举行了盛大的冰上运动会，第一个项目是冰球，然后是跑冰鞋（即滑冰）。

　　人力交通之后的另一个里程碑就该是畜力交通了。概括来说，除人力之外，畜力可能是最早被人类利用的交通动力。畜力从何而来呢？相关考古资料记载，早期被人类驯化的动物及时间表大概是：大约在 1.3 万年前，狗就在美洲被驯化了；大约在 1.2 万年前，山羊和绵羊就在西南亚被驯化了；大约在 1.1 万年前，猪就在西南亚被驯化了，同时鹿可能也在欧洲被驯化了；大约在 1 万年前，牛就在西南亚被驯化了；大约在 8000 年前，羊驼就在美洲被驯化了；大约在 7000 年前，水牛就在中亚和东亚被驯化了；大约在 6000 年前，驴就在西南亚被驯化了，同时马和瘤牛也在中亚和东亚被驯化了；大约在 5000 年前，骆驼（大夏型）就在中亚和东亚被驯化了；大约在 4000 年前，单峰骆驼就在西南亚被驯化了，同时猫在非洲被驯化了，豚鼠也在美洲被驯化了；大约在 3000 年前，火鸡就在美洲被驯化了。简单地说，早在 5000 年前，在人类进入文明社会之前，至今仍被广泛使用的主要畜力动物（牛、马、骆驼、鹿、狗、驴等）都已被驯化，因此都可以作为交通畜力使用了。此外，关于马和驴杂交生下骡子的时间大约是公元前 600 年。实际上，一种说法是中国在 2400 年前的春秋战国时代就已有骡子了，当时它们还被视为珍贵动物，只供王公贵族玩赏。另一种说法是汉代通西域后，骡子才从中亚输入中国。当然，至于这些被驯化的大型动物何时开始被用作交通畜力，则是另一个问题了，而且其时间节点肯定也是千差万别。一般来说，它们会先被用来提供肉和奶，然后被用作驮兽，再被用作骑兽，最后在交通容器出现后才被用来搬运重物、拉车和拉雪橇等。西伯利亚的牧人早在公元前 500 年就开始取用驯鹿的乳汁，更早的时候则是直接吸吮驯鹿的乳头。大约在第一个千禧年开始时，驯鹿就被用作驮兽，然后又被当成骑兽，用于搬运重物和拉雪橇。

人类交通史上的第三个里程碑可能是发明各种交通容器，包括无轮容器和有轮容器。交通容器是在何时出现的呢？这是一个很难精确回答的问题。在没有文字记载的情况下，人类为此探索了十几万年时间，也有了相关发明成就，但是有些发明会在不同地区同时出现或先后独立出现，有些发明出现的时间和发明者无法精确考证，有些发明甚至可能在失传后再次被后人独立做出。不过，无论有多难，我们也要努力寻找可能的答案。

无轮容器肯定比有轮容器出现得更早，因为被运输的物体本身就可以当作容器使用，只要路面足够光滑，只要牵引力足够大，就可以完成运输任务。比如，猿人杀死大型猎物后努力将其拉回洞穴的过程就是利用无轮容器的过程。另一个更具说服力、时间更精确的例子是，古埃及人在约公元前 3000 年开始建造金字塔时只能采用这种生拉硬拽的方法来运输重达 100 多吨的巨石。当然，此处无法细究当时古埃及人到底是平整了地面还是在巨石下垫上了滚木。

有轮容器的主要代表当然是车辆，而车辆出现的前提便是轮子的发明。若不考虑滚木这种最原始的轮子（滚木的历史没法考证），轮子的发明本身就是一部非常精彩的史诗，其重要性仅次于 150 万年前人类学会用火。实际上，轮子至今仍是所有陆地交通的最关键的部分，很多机械设备都少不了各种各样的轮子。首先梳理一下有关轮子和车辆的一些考古事实：在德国弗林特贝克的巨石墓下发现了公元前 4800 ～ 4700 年的车辙，在波兰的布洛诺西也发现了公元前 4610 ～ 4440 年的一个绘有车形图案的罐子；在叙利亚的晚期乌鲁克遗址中发现了公元前 4500 ～ 4400 年的一幅壁画，其中有一个带有轮子的模型和"货车"；在匈牙利的一座墓穴中出土了约公元前 2900 年的车形陶杯。总之，在 6000 多年前的青铜器时代，人类已经发明了轮子和车辆，虽然具体细节可能有出入。

考古界在轮子的演化方面已达成了若干共识。在垂直转动的车轮出现前，人类已发明了水平转动的制陶轮子，此类轮子至今还用在制陶过程中，以确保陶器能被制成圆形。最简单的陶轮只需一对盘形轮，盘间有一根直立的竖轴；工匠一边转动轮盘，一边将黏土置于其上，以塑捏成型。在制陶轮的启发下，美索不达米亚人发明了车轮。实际上，只需将竖轴陶轮改成横轴就行了。最早的车轮只是一些圆形木板，而且车轮与车轴被固定在一起，车辆前行时，车轮与车轴同时转动。大约公元前 3000 年，车轴已被固定到车体上，车轮不再与车轴固定，而是独立转动，这就使得推车更省力。再后来，又出现了装有轮辐的车轮，这就使得车轮更轻便。多方面的考古证据显示，轮车最早由人力推动，主要用于各种礼仪场所中的祭品运输。车轮很早就被用于制造可冲入敌阵的战车，战车后来又被用作作战平台，供士兵从上往下展开攻击。

关于中国的轮子和车辆，也有多种说法，当然都是传说，仅供参考。关于造车的灵感来源有以下两种说法。《淮南子》中说，中国古人"见飞蓬转而知为车"。

这里的飞蓬是一种团状草类，枯萎后的飞蓬在狂风下会像皮球那样在地上翻滚前行。另外一种说法是，先人模仿月亮的外形造出轮子后，偶然发现它们能轻松转动，于是就将它们用于制作陶器和车辆。关于轮车的发明者，又至少有以下 4 种说法。其一，车辆是由黄帝发明的，甚至黄帝的名字"轩辕"本身就是"车辆"的意思。黄帝把木头插在圆轮中央，使它运转，因而造出了有轮车。其二，英国史学家李约瑟认为，中国在公元前 2500 ~ 前 1500 年就出现了有轮车。其三，《左传》中提到车辆是由夏初的奚仲或大禹发明的，大约出现在公元前 2000 年。其四，在 3000 多年前的殷商文物中发现了殉葬用的车辆，因此，至少在公元前 1000 年，中国就已出现了车辆。这种车子由车厢、车辕和两个车轮构成，显然已是比较成熟的交通工具了。

人类交通的第四个里程碑当数发明畜力车。学会了利用畜力，又发明了车辆，并不等于就有了畜力车。实际上，为了制造畜力车，人类又探索了约 2000 年。畜力车的典型代表是至今仍在使用的牛车和马车。其中，马车最初只是由一匹马拉的双轮车。大约在公元前 2000 年，黑海附近的大草原上的几个部落带着马匹来到幼发拉底河附近，开始让马拉带有轮辐的车辆。这种车辆既轻便又易于操纵。在此后的 1000 多年里，马车就成了世界各地的主要运输工具。后来，马车发展成了四轮车，由多匹马协同拉动，既快又稳，还能运载更多的物品。当然，四轮车对道路平整性的要求比两轮车高一些，不宜在崎岖的道路上快速前进。马车的速度取决于马的体力和驾车人的技艺，一般可达 20 千米 / 小时。若不换马的话，每天大约能前进 200 千米。

中国的马车和牛车至少可以追溯到殷商时期。据说，商朝人善于经商，他们需要拉着商品四处交易。所以，商朝人的始祖阏伯的孙子相土首先发明了马车。接着，阏伯的六世孙王亥又发明了牛车。当时的车辆都为独辕双轮，车厢呈方形或长方形，车辕前端绑有一根横木（叫"衡"），其两边各固定有一个人字形的轭，用以系马或牛。由于是独辕，故必须用双数的马或牛来驾车。早期的牛车称为大车，它的车厢较大，主要用于载物，偶尔也用于载人；马车称为小车，主要用于载客。马车飞奔时，马脖子上的铃铛会有节奏地鸣响，很气派。所以，一般认为马车比牛车更高档，达官贵人不屑乘坐牛车。所以，牛车也不用作贵族的随葬品。马车除供贵族乘坐外，主要用于作战，所以也称戎车。在周朝时，驾车已成为一个高级工种。秦始皇的先祖就是因为车技很高而立下齐天大功，被周天子赐封了一块土地而成为诸侯。有一次，秦始皇的先祖造父驾车送周穆王到西方巡游，可哪知首都镐京发生了叛乱。于是，造父马上驾车送周穆王回京，及时平定了叛乱。事后，为奖励造父救国有功，周穆王就把赵城封给了造父。后来，秦始皇统一六国也主要依靠秦国强大的马车战队。所以，登上皇位后，秦始皇便立即颁布"车同轨"的诏令，在全国大修"高速公路"。也难怪秦始皇在生前也没忘记在其兵马俑中部署大量的陪葬兵马和战车。春秋战国时期，战车数量的多少成为国力强弱的标志。然而，由于早期的路况和造车材料都较差，车子跑得越快，颠簸得就越厉害，飞溅的尘土就越多，所以乘车并不舒服。再加上那时的车身大多敞开，所以对乘车人的仪容有严格的要求，乘车人的站姿必须端正，不能东倒西歪，在颠簸中还要优雅地保持平衡，因此，乘车无异于活受罪。后来，出于追求舒适的本能，人们开始喜欢上了速度更慢、颠簸更小、行路时尘土更少的牛车。再加上牛车的车厢较大，而且装有车篷和围挡，私密性较好，乘车人躲在车厢里可自由坐卧。从东汉末年起，牛车逐渐成为官员和贵族的代步工具了。许多高官不但乘牛车上瘾，而且常常亲自执鞭，玩一把自驾游。牛车地位大幅提升的另一个间接证据是牛车开始被用作随葬品了。在洛阳发掘的一个西晋大型墓穴中出土了大量的陶俑，其中包括镇墓兽、牛车、鞍马、牵马俑、武士俑和侍仆俑等。再后来，牛车的地位达到了顶峰。据《魏书·礼志四》的记载，北魏皇帝出行时也要"驾牛十二"；南北朝时期，郊野之内，满朝士大夫"皆无乘马者"，全都驾牛车了。

各种畜力车普及后，带轮交通工具就初步成型了，后来无非是进行了一些改进。在动力方面，先后推出蒸汽机、内燃机和电动机，今后可能还有核动力机等。此外，还有以自行车为代表的人力和半人力机械车等。在道路适应性方面，先后推出了以火车为代表的有轨车和以汽车为代表的无轨车。在外形方面，先后推出了列车和单车等。总之，关于这些后续的改进，大家非常熟悉，此处一笔带过。

谈罢陆路交通后，再来说说水路交通，其主要运输工具当然是各种各样的船。虽无确切的考古证据，但最早的船肯定是独木舟或本来就在水中漂浮着的枯木，后来才逐渐出现了木船、铁船等。从船的动力角度来看，最早的动力来自自然的水流和人工划水，包括徒手划、长杆撑、单人有桨划、众人协力划等。后来出现了能借用风力的风帆，包括单帆和多帆，以及各种能巧妙地调整角度的力帆等。再后来便是推动螺旋桨转动的蒸汽动力、内燃机动力以及核动力等。从导航角度来看，先是凭经验，后来凭海图，接着依靠指南针和各种导航仪器，最后按固定航线在复杂导航系统的指挥下安全行驶。从操控方式来看，先是无舵船，后是有舵船。总之，以船为主体的水路交通故事非常多。但是，从通信角度看，以海运为代表的水路交通的灵魂其实不是各种高大上的造船技术和导航技术，而是一种完全不起眼的东西。你能猜到那是什么吗？告诉你吧，那就是简单得不能再简单的集装箱。准确地说，应该是尺寸全球统一的标准集装箱，关键就在于"标准"两字。如果你不服气，那么就请设想一下，假如没有集装箱，现在的海运（油轮和运煤船等除外）会是什么样子呢？首先，港口和船舱肯定会变成一个杂货铺，既无法有序地摆放各种物品，又会造成运货空间的大量浪费，大幅度减少载货量。其次，物流再分配基本上无处下手，更谈不上快速装卸，中途本该下船的物品找不到，即使找到后，也会因为被其他物品埋得太深而卸不掉。再次，上好的物品在中途多次搬运的过程中可能早被搞得破损不堪了，毕竟没有硬壳保护嘛。为了减少破损，就得耗费大量的一次性包装材料和费用等。最后，也很难对货物进行预处理，即提前将零散的货物装进箱子；更难使用大型机械化装卸设备，从而延长货物在港停泊和仓储时间，影响整体运输速度，增加运输成本。

为了讲清楚集装箱系统的运输机制，我们设想有两只水杯，分别称为 1 号杯和 2 号杯，它们需要从洛杉矶分别运往北京和上海。那么，它们在集装箱系统中的运输过程可能是这个样子。首先，它们在洛杉矶被装入同一个集装箱 A 中，而该集装箱中的大部分货物可能需要运往大连，所以，最佳的物流配送办法就是将集装箱 A 放进本来要驶往大连的轮船中。到达大连后，将这两个水杯从集装箱 A 中取出。但是，由于北京没有海港，所以，这两个水杯便分别被装入另两个前往天津和上海的集装箱 B 和 C 中。当集装箱 C 到达上海后，2 号杯的运输就完成了。

但当集装箱 B 到达天津后，可能还要再取出 1 号杯，并将它与其他集装箱中的若干货物一起放入另一个前往北京的陆运集装箱 D 中。只有当集装箱 D 到达北京后，1 号杯的运输任务才最终完成。此处为啥要对一目了然的集装箱运输进行这么详细的介绍呢？原因可能会出乎许多人的意料。无论是古代的邮件通信还是当代的信息通信或者未来的超级通信，无论是加密通信还是普通通信，从原理上来说，信息的流动过程无非就是某种"集装箱"系统而已，只不过此时的"集装箱"有大有小，而且可以像俄罗斯套娃那样相互嵌套。具体来说，当待发信息从大脑中发出后，它首先会被装进某个最内层的"集装箱"（比如语言和文字等）中，接着该"集装箱"又会被装入第二层"集装箱"（比如电磁波和纸质信封）中。在通信传输过程中，这些"集装箱"将会被不断地重新组合、分拆、嵌套和中继等（比如，在电子通信中叫"分组交换"，在邮政通信中叫"邮包分拣"等）。最后，装有发信方信息的某个"集装箱"在被送给收信方后，收信方打开该"集装箱"，获取此信息，比如听见对方的语音或看到对方的信件。当然，收信方最终收到的"集装箱"可能是多层"集装箱"，需要逐一打开它们才能最终获取信息。总之，若真正搞懂了集装箱机制，就不但搞懂了所有通信的核心，而且搞懂了交通运输的实质。门到门专线运送的货物几乎没有，只要经过一次转手，那就相当于转换了一次"集装箱"。

当然，在具体的通信和交通系统中，"集装箱"的名称可能各不相同，比如在铁路运输中叫编组站，在公交运输中叫调度站，在物流运输中叫配送站，在今后的无人驾驶汽车系统中叫自动控制系统，在电话通信中叫交换机，在计算机通信中叫路由器，在信息通信中叫协议栈等。如果愿意的话，就可以在日常生活中找到更多的"集装箱"，它们无处不在，无时不有。人类本身就是社会性动物，随时都在利用"集装箱"与外界进行着各种各样的信息交流。

最后，我们再介绍一下除铁路、公路、水路和空路之外大家可能不太熟悉而又随时都离不开的第五大交通系统，那就是管道交通。实际上，家里的水管和煤气管等都是管道交通的实例。顾名思义，管道交通就是利用管道作为运输工具的一种长距离交通手段。一般情况下，它被用来输送液体、气体等物资，可作为一种专门由生产地向市场输送货物的运输方式。管道运输的优点很多，比如连续、迅速、经济、安全、可靠、平稳、投资少、占地少、运输量大、费用低等，并且可以实现自动控制。由于管道的封闭性，当然可以在管道内施加相应的动力，以至可用管道来运输矿石、煤炭、建材、化学品和粮食等。若在管道中充入强力的压缩气体，便可输送装有货物的固体舱等。更重要的是，在不远的将来，管道运输可能会发生革命性的突破，那就是速度堪比飞机的真空管道高速交通。具体来说，就是在两个城市之间架设大型真空管道，内铺双向轨道，让全封闭的磁悬浮或气浮列车在其中以 600 ~ 1000 千米 / 小时的速度奔驰。车站与列车之间的对接酷似太空舱间的对接，旅客通过密封的通道进入列车。真空管道外形美观，重量也很轻，强度还很高。管道内的真空环境既消去了列车飞行的空气阻力，又减小了气动噪声，还能大幅节省能源。此外，这种飞行列车也不受风、霜、雨、雪、沙尘等恶劣天气的影响，其全封闭性可避免与行人、动物和其他车辆发生碰撞。目前，管道列车的理论已经成熟，样车已进行了数百次试验。科学家预言，它将成为 21 世纪轨道交通的主要发展方向。

第 7 章 >>>
电子通信

本书已多次回顾，现在再一次回顾通信系统的三要素，它们是发信方、收信方和信息载体。在自文字出现后到电报出现前的 6000 年非电通信过程中，所有人际通信中的收信方和发信方几乎都是人。这一点将在电子通信（以下简称电信）中被突破，因为收信方和发信方将可能越来越多地是机器（包括机器的部件）。当然，非电通信与电信的最主要的区别是信息载体发生了根本性变化。具体地说，抛开今后的量子通信不谈，信息载体将从邮驿通信的原子变成电子，或者说由物质流变成电子流，又可以说是由物质变成了能量。为啥说这种变化是根本性的呢？想想看，世界本是由物质、能量和信息三者组成的，其中能量和信息是看不见、摸不着的东西。在非电通信中，当信息被承载到物质上后，相应的通信过程就变成了物质的交通过程，通信的速度就取决于作为信息载体的物质的运输速度，它显然不会很快。通信系统的信息容量取决于载体所能承载的信息量，比如纸张有多大，字号有多小等。因此，信息量也不会很大。但在电信中，信息被承载到同样看不见、摸不着的能量上去了。更准确地说，信息被承载到电流和电磁波这样的载体上去了，而载体的速度显然能达到光速。所以，在过去 100 多年中，人类在电信研究中的主要目标其实就是一句话：在给定的时间段内，如何将尽可能多的信息承载到能量载体上去，以及将其从能量载体上取出来。在本章的前三节中，将分别以端到端通信、通信交换和通信协议为主，介绍人类在面对电磁波和电流时如何将尽可能多的信息以尽可能快的速度进行加载和卸载。

由于电信的收发双方既可以是人也可以是机器，所以，通信和计算就密不可分了，甚至它们就是一回事。一方面，任何一个信息处理系统都包含若干个子系统，而所谓的信息处理过程无非就是这些子系统之间的通信过程。每个子系统中的信息处理过程又是组成该子系统的若干个孙系统之间的通信过程。以此类推，最终将发现任何信息处理过程都是"与门""或门""非门"这 3 个基本逻辑门之间的通信过程。另一方面，通信系统本身显然也可看成分别以收发双方为输出端和输入端的信息处理系统，只不过此时的输出要尽量等于输入而已。由于计算机系统是最典型的信息处理系统，所以，本章第 4 节以融合通信为主题，将通信与计算进行合二为一的介绍。

过去，人们一直骄傲地认为人类是唯一拥有智能的生物，甚至不承认人类的近亲黑猩猩等拥有智能，更相信生命是智能的前提。但是，随着以人工智能和大数据等为代表的信息处理系统的发展，人类的这一观念将被彻底颠覆，这也意味着在语言通信引发认知革命以及文字通信引发互为实体革命之后，电子通信将引发人类认识方面的第三次革命，暂且称之为智能革命。这就是本章第 5 节的主题。

另外，由于整个电信的历史很短，只有区区不足两百年，再加上各种史料比较齐全，所以，本章既不打算停留在仅仅陈述若干众所周知的历史事实的层面，也不打算摆出许多吓人的数学公式和高深原理。换句话说，本章将试图用最直白的语言挖掘电信的若干本质，讲述一段"看山不是山"式的电信简史。

7.1　烽火台式电信

一看见本节的题目，你可能就会纳闷：最古老的通信思路怎么被写入了最现代的通信章节中呢？确实，过去百余年来人类在电信领域的探索过程真的好像在重走过去 6000 年来的"通信长征路"，而且真的是从烽火台思路起步，至少途经了邮包分拣和集装箱式通信等关键"景点"。直到将通信与计算融为一体时，才开始从量变转向质变，最终有可能在不远的将来引发人类认知的第三次革命，即创造出无生命的智能体。当然必须承认，在过去百余年来的重走通信长征路的过程中，无论是从通信理论的角度还是从通信技术的角度来看，电信与非电通信早已不可同日而语了。

　　通信成功的前提是要能将相关信息加载到某个载体上（其电信术语叫调制），并能将该载体从一个地方传输到另一个地方。从理论上说，任何东西都可以当作信息的载体。比如，可将某条事先约定的信息与某个东西是否出现相关联，就像古人将"烽火是否出现"关联为"是否有敌情"一样。但是，如何将尽可能多的信息以尽可能方便可靠的方式加载到能被尽可能快速传输的载体上是一件相当困难的事情，其前提就是要对该载体的特质和性能等有非常深入的理解。比如，百亿年前就有泥土了，但直到约 5000 年前，人类才知道可以把泥板当作信息载体来写字，其关键就是能在泥板上压出痕迹，从而与未压痕迹处进行区别。至于到底该压出什么痕迹，那就是另一个名叫文字的预先编码问题了（其电信术语叫信源编码）。又如，亿万年前就有树叶了，但直到 4000 年前，人类才知道可以把树叶当作信息载体来写字，其关键就是能在树叶上留下与正常叶面不同的痕迹。至于到底留下什么痕迹，也只是预编码的问题了。此外，龟甲、竹简、木板等信息载体的出现也都有类似的过程。同样，将电（包括电流和电磁波等）作为当今最主要的信息载体也经历了相当漫长的过程。

　　虽不知电是何时被人类发现的，但早在公元前 2750 年的古埃及书籍中就已记载了一种会发电的鱼，它被称为"尼罗河的雷使者"。在地中海地区，人们很早就记载了如何产生静电的办法：将琥珀与猫毛摩擦后，就能吸引羽毛之类的轻物，若摩擦的时间足够长，甚至还会出现火花。公元前 600 年左右，古希腊哲学家泰勒斯对用该方法产生的静电进行了详细观察，他猜测"摩擦使琥珀磁化"。现在看来，泰勒斯的这个猜测并不正确，但电与磁确实密切相关。准确地说，泰勒斯发现的是电荷，它是物体或构成物体的质点所带的正电或负电。带正电的粒子叫正电荷，带负电的粒子叫负电荷。同性电荷相互排斥，异性电荷相互吸引。因此，带有同性电荷的物质也会相互排斥，带有异性电荷的物质也会相互吸引。带电物体之间的作用力，无论是排斥力还是吸引力，都遵守库仑定律（在真空中，两个静止的点电荷之间的相互作用力与其距离的平方成反比，与其所带电量的乘积成正比，作用力的方向与其连线的方向一致）。电荷还能决定带电粒子在电磁方面的物理行为，静止的带电粒子会产生电场，移动中的带电粒子会产生电磁场，带电粒子也会被电磁场所影响。仅凭泰勒斯的这些发现，就能将电荷作为电信的信息载体吗？理论上可以，只是没人想到而已，毕竟那时烽火通信也才刚刚出现不久，而且人类无法获得静电通信所需的足够电量。

又过了 2200 多年，在公元 1600 年左右，英国女王伊丽莎白一世的皇家医生吉尔伯特通过实验发现，除了琥珀之外，诸如钻石、蓝宝石、玻璃等东西也可以经摩擦产生同样的静电。他还制成了一个带指针的静电验电器，可敏锐地探测到静电电荷。该仪器的工作原理是：当带电物体接近金属指针的尖端时，因为静电感应，异性电荷会移动至指针的尖端，指针与带电物体就会互相吸引，从而使得指针转向带电物体。随后，大约在 1660 年，一位名叫格里克的人发明了静电发电机，这可能是历史上的第一台静电发电机。他将一个硫黄球固定在一根铁轴的一端，然后一边旋转硫黄球，一边用干手摩擦硫黄球，使硫黄球产生静电，吸引微小物体。一旦有了静电发电机，人类便迫不及待地想用静电来通信了。实际上，早在 1753 年，一位名叫摩尔逊的英国人就提出了一种关于静电发报机的设想。他用 26 条电线分别代表 26 个英文字母，发信方根据待传信息的文本，按顺序在电线的一端加上静电，收信方在电线的另一端堆放一些碎纸片。当碎纸片因静电而被某条电线吸附时，该电线所代表的字母便是此刻发信方正在发送的字母。从理论上说，这种静电发报机是可行的，但由于当时仍无法产生足够的静电电荷，更关键的是静电感应的距离很有限，因而难以保证该电报机能长距离传输信息。另外这种机器需要的导线太多，结构庞杂，故该发明未被推广。不过，摩尔逊的这种静电发报机应该是人类的首台电信设备吧。

有关电的最著名的故事当数 1752 年 6 月富兰克林所做的那个风筝取电实验。虽然这个故事的真假有待考证，但富兰克林确实证明了一个重要事实，那就是闪电是一种电现象。此外，在揭示电的特性方面，富兰克林也取得了许多突破，定义了正电和负电等术语，发现了电荷守恒定律（在任何孤立系统中，总电量保持不变）。1800 年，伏打将铜片和锌片浸于食盐水中并接上导线，制成了第一个电池。这当然是直流电池，其产生的电流大小（电压高低）和方向（正负极）在一定的时间范围内都保持不变。从此，人类获得了一种比静电发电机更稳定的电源，它能连续不断地供给电流。因此，电被用作信息载体的可能性又增加了一点。实际上，真有人做过这样的努力。仅仅在 4 年之后的 1804 年，一位名叫萨瓦的西班牙人将许多代表不同字母和符号的金属线浸泡在盐水中，仿照前面摩尔逊的静电发报机，研制出了首款直流电电报机。此电报机的发送方法与静电发报机类似，需要发哪个字母时，就使代表该字母的导线通电。只不过此时的接收装置不再是碎纸片，而是装有盐水的玻璃管。当电流通过时，盐水就会被电解，产生小气泡，依此就能辨识出发信方所发送的字母。可惜，萨瓦的这台电报机的可靠性很差，使用也不方便，仍无法满足实际要求。几乎在同一时期，一位瑞典发明家也发明了类似的装置，只不过他的电报接收过程是：在代表各字母的每根电线的顶端各连接一个小球，当某根电线接通电流后，其顶端的小球就被充电，并因此敲响一个小铃铛。

1820 年，奥斯特在课堂上意外地发现电流能使指南针的方向发生偏转，即电流周围会生成磁场（或称电流的磁效应）。稍后，安培对该现象给出了具体描述，即著名的安培定则或右手螺旋定则。该定则可表述为：用右手握住通电直导线，让大拇指指向电流的方向，那么其余四指的指向就是磁感线的环绕方向；或者说，用右手握住通电螺线管，让四指的指向与电流方向相同，那么大拇指所指的那一端就是通电螺线管的 N 极。至此，人们制造出了磁性强于天然磁石的电磁铁，它在后来的早期电话机中扮演了关键角色。电生磁方面的这些进展当然会激发通信爱好者的热情，果然仅仅两年后，俄国外交官希林在 1822 年提出了另一种电磁电报机的设想：既然磁针在有电流通过时会发生偏转，电流的强弱能决定磁针偏转角度的大小，那么这种偏转角度的变化就能传达某种信息，从而可以间接地把电当成通信的信息载体。后来，希林按此思路研制出了首台电磁式单针电报机，而且发明了一套电报电码。可惜，由于希林的信源编码不够优秀，他的电报机仍需要多达 8 根导线，再加某些非技术原因，希林的成果一直未能投入使用。直到大约 10 年后，在希林的强烈建议下，1837 年沙皇才在圣彼得堡和皇宫之间架设了首条电报线路。不幸的是，这时希林意外去世了，本该投入使用的电报工程也不得不下马了。真正让希林的电报机投入使用的人是英国的库克和惠斯通。

1836年3月，退役的青年军官库克从印度买回了一台希林电报机，并立即开始改进。在遇到电磁学难题时，库克就去请教大名鼎鼎的物理学家惠斯通教授。两人一见如故，后来还成为了终生的莫逆之交。1837年6月，两人终于研制出了比希林电报机更先进的五针式电磁电报机，还在英国申请了第一个电报专利。当然，该电报机仍然需要多根导线，看来他们的信源编码还不够好。同年7月，他们进行了公开的电报收发表演，信号的传输距离约为1600米。仅仅一年多以后，他们的电报机就在1839年1月1日被正式应用于英国铁路公司的两个相距20千米的火车站之间。从此，人类首次有了比火车跑得还快的通信工具，从而大大提高了火车调度和车距控制的效率。再后来，库克和惠斯通成立了他们的电报公司。至此，指针式电磁电报机基本定型了。

几乎在同一时间，莫尔斯也在美国独立发明了另一款更先进的电报机，并且在1837年申请了美国专利。大约在3年前，本来想成为画家的莫尔斯在结束欧洲游学生涯回国时，在轮船上偶遇了来自波士顿的物理学家杰克逊。后者当时正在向乘客演示神奇的多导线电报机，并赢得了阵阵掌声。从此，莫尔斯就被电报机迷住了，并下定决心要研制出更简捷的单导线电报机。后来，他果然梦想成真。

莫尔斯电报机在硬件方面的突破归功于他的助手维尔的一套天才方案：用同一根导线上电流的有无和电流持续时间的长短来设计信号系统，即把持续一个时间单位的电流称为点，把持续3个时间单位的电流称为划，于是，便可以像古老的烽火通信系统那样快速地远程传输1比特的信息。但是，莫尔斯电报机的真正重大突破体现在软件方面，用现在的话来说就是那套莫尔斯电码。它能通过点与划的不同组合来对应于不同的字母和数字，其中用较短的点划组合来代表经常出现的字母，用较长的点划组合来代表不常出现的字母。另外，在点与划的间隔方面遵从这样的规则：每个字母编码中点划的间隔为一个单位，每个单词中每两个字母的间隔为3个单位，每两个单词之间的时间间隔为7个单位。由于本书已在1.2节中对莫尔斯电码进行了详细介绍，此处就不再重复了。莫尔斯电码还给了我们另一个启发，那就是使用不同文字的文化确实与科学的发展有一定关系，比如，使用方块字的人就很难想出类似于莫尔斯电码这样的东西。当然，使用方块字的文明更擅长整体思维。

为什么说莫尔斯的这套预编码规则才是莫尔斯电报机的核心呢？因为，若借用莫尔斯的这套编码规则，此前的所有多导线电报机瞬间就可以被优化为单导线电报机，因为只需用任何一根导线上的电磁指针的两种不同偏转角度来分别代表点和划就行了。更夸张地说，若借用莫尔斯的这套编码规则，只要"点火"和"灭火"足够迅速，古老的烽火系统就能被改造成可发送所有文字信息的另一种莫尔斯电报机。同样，借助镜片在阳光下的反射（比如，用亮点横扫代表点，纵扫代表划），就能得到由阳光驱动的可发送任何文字信息的莫尔斯电报机。哪怕是通过在远方敲门板，比如敲一次代表点，快速连敲两次代表划，也能得到由声波驱动的可发送任何文字信息的莫尔斯电报机。其实，当代最先进的电信系统的信源编码思路也是后来霍夫曼在莫尔斯编码规则的启发下按同样的原理实现的，即经常出现的消息用短码来表示，不常出现的消息用长码来表示，只不过此时的点和划分别被 0 和 1 所替代而已。再后来，信息论的创始人香农从理论上严格证明如此得到的霍夫曼编码是最佳编码。这便是著名的信源编码定理，它是组成信息论的两大核心定理之一（另一个核心定理是信道编码定理）。

初期的电报都是有线电报，只能通过架设在空中的电线来传输信息，而且这些电线都只是相线，需要借助地面才能构成回路。所以，传送距离有限，更不能越过海洋。1844 年，在美国国会的支持下，人们在华盛顿和巴尔的摩之间架设了第一条城际电报线，并于当年 5 月 24 日发出了第一封电报。到了 1850 年，首条海底电报电缆横越英吉利海峡，终于把英国与欧洲大陆连成一体。1857 年，电报电缆横越大西洋，但由于当时的技术原因，这条越洋电缆只使用了几天就出现故障，直到 9 年后才正式投入商用。有线电报刚刚成熟就派上了大用场。1861—1865 年间，在美国爆发的南北战争中，交战双方不但用莫尔斯电报进行军事通信，还配合报业将战地消息传遍了全世界。南北战争结束时，截至 1865 年底，美国已铺设了超过 13 万千米的电报线路。

　　电报通信的另一次飞跃是无线电报的出现，而这又是另一番艰苦的探索，又耗费了科学家们数十年光阴。早在 1831 年，法拉第就发现了电磁感应现象，即磁场的变化可以生成电场，而此前人们已经知道，电场的变化可以生成磁场。1864 年，麦克斯韦从理论上建立了电与磁之间的相互转换关系。更重要的是，他通过计算发现电磁波的速度与光速相等。于是，他大胆预测了电磁波的存在，并断定光波也是电磁波。至此，无线电通信的理论基础已奠定，关键是看谁有本事将信息加载到电磁波上了。如今回头看时，电磁波其实是由同向且互相垂直的电场与磁场在空间中振荡时所形成的粒子波，它不依靠任何介质就能传播，其传播方向垂直于电场与磁场构成的平面，即电场方向、磁场方向和电磁波的传播方向三者互相垂直。当电磁波的能级超过某个临界点时，它便会以光的形式向外辐射，这样的电磁波便是光子。比如，太阳光就是电磁波的可见辐射形态。电磁波是一种能量，电磁辐射量与温度有关，通常高于绝对零度的物质或粒子都有电磁辐射，而且温度越高时辐射量越大，但大多电磁波都不能被肉眼观察到。频率是电磁波的重要特性，由低频到高频电磁波可被分为无线电波、微波、红外线、可见光、紫外线、X 射线和 γ 射线。在频率较低时，电磁波需要借助有形的导体才能传递，其原因是在低频的电磁振荡中，磁与电之间的相互变化比较缓慢，其能量几乎全部返回原电路而没有能量辐射出去。但在频率较高时，电磁波便可以在自由空间内传递，这是因为磁与电的相互转换太快时，能量无法全部返回原振荡电路，所以，电能和磁能就会随着电场与磁场的周期变化，以电磁波的辐射形式向空间传播。

　　1887 年，赫兹通过实验证实了电磁波的存在，特别是能发射并接收电磁波。这就意味着电磁波完全可以当作电信系统的高速信息载体使用了，剩下的工作只是如何将信息加载到电磁波上。此时，编码已不成问题，因为几乎可以完全照搬莫尔斯电码的编码规则，难点在于如何在发信端灵活控制无线电的通断，以及在收信端及时准确地接收到无线电信号。1895 年左右，意大利人马可尼、俄国人波波夫和美国人特斯拉几乎同时成功地实现了无线电报的收发目标。马可尼不但证明光是一种电磁波，而且发现了更多形式的电磁波，它们的本质完全相同，只是波长和频率不同而已。1899 年，马可尼成功地进行了英国和法国间的无线电报传送。1902 年，又首次实现了横越大西洋的无线电报远程通信。无线电报的发明使得移动通信成为现实，许多远洋船只都配备了无线电报机，可与陆地和其他船只随时保持通信，更能在紧急情况下发出求救信号。其中，最著名的海上无线电报求救信号出现在 1912 年。当时，首航中的英国客轮"泰坦尼克号"在加拿大纽芬兰附近海域撞上冰山而沉没。其实，海难发生时，船上的求救电报本来是能发出的，但发报员屡屡发出错误信息，致使事发地周遭海域上准备援救的客轮误判海难状况，耽误了救援时机。当然，这主要归咎于当时求救信号不统一，责任不在无线电报机本身。无线电报被发明后的 100 年间，从 3 千赫直到 3000 吉赫的电磁波频谱被逐步开发和利用。如今，根据不同的传播特性和不同的通信业务，整个无线电频谱可被划分为 9 段，它们分别是甚低频 (VLF)、低频 (LF)、中频 (MF)、高频 (HF)、甚高频 (VHF)、特高频 (UHF)、超高频 (SHF)、极高频 (EHF) 和至高频。相应地，电磁波波段分别是超长波、长波、中波、短波、米波、分米波、厘米波、毫米波和丝米波，其中后 4 种统称微波。

　　无论是有线电报还是无线电报都有一个重大缺陷，那就是它们的传送速率太低，只能用于传送少量文字。这是因为最早的电报收发都完全依靠手工操作，即使工作人员能熟记莫尔斯电码，每秒最多只也能收发一个字母。于是，在电报出现约 40 年后的 1876 年，美国人贝尔发明了端到端的电话通信系统，只要不是哑巴，任何人都可以迅速且轻松地与收信方进行交流，就像是面对面聊天一样。在贝尔的电话系统中，由两根导线连接两个结构完全相同的送话器和受话器。最早的送话器和受话器由装有振动膜片的电磁铁组成，靠自备的电池供电，用手摇发电机发送呼叫信号，其通话距离短，效率低。1877 年，爱迪生发明了碳素送话器和诱导线路，从而使通话距离得以延长。一年后，他又发明了共电式电话机，即电话机由系统集中供电，省去了用户端的手摇发电机和干电池。1891 年，终于出现了旋转拨号盘式自动电话机，它可以发出直流拨号脉冲，控制自动交换机动作，选择被叫用户，自动完成交换功能，从而把电话通信推向了一个新阶段。

　　在百余年的演化过程中，虽然谁也说不清当初贝尔和爱迪生的电话通信系统的细节，但它们的工作原理非常清楚。实际上，包括电话在内的所有端到端电子通信都可用简单的 4 个字来说清楚，那就是"调制解调"。具体来说，先将待传信息（无论是文字、语音还是视频等）转化为电信号（其专业术语叫基带信号，比如电报中待传文字对应的点和划序列），然后用基带信号去调制载体信号（其专业术语叫载波信号，比如电报通信中的电流），接着将调制信号发送到收信方，由后者通过解调操作从调制信号中恢复出最初的信息，从而完成通信过程。更具体地说，调制就是用基带信号去控制载波信号的某个或某几个参量的变化，以便将信息加载到载波信号上，从而形成调制信号，并将该调制信号传输到收信方。调制过程用于通信系统的发端。解调就是调制的逆过程，即通过适当的方法从调制信号的参量变化中恢复出原始的基带信号。解调过程用于通信系统的收端。最简单的调制解调过程出现在电报系统中，因为它只用到载波信号的通断特性，压根儿就没用到载波信号的任何其他内部结构，比如频率、振幅和相位等。实际上，调制解调的内容相当丰富。根据所控制信号的参量的不同，调制可分为调幅、调频和调相；按基带信号的形式，可分为模拟调制和数字调制；按被调信号的种类，可分为脉冲调制、正弦波调制和强度调制；按调制方法，可分为线性调制和非线性调制；按调制方式，可分为连续调制和脉冲调制。调制的目的就是把要传输的信号变换成适合信道传输的信号。至于如何实现各种调制和解调过程，那就是若干特殊电路和元器件的任务了，此处不再详述。

最后再来解释一下为什么本节标题叫"烽火台式通信"。无论是古代的烽火通信还是电报和早期的电话，它们都有一个共同的关键特点，那就是信道专用。比如，沿路的烽火台只能用来传递军情，不能挪作他用，哪怕你是周幽王。电报（特别是有线电报）和电话也只是专线连接。其实，像这种独占信道的烽火台式通信目前还有很多，最典型的便是大家每天都离不开的无线电广播和电视，它们都占有自己的专用频道。在广播电视中，发信方先将声音和视频信号转变为电信号，然后将这些信号调制到高频振荡的电磁波上，再将其发送到空中。收信方在收到这些电磁波后，将其中的电信号还原成最初的声音和视频信号。

那么，如何才能摆脱烽火台式通信模式呢？历史上，在非电通信中靠的是邮包分拣；在电信系统中，将依靠另一种名叫交换的技术。关于交换的具体细节，请见下一节。

7.2 邮包分拣电信

设想一下，在古代的非电通信中，若没有邮件分拣，将会怎么样？对杨贵妃来说，几乎没啥影响，反正她的鲜荔枝是特快专递，任何人都得给她让路。但对孟姜女来说，她可能就送不起信了，即使倾家荡产也不够雇个专人跑趟长城，于是只好哭，终于把长城给哭倒了。有了邮政体系后，只要知道对方的通信地址，普通百姓就能与远方的亲人自由通信了。这当然与先进的交通工具有关，但更主要的是以邮件分拣为代表的管理制度。实际上，即使在今天，如果取消邮件分拣环节，你马上就会成为"孟姜女"，也送不起信了。邮件分拣绝非一蹴而就，而是分层次分阶段进行的。比如，一封信在从美国寄给苏三的过程中会经历一系列复杂环节。首先，它至少会在美国的某个分拣中心与许多其他寄往中国的信件一起被分拣到寄往北京的同一个邮包中。其次，在北京的分拣中心，它又会与许多其他寄往山西的邮件一起被分拣到寄往太原的同一个邮包中。再次，在太原的分拣中心，它再与许多其他邮件一起被装入同一个邮包寄到洪洞县。最后，在洪洞县的某个分拣中心，它才与许多其他寄往洪洞监狱的信件一起被分配给某位快递小哥，送到苏三手上。邮政系统的分拣到底有多少层次呢？若不考虑国际邮件的话，从一个简单数字中就可以大致猜出答案。这个数字就是大家熟悉的邮政编码。实际上，邮政编码既代表邮件抵达的邮局代号，也代表该邮局投递范围内的居民和单位通信的代号。我国的邮政编码采用了四级六位数的结构，其中前两位数字表示省（自治区、直辖市），前三位数字表示邮区，前四位数字表示县（市），最后两位数字表示投递局（所）。因此，我国的邮件分拣中心大约分为四个层次。当然，此处忽略了某些大单位内部的分拣中心。

电话刚被发明时，其实也是相当奢侈的玩意儿，只有大富豪才用得起。张府若想与李府通电话，他们得首先拉一根专用的电话线；若他们想再与赵府通电话，那又得各自再拉一根电话专线通往赵府。从数学上说，如果 N 家人想彼此通电话，那就得一共拉起 $N(N-1)/2$ 条电话线。这时就不再是够不够富的问题了，而是如何管理好每家的 $N-1$ 条电话线。不但要维护好它们，防止被绕成一团乱麻，而且不能搞混淆了，否则说情话或坏话时就会穿帮。于是，电话的第一层"邮包分拣"就出现了。这时需要一位接线生，她虽然并不想与上面的 N 家人通话，但每家人都要拉一条电话线与她相连，而且只需一条。当张府想与李府通电话时，他们就应首先与接线生联系，后者再将张府与李府的电话线临时连在一起就行了。如此一来，包含 N 个用户的电话网就只需 N 条线，而且每家都不再需要管理多条线路了。但当 N 足够大时，新问题又来了。一方面，当许多人都同时要求服务时，接线生可能根本应付不过来。另一方面，许多用户压根儿就没必要舍近求远。于是，就像建立小区邮局那样，接线生就进入了小区，而且该小区中的每个用户都只与本小区的接线生相连。如果通话双方都在同一个小区，那么该小区的接线生就可以直接让他们通话。若本小区的用户想与另一个小区的用户通话，那么本小区的接线生就得先与另一个小区的接线生联系。如果小区足够多，接线生之间也彼此应付不过来了，这时就需要更高层次的"邮包分拣"，即再有一批更高层次的大区接线生来为小区接线生服务。如果大区接线生又太多了，那么就得再增加一层"邮包分拣"，让更大区的接线生来为大区接线生服务。依此类推，直至所有电话用户都能得到满意的服务为止。当然，除了最早期之外，这里的接线生其实已经不再是人了，而是一种名叫交换机的机器。

由此可见，电话系统绝非大家平常所见的座机和手机那么简单，其背后是一个宛若大脑神经网络一样复杂的系统，它们才是核心，正如邮件分拣才是邮政系统的核心一样。现在的电话网络到底有多么复杂呢？可能任何人，哪怕电信专家也很难说清楚，至少说不清楚电话网络的拓扑细节。但是，类似于邮政编码能大致描述分拣中心的层次，电话号码也能大致描述电信网络的拓扑结构，只是此时交换机代替了邮政系统的分拣中心而已。这也是电话号码会越来越长的主要原因。用户越来越多时，所需要的交换机就越来越多，交换机的层次也越来越多。比如，对我国的固定电话来说，首先是国家的区号（如中国为 86，这也是手机发短信时会自动在号码前加上"+86"字样的原因），接着是地区号（如北京为 10，成都为 28），然后是区县号（一般是前 2~3 位），最后是乡镇级号位（一般是第 3 位或第 4 位）。又如，目前我国的移动电话号码为 11 位，其中前 3 位代表网络识别号（如 139 代表中国移动），第 4~7 位代表地区编码，第 8~11 位代表用户号码等。

交换机的历史几乎与电话的历史一样长。实际上，当首部电话在 1876 年 2 月诞生时，第二年贝尔就创办了贝尔电话公司，开始了电话业务的商业化运营，年底用户数就达到了 3000。没过多久，贝尔又完成了相距 300 多千米的、波士顿与纽约间的长途电话实验，进一步刺激了电话的快速普及。随着电话用户数量和通话距离的迅速增加，众多电话线之间的连接方式反而成了发展瓶颈。为了解决这些电线的"邮件分拣"问题，就必须解决好电话线中信息的输入与输出问题。于是，在电话出现仅仅两年后的 1878 年，世界上最早的电话交换机就出现了。当时的交换机由话务员进行人工接插操作，所以又称为人工交换机。果然，有了交换机后，电话线缆和线杆成本就大幅降低，系统的管理和维护也方便多了。当时的电话机主要有磁石式和共电式两种。磁石式电话机的电能必须由电话自身提供，每次打电话时，用户都得先摇动话机上的一个手摇发电机。由于该电话机上有两块磁铁，所以被称为磁石式电话机。共电式电话机则出现于 1880 年，它已被大大简化，通话双方可以共用电话局提供的电源，不必再手摇发电，使用也更加方便。由于磁石式电话机与共电式电话机之间的差别较大，所以，相应的人工交换机也不相同，分别是磁石式交换机和共电式交换机。不过，从原理上看，这两种交换机大同小异。若交换机所服务的用户共有 N 个，每个用户都有一个不同的编号，那么每台人工交换机就相当于一个 $N \times N$ 的棋盘，每一行代表一个主叫用户，每一列代表一个被叫用户。行与列的每个交点都有一个接线孔，当第 X 号用户想主动呼叫第 Y 号用户时，接线生只需将一个金属插头插入棋盘上第 X 行与第 Y 列的交点上的那个孔中就行了。人工交换机的缺点显而易见，那就是容量很小，需要占用大量人力，工作繁重，效率低下，而且容易出错。

关于人工交换机被淘汰，还有一个有趣的传说。据说，大约在 1891 年，有一位名叫史端乔的殡仪馆老板莫名其妙地就被交换机接线生抢了生意。原来他的客户的来电都被转接到另一家殡仪馆去了。后来，他才知道那位接线生是那家殡仪馆老板的堂弟。恼怒的史端乔发誓要研制一个不需要人工操作的交换机。结果，他还真的研制出了世界上第一台自动交换机，其名叫步进制电话交换机，并且迅速在 1892 年投入商用。步进制电话交换机由预选器、选组器和终接器等部件组成，以机械动作代替话务员的人工操作。当用户拨号时，选组器会随着拨号的脉冲电流一步一步地改变接续位置，并最终将主叫用户和被叫用户间的电话线路自动接通。这个史端乔确实是个天才，他还发明了一种旋转式拨号盘，现在偶尔还能看见，虽早已被按键式拨号电话机抢了风头。后来，在史端乔工作的基础上，又出现了旋转式和升降式自动交换机。特别是 1909 年，西门子公司将三磁铁上升旋转型选择器改为二磁铁型选择器，制成了西门子步进制电话交换机。从工程角度看，不同的步进制电话交换机确实千差万别，但从理论上看，它们的原理都一样，都无异于众所周知的"对号入座"。当你要进入某小区拜访朋友时，首先你得找到楼号，接着找到单元号，然后找到楼层号，最后找到房间号就行了。因此，若以 4 位电话号码为例，步进制电话交换机就相当于一个居民小区，每一个电话号码对应于一户人家，而交换机的工作过程相当于逐步找到楼号、单元号、楼层号和房间号。从外形上看，当初西门子的步进制电话交换机还真像一栋塔楼呢。步进制电话交换机虽然实现了自动交换，但仍有很多缺点，例如接点是滑动式的，可靠性差，易损坏，动作慢，结构复杂，体积庞大。此外，由于其控制接续部件和通话部件合而为一，在拨号和通话过程中这些部件都将被独占，直到通话完毕。这又造成了资源浪费。

1919 年，瑞典工程师发明了一种更先进的交换机，他将过去的滑动式改成了点触式，既减少了磨损，又延长了使用寿命。1926 年，首个大型纵横制自动电话交换机投入商用。从此，人类进入了纵横制交换机时代。纵横制和步进制都是电磁方式与机械方式相结合，都属于机电制自动电话交换机。从原理上看，纵横制自动电话交换机与当初人工交换机的棋盘格大同小异，只不过工艺水平更高而已；从实用角度看，纵横制自动电话交换机确实算得上一次飞跃。比如，它的交换动作轻微，接触可靠，维护工作量小，杂音小，因而通话质量好，还有利于开展数据通信、用户电报、传真电报等业务。它的中继方式比较灵活，可以组成各种数量的纵线和横线中继方式，有利于提高接通率。它的交换和控制功能彼此分离，从而使通话接续电路被大大简化，控制接线电路也可公用，整体利用率得到提高。它可以迅速组成合理的网络架构。从商业角度看，纵横制自动电话交换机首次配备了专用的自动计费器。这一点对电信运营商来说很重要，毕竟大家都需要一种客观、准确的收费方法。总之，以纵横制自动电话交换机为代表的集中控制式交换方式是电信交换技术发展过程中的第一个里程碑。

随着晶体管的发明，人们开始迫不及待地在电话交换机中引入半导体技术和电子技术。由于当时的电子元器件还无法满足要求，所以就出现了过渡性的电子技术和传统机械方式相结合的交换技术，称之为半电子交换机。后来，微电子技术进一步成熟，全电子交换机终于出现了，其重要标志就是 1965 年贝尔公司推出了首台商用程控交换机。不过，用专业术语来说，这只是一种空分式程控交换机。也就是说，收发双方在打电话时，他们将占用一对线路，占用一个空间位置，一直到此次通话结束为止。又过了 5 年，1970 年法国才开通了全球第一部时分式程控数字交换机，即利用同一物理连接的不同时段来传输不同的信号，将整个信道的时间划分成若干碎片，并将这些碎片分配给每一个信号源。形象地说，若采用时分式程控交换机，收发双方将不再独占任何一对线路，从而可以提高信道利用率。在他们通话的间隙，其他人也可以使用他们的话路。

程控交换可谓是电信交换技术发展过程中的第二个里程碑，它标志着人类开始进入了数字交换新时代。由于程控交换机的交换运作是由计算机控制的，所以其优点很多。从技术上看，除了语音业务外，它还能提供若干新功能，如缩位拨号、来电显示、叫醒业务、呼叫转移、呼叫等待等；它的接续速度快，效率高，声音清晰，质量可靠；它的交换能力很强，甚至可以同时为上万对用户提供交换服务；它的维护管理很方便，这是因为它可通过程序对故障进行自动检测和定位；它的灵活度很大，若需增加新业务，只需适当改变软件就行了；它还可以随时利用新型电子元器件，提高整机的先进性。从经济上看，程控交换机的优越性至少包括：由于采用了电子元器件，设备的体积可以很小，占用的机房面积也很小，只相当于纵横制自动电话交换机所占面积的 10%；耗电很少，这是因为它用电子元器件代替了过去的机械部件；成本很低，这得益于集成电路价格的迅速降低；用户线路数大幅减少，这得益于其远端用户模块方式；维护简单，这是由于它的故障检测和诊断都已自动化，省去了许多维护工作量，安装也很方便；生产效率很高，这是因为制造工艺被简化了。

到了 20 世纪 80 年代，随着计算机的普及和互联网的兴起，交换技术也不断上台阶，从空分到时分，再到频分。频分是指将信道的可用带宽分割成若干频段，以便各个用户都能分享到自己的频段子信道，从而使得信道的利用率越来越高。通信介质也从电缆逐渐变成光缆。程控交换与数字传输技术相结合，构成了综合业务数字网（ISDN），它甚至能通过普通的铜缆以更高的速率和质量传输语音和数据，不仅能实现电话交换，而且能实现传真、数据、图像通信等交换业务。从此以后，电话网络与计算机网络便开始逐步融合，并最终以软交换为收尾，彻底完成了融合过程，只留下一些非技术性的区别。于是，通信的多媒体时代正式到来。形象地说，通信开始从"邮包分拣"时代迈入"集装箱运输"时代。然而，在所有这些令人眼花缭乱的外观变化中，真正的幕后英雄其实是交换技术的演变，从电路交换到报文交换再最终到分组交换的演变。所以，下面简要归纳一下交换的这三个阶段。

首先看看电路交换。这是使用时间最长的百年经典电话交换技术。实际上，在 ISDN 之前（包括 ISDN）的所有电话交换都是电路交换，在通信之前要在收发双方之间建立一条被独占的物理通路。电路交换的优点包括以下几点：由于通信线路归用户专用，所以数据能直达，传输的时延很小；专用物理通路一旦建立，双方就可以随时通信，实时性很强；双方发送数据的到达顺序不会在中途被改变，不存在失序问题；既能传输模拟信号，也能传输数字信号；交换及控制均较简单。但电路交换的缺点也很明显，主要看以下几点：平均连接建立的时间较长；连接建立后，物理通路被独占，即使线路空闲，也不能被其他用户使用，因而信道的利用率低；由于数据直达，所以不同类型、不同规格、不同速率的终端之间很难相互通信，也难以在通信过程中进行差错控制。

其次来看看报文交换。报文交换技术诞生于 1961 年，每次都发送一整条报文，而且一次一跳，即对每条报文都进行独立的交换处理。报文交换的过程可以简化为：先存储接收到的报文，判断其目标地址以选择路由，然后在下一跳路由空闲时，将数据转发给下一跳路由。所以，报文交换也称为存储转发交换。网络中的每个结点都接收整个报文，检查目标结点地址，然后根据网络中的交通情况，在适当的时候将报文转发到下一个结点。这样，经过多次存储转发，最后到达目标。在报文交换中，每个交换结点都需要足够大的存储空间，用以缓存收到的长报文。此外，交换结点必须对各个方向上收到的报文进行排队，并寻找下一个转结点，然后再将报文转发出去。所有这些工作都将产生排队等待延迟。比如，电子邮件系统最适合采用报文交换方式，此时它与传统的邮包分拣还就真是一回事了。总之，报文交换以报文为交换单位，每个报文都带有目标地址、源地址等信息，并在交换结点采用存储转发的传输方式。因而，它具有以下优点：不需要为收发双方预先建立专用的通信线路，不存在连接建立时延，用户可以随时发送报文；报文交换中的数据重发机制和路径选择机制提高了传输的可靠性；报文交换便于异构通信，即使在不同类型、规格和速度的设备之间也能进行通信；报文交换可以提供多目标服务，即一个报文可同时发送到多个目的地址；允许建立数据传输的优先级，从而可以做到急事急办；由于双方不占有固定线路，可以提高线路的利用率。报文交换的缺点主要包括以下几点：实时性差，不适合交互式业务，这是因为数据的存储转发会引起时延，而且通信量愈大，时延就愈大；不适用于模拟信号，只适用于数字信号；由于对报文的长度没有限制，而每个中间结点都要完整地接收传来的整个报文，当输出线路繁忙时，还可能要存储多个完整报文，这就要求每个结点都得有较大的缓冲区，从而增加了整体成本。

最后再来看看分组交换。与报文交换类似，分组交换仍采用存储转发方式，但将一个长报文分割成了若干个较短的分组，然后把这些分组（携带源地址、目的地址和编号信息）逐个发送出去。形象地说，分组交换的集装箱思维更加明显。分组交换除了具有报文交换的优点外，还具有以下优点：加快了数据传输，这是因为分组是逐个进行传输的，在存储当前分组时，可以同时转发前面的分组；可以节省结点的存储空间，这是因为一个分组通常比一份报文短得多，所以因缓冲区不足而造成等待的可能性很小，等待的时间也会缩短；简化了存储管理，这是因为分组的长度固定，所以存储器的管理就可以简化为对缓冲区的管理；差错率减小，重发数据量减少，从而不仅提高了可靠性，而且缩短了传输时延；由于分组短小，更适用于及时传送一些紧急数据，因此更适合于计算机之间的突发式数据通信。分组交换的缺点主要有以下几个：由于频繁地进行存储转发，要求结点的处理能力更强；由于每个分组都要加上源地址、目的地址和分组编号等信息，传送的信息量将增大 5% ~ 10%，这就降低了通信效率，增加了处理的时间，使控制更复杂；在提供数据服务时，可能出现失序、丢失或重复分组等现象，因此当分组到达目标结点时，还要对分组重新进行排序。

总之，若需传送大量的数据，而且其传送时间远大于呼叫时间，则宜采用电路交换；若端到端的通路由很多段的链路组成，则宜采用分组交换。从提高整个网络的信道利用率上看，报文交换和分组交换优于电路交换，其中分组交换的时延比报文交换小。从外观上看，以电话网络为代表的"邮包分拣电信"与以计算机网络为代表的"集装箱式电信"融合得最好的东西当数大家每时每刻都离不开的手机，特别是所谓的智能手机。在本节的结尾，我们回顾一下手机的发展简史，即它所经历的第一代、第二代、第三代、第四代和即将普及的第五代的演化过程。

第一代（1G）手机是模拟移动电话，俗称"大哥大"，正式商用于 1984 年。由于当时的电池容量太小，天线又太大，再加上集成电路还不够先进等原因，"大哥大"的外表很像一块大砖头。"大哥大"虽能携带，但不方便；只能用于打电话，但质量不稳定；保密性不强，因为它的通话频率被锁定，他人可以通过调频电台来窃听通话内容。"大哥大"的主要创新之处是在不相邻的蜂窝区域内，可使用相同的频率，从而增加了整体通信容量。

第二代（2G）手机的通信容量比"大哥大"更大，因为它使用了复用接入技术，在相同数量的频谱中，能承载更多的语音流量。2G 手机的通话质量更稳定，待机时间更长。2G 手机有两种，分别是基于时分复用技术的 GSM 手机和基于扩频技术的 CDMA 手机。为适应数据通信的需求，2G 手机也支持一些中间标准，例如支持彩信业务的 GPRS 和上网业务的 WAP 服务，以及各种 Java 程序等。

第三代（3G）手机已能将无线通信与互联网等多媒体通信结合起来，能处理图像、音乐、视频流等多媒体信息，能提供网页浏览、电话会议、电子商务等多种服务。由于 3G 手机使用了更高的频谱，所以在同样的区域内，需要更多的基站才可保证网络覆盖。3G 手机与前两代的主要区别有：传输速度更快，保密性更好，多媒体功能更强大，运算能力更突出（不再只是个人的通话和文字信息终端，有了更多功能性的选择，逐渐拥有个人计算机的功能）。

第四代（4G）手机是当前大家使用得最多且最熟悉的手机，它们能传输高质量的视频图像，其优势主要体现在速度快、频谱宽、质量高、效率高、通信灵活、兼容性好、能提供增值服务等。

第五代（5G）手机是即将普及的新一代手机，它是 4G 手机的升级和延伸，其传输速率更快，质量更稳定，用户体验更好，功耗更低，覆盖范围最终会更广，以至不管使用者在哪里，也不管使用的是何种设备，都能快速与网络相连。关于 5G 将来的具体应用，目前还不清楚。不过，它很可能被抢先应用于以下方面：在线超清电影、多人联网虚拟现实游戏、云存储、3D 投影通话、万物互联、工控网终端等。

7.3　集装箱式电信

从思路上看，邮政系统的邮包分拣与集装箱运输的货物配送非常相似，它们的区别主要体现在以下两个方面。一方面，集装箱的标准化程度更高，或者说对被运输的货物进行了更加标准化的预处理，无论何种形状的货物都必须事先放入标准的集装箱内，然后只需要完成集装箱的运输就行了。反观邮包分拣的情况，虽然分拣过程本身有一套标准流程，但被传输的信息各不相同，甚至早期的邮件几乎只要求收信人的地址清晰就行，后来才出现了标准信封和邮政编码。但即使到今天，邮包的形状和大小几乎仍不受限制。另一方面，邮包分拣更封闭，几乎只为邮政系统自身服务，而集装箱系统更开放，几乎能为所有的运输公司服务。

与上述情况类似，从思路上看，电话交换与互联网中的数据交换也很相似，它们的区别也主要体现在以下两个方面。一方面，电话网更封闭，互联网更开放。想想看，几乎整个电话网都是从无到有、专门为相关运营商和用户量身打造的，甚至连手机都被绑定到具体的运营商上而不能通用。网络升级后，手机也得跟着换代。但反观互联网，除了网卡和路由器等极少数设备外，几乎再也没有什么硬件是专门为互联网打造的了。只要你愿意的话，无论什么设备（包括但不限于电话、计算机、冰箱、汽车和传感器等），也无论这些设备的外形和大小如何，它们都可以不受限制地接入互联网而成为其终端。另一方面，互联网的标准化程度更高，甚至整个网间软件都是完全按标准化程序打造的。实际上，在电话系统中，特别是在电路交换和报文交换中，虽然交换过程非常标准，甚至压根儿就是由同一款交换机完成的，但是被传输的信息本身几乎谈不上什么标准化，比如通信双方想聊多久都行，报文长度也不受任何限制。另外，电话网中虽然也有明显的"集装箱思路"和非常完备的"七层协议"，对应用层、表示层、会话层、传输层、网络层、数据链路层和物理层等的操作规程进行了严格定义，但它们仍然显得"开放不足，封闭有余；标准不足，任性有余"。互联网则几乎与电话网完全相反，从表面上看杂乱无章，但其中所传输的信息相当标准，甚至标准得不能再标准了。凡有不标准之处，人们宁愿花费大量资源也要将其标准化，然后才能在网中进行传输和处理。总之，在互联网世界中，硬件想咋样就咋样，但网间软件必须严格标准化，即使新生事物也得标准化后再入网。或者说，标准化不够的东西将很快被淘汰或被标准化程度更高的东西替代。其实，从标准化角度来看，整个互联网的演进过程就是强标准消灭弱标准的过程，互联网世界就是典型的标准之间的"弱肉强食"。形象地说，互联网是比集装箱还标准的集装箱系统，以致可以将其看成多款可相互嵌套的集装箱系统，只不过这里的集装箱被称为协议而已。互联网中所有协议的主要目的都是要使其中的通信变得更加简捷、方便、安全和开放。

在介绍互联网的标准化过程之前，首先说明一下，此处的"互联网"只是借用大家都熟悉的名词，或只代表"集装箱式电信"的源头，它不仅包括现行的互联网，而且包括正在成长的物联网，还包括今后将出现的所有网际网。这也是本节标题为"集装箱式电信"而不是采用任何现成网络名称的原因。正如上一节标题为"邮包分拣通信"一样，其中的电话网确实以贝尔的发明为源头，但如今的电话网与其"祖先"相比，早已面目全非了。同样，今天的互联网和最初的互联网也完全不同了。从覆盖的地域来看，它至少走过了局域网、城域网、广域网等阶段；从联网设备来看，它至少走过了大型机、个人机、手机、传感器以及几乎任何设备等阶段；从立体结构上看，它已走过地面的有线网、天空的卫星网以及移动通信网等阶段，而且正在连向几乎所有的网络；从社会关注度来看，互联网的各种新应用、新功能等随时让人惊叹不已。比如，当前的热点至少包括人工智能、大数据、物联网、车联网、区块链、工控网和 5G 等。另外，与电话网不同的是，历史上的互联网英雄实在太多，学术界、工业界、商业界、军政界、投资界等比比皆是，而且都不可缺少。所以，为避免挂一漏万，我们干脆不提及任何个人，以便努力使脉络更加清晰。

若将互联网与电话网进行类比的话，计算机则扮演着电话机的角色。不过，仅仅是在电话开通的第二年，基于人工交换机的电话网也就迅速诞生了，而互联网没这么早产。实际上，在公开报道的首台计算机（ENIAC）自 1946 年问世以后的整整 20 年间，所有计算机几乎都在各自为战，彼此间从未有过任何关联，人们甚至从没想到计算机之间还能相互通信。直到 20 世纪 60 年代初，面临核威慑的美国为增强自身的抗打击能力，才开始研制分散式军事指挥系统，以便在部分指挥中心被毁后，不至于全军瘫痪。1961 年 7 月，麻省理工学院的一位教授发表了首篇关于分组交换的论文，并在 3 年后出版了专著。1962 年 8 月，他又撰写了系列备忘录，构想了一套由全球计算机相互连接而成的网络系统，使得人人都可以从该网络的任何节点迅速获得数据和程序。这在本质上就是后来的互联网。形象地说，这位教授提出的分组交换就是将待传输的信息装进标准的"集装箱"，然后对这些"集装箱"进行合理的物流配送运输。最后，收信方对收到的各个"集装箱"重新进行排序，以恢复发信方的本来信息。分组交换从理论上证实了数据包通信的可行性，从而奠定了计算机联网的第一块基石。

但是，如何才能从工程上实现计算机通信呢？1965 年，有人用一条低速拨号电话线将麻省理工学院的一台 TX-2 计算机连接到了加州的一台 Q-32 计算机上，从而创建了首个广域计算机网。这就奠定了计算机联网的第二块基石。于是，人们相信多台计算机确实可以协同工作，运行对方的程序并在必要时从远程计算机上检索数据。1966 年，在美国国防部的资助下，正式启动了以计算机联网为目标的 ARPANET 计划，并在 1968 年 8 月完善了 ARPANET 的总体设计。1969 年，ARPANET 正式开通。同年，该网又接入了加州大学和斯坦福大学等 4 所大学的 4 台计算机。同时，各种主机联网协议和软件也在加紧开发。1970 年 12 月，一种名叫 NCP 的网络控制协议被用在 ARPANET 中彼此相连的主机中，使用户可以开发自己的应用程序。在 NCP 协议的支持下，ARPANET 的外联设备很容易增加到了 15 个节点的 23 台计算机。1972 年，入网的计算机节点数达到 40 个，而且这些计算机之间能收发电子邮件和文本文件等。1972 年 10 月，ARPANET 首次公开亮相，并在国际著名的计算机通信学术会议上进行了精彩演示。从此，互联网开始受到学术界的广泛关注，各种新协议层出不穷。不久以后，出现了 Telnet 协议，它可把一台计算机模拟成另一台计算机的终端，以利用远程计算机中的资源。1983 年，互联网上的首次"黑森林打击"出现了，元老级的 NCP 协议因扩展度不够而惨遭淘汰，代之出现了基于开放式网络框架的 TCP/IP 网际协议簇。后来，各种网络协议像走马灯一样纷纷快速登场和谢幕，"不适者死亡"的演化法则更加残酷。美国国家自然基金会资助建设了各大学间的计算机网络 CSNet，它在计算机基础网络上增加了统一的协议层，形成了能彼此通信的逻辑网络以及集中的中继控制方式，所有信息交换都由一台中继计算机完成。1982 年，又有人发明了 Usent 网络，它允许任何用户把信息发送给其他用户，而且所有用户都可以在网上讨论问题。1983 年，又出现了 BITNet 网络，它能就不同的话题在网上分组进行独立讨论，用户可以自行进入不同的小组。同年，还出现了 FidoNet 网络，它具有公告牌功能，使得任何两台计算机都可以借助调制解调器和电话线实现彼此间的电子邮件通信和讨论。以上这些网络后来都融合成了互联网的重要组成部分，并提供了特定的功能。再后来，互联网的发展更加令人眼花缭乱，各种网络和应用相继融入互联网，甚至很难整理出一个清晰、完整的时间表。

互联网发展所向披靡的原因是它拥有两大撒手锏：一是以开放式架构联网的理论，欢迎任何设备入网；二是严格的网络协议，确保入网后就能互联互通。因此，任何网络都可以接入互联网，只要它遵守以下看似宽松而实则严苛的 4 条基本规则：一是每个网络都可以独立运行，任何网络接入互联网时都不需要进行内部改造；二是网络将以"尽力而为"的方式提供通信服务，比如某个数据包没能到达最终目的地时，稍后它将从信源处再发一次；三是网络间的连接设备主要是路由器，它并不保留经过其中的数据包的任何信息；四是在操作层面上，互联网不存在全局控制，没有一个集中的指挥中心。由此可见，互联网的规则是典型的"外松内紧"。它"内紧"到什么程度？这样说吧，互联网所涉及的各种协议简直数不胜数，甚至没人能全部搞懂。所以，下面仅介绍最基本的一些协议，并与传统的集装箱相对比。必要时，大家也可以将这里的集装箱想象成小朋友喜爱的乐高积木玩具。

与交通运输中的集装箱不同，互联网中的集装箱属于分层嵌套结构，也就是说大集装箱中可以套装若干个小集装箱，小集装箱中又可以套装若干个更小的集装箱，如此下去。一般来说，里里外外共可套装 5 层集装箱。每层都有自己的功能，里层的任何变化不影响外层，而用户接触到的只是最里面的一层，他对其他外部各层完全没感觉。正如交通运输一样，用户的货物只需要放入某个集装箱中就行了，而不必关心该集装箱又放到哪条船上，或寄存在哪个码头上。从外到里，互联网的协议可分成 5 层。越在外层越靠近硬件，越在里层越靠近用户。在同一层中又有许多协议，它们又可以像乐高积木那样进行组合，但前提是不干涉其里层的规矩，正如集装箱的搬运不必改变其中货物的存放情况一样。

最外层称为第一层或实体层。它最简单，只是一些物理方面的标准，比如电压、频率、导线规格等，正如集装箱的材料、防火、防水等标准一样。

第二层称为链接层，相当于集装箱的外观尺寸和编号规则等。它将决定在分组通信中多少个比特组成一组，以及每组中有什么内部结构等。该层中最著名的协议叫以太网协议，它将每组数据（又称为以太网数据包或数据包）分成两部分——标头和数据。其中，标头的长度固定为 18 字节，包含对随后数据包的一些说明项，比如发送者、接收者、数据类型等；而数据则是数据包的具体内容，其长度为 46 ～ 1500 字节。因此，整个数据包的长度为 64 ～ 1518 字节。如果待传输的数据很长，就必须将其分割成多个数据包分别进行发送。在此处的标头中又如何标识发送者和接收者呢？原来连入网络的所有设备都有网卡接口。数据包必须从一个网卡传送到另一个网卡。网卡的地址就是数据包的发送地址和接收地址，也称为 MAC 地址。每个网卡出厂时都有一个独一无二的 MAC 地址，长度是 6 字节，常用 12 位十六进制数来表示。其中，前 6 位十六进制数是厂商编号，后 6 位是该厂商的网卡流水号。有了 MAC 地址就可以定位网卡和数据包的路径了，正如有了集装箱的编号就可以追踪它的交通路径一样。

不过，电子信号和实体的集装箱终究不同。比如，电信号可以同时分发任意多份，而实体货物"分身乏术"。在信息传输过程中，电信号的这种分享特性就被巧妙地利用了。比如，一个网卡如何知道另一个网卡的 MAC 地址呢？如果收发双方都位于同一网段，则发信方就不需要知道对方的 MAC 地址，而是完全盲目地向本网段内的所有计算机发出数据包，让每台计算机自己判断是不是接收方。每台计算机收到数据包后，先从其标头中找到接收方的 MAC 地址，然后与自身的 MAC 地址进行比较，若二者相同，就加以接收，并做进一步的处理，否则就丢弃该包。形象地说，在链路层中，同一网段中的计算机可以通过盲目的广播方式轻松地实现彼此间的通信。但是，若收发双方不在同一个网段时，又该咋办呢？很简单，只需将该信息发给本网段的一个特殊设备——路由器。至于如何发送，那又得依靠另一个名叫 ARP 的协议，后面再进行介绍。

第三层称为网络层，相当于集装箱的功能分类，比如是液体集装箱还是固体集装箱等。从理论上看，前面第二层中的盲目广播法适用于整个互联网，但实际上并不可行，因为效率太低，毕竟网络规模太大。所以，广播法只限定在同一子网中使用。因此，必须想办法区分哪些 MAC 地址属于同一子网，哪些不是。为此，又得引入一套新的地址，称之为网址。于是，在这一层次上，每台计算机实际上拥有两种地址，一是 MAC 地址，二是网络地址。这两种地址之间没有任何联系，只是随机地组合在一起。网址是由管理员分配的，它用以确定计算机所在的子网；MAC 地址则是绑定在网卡上的，它表示数据包将到达的该子网中的目标网卡。因此，从逻辑上推断，必定是先处理网址，再处理 MAC 地址。

如何处理网址呢？这就得依靠所谓的 IP 协议了，它所定义的地址称为 IP 地址。目前的主流 IP 协议是 IPv4，它即将被 IPv6 替代。不过，为了避免涉及过多的细节，此处仍以 IPv4 为例进行介绍，因为重在原理。IPv4 规定的网址由 32 个二进制位组成，分成 4 段十进制数来表示，即从 0.0.0.0 到 255.255.255.255。互联网上的每台计算机都会被分配到一个 IP 地址。IP 地址由两部分组成，前一部分代表网络，后一部分代表主机。比如，对于 32 位的 IP 地址 168.16.25.1，假定它的网络部分是前 24 位（168.16.25），则主机部分就是后 8 位（即最后的那个 1）。处于同一个子网中的计算机具有相同的网络地址，比如 168.16.25.2 与 168.16.25.1 就处在同一个子网中。

但单凭 IP 地址，显然无法判断哪些是网络部分，哪些是主机部分。于是，又得引入一个名叫子网掩码的新参数，它在形式上等同于 IP 地址，也是一个 32 位的二进制数，但它的网络部分全为 1，主机部分全为 0。比如，对于 IP 地址 168.16.25.1 来说，若已知网络部分是前 24 位，主机部分是后 8 位，则子网掩码就是 11111111.11111111.11111111.00000000，写成十进制就是 255.255.255.0。知道子网掩码后，就可以轻松判断任意两个 IP 地址是否处在同一子网上。方法很简单：两个 IP 地址与子网掩码分别进行与运算（两个比特都为 1 时，运算结果为 1，否则为 0），然后比较结果是否相同。若结果相同，就表明它们在同一个子网中；否则，就不在同一个子网中。比如，已知 IP 地址 168.16.25.1 和 168.16.25.233 的子网掩码都是 255.255.255.0，那么它们与子网掩码分别进行与运算后，结果相同，因此它们在同一个子网中。一句话，IP 协议的作用有两个，一是为每台计算机分配 IP 地址，二是确定哪些地址在同一个子网中。

根据 IP 协议发送的数据称为 IP 数据包，它含有 IP 地址信息。IP 数据包直接被嵌在第二层中的以太网数据包中的数据部分，因此完全不用修改以太网的规格。这就是互联网分层结构的好处，即上层的变动完全不涉及下层的结构。正如内层集装箱被嵌套在外层集装箱中一样，内层的变化完全不涉及外层。于是，IP 数据包也分为两部分：一是标头，主要包括版本、长度、IP 地址等信息；二是数据，是 IP 数据包的具体内容。IP 数据包的标头的长度为 20 ~ 60 字节，整个数据包的总长度不超过 65535 字节。因此，在理论上，一个 IP 数据包的数据部分最长为 65515 字节。但是，IP 数据包需嵌套在以太网数据包里的数据部分，其长度不得超过 1500 字节。因此，若 IP 数据包超过 1500 字节，就需要将其分割成几个以太网数据包，分开编号发送，然后在收信方再重新按序组合。

由于 IP 数据包是嵌套在以太网数据包中发送的，所以必须同时知道对方的 MAC 地址和 IP 地址。在通常情况下，对方的 IP 地址是已知的，关键是如何处理对方的 MAC 地址。这又分为两种情况。情况一：若两台主机不在同一个子网中，那么就只好把数据包传送到两个子网连接处的路由器中，由后者负责处理。情况二：若两台主机在同一个子网中，则可利用 ARP 协议得到对方的 MAC 地址。这里的 ARP 协议其实也是发出一个 IP 数据包，其中包含它所要查询的主机的 IP 地址，但在对方的 MAC 地址栏中填入的是固定的 FF:FF:FF:FF:FF:FF，表示这是一个广播地址。所在子网中的每一台主机都会收到这个数据包，然后从中取出 IP 地址并与自身的 IP 地址进行比较。若二者相同，就做出回复，向对方报告自己的 MAC 地址，否则就丢弃这个数据包。总之，基于 ARP 协议就能得到同一个子网中的主机的 MAC 地址，并将数据包发送到其中的任意一台主机上。

对了，若两个子网间相隔多个路由器，数据包则又该如何进行传输呢？这需要一大堆更复杂的路由协议。此处不打算详述其内容，但可以设想一下这样的场景：当你在 GPS 的指引下驾车前往目的地时，若交通非常拥挤，路况变化又很快，则 GPS 可能随时在每一个路口重新进行规划，为你指出下一步该驶往哪个路口，直到最终抵达目的地。现在借用 GPS 的场景，可以形象地将数据包在网间的传输过程想象成一辆集装箱卡车在拥挤的城市中由 GPS 在每个路口重新规划路径的过程，只不过这时每个路口代表一个路由器，而且 GPS 安装在路口。GPS 将根据当前的交通情况，为这个数据包指出下一步该通向哪个路口，直至最终抵达收信方。

第四层称为传输层。基于 MAC 地址和 IP 地址，已能在互联网中的任意两台主机之间建立通信联系了，但同一台主机上有许多程序都要用到网络。比如，在一边浏览一边聊天的过程中，当某个数据包从互联网上发来时，如何知道它是网页的内容还是聊天的内容呢？这就需要另一个名叫端口的参数，它表示收到的数据包供哪个程序使用。端口其实是每一个使用网卡的程序的编号。每个数据包都发送到主机的特定端口，所以不同的程序就能取到自己所需的数据。端口是 0 到 65535 之间的一个整数，正好包含 16 个二进制位。其中，端口 0 ～ 1023 被系统占用，用户只能选用其他端口。不管是浏览网页还是聊天，应用程序都会随机选用一个端口，然后与服务器的相应端口进行联系。传输层的功能是建立端口到端口的通信。只要确定了主机和端口，就能实现程序间的交流，并进行网络应用程序的开发。

如何将端口信息嵌入数据包呢？这需要新的协议，其中最简单的协议叫作 UDP 协议，它的格式几乎就是在数据前面加上端口号。UDP 数据包也由两部分组成：一是 8 字节的标头，它定义了发出端口和接收端口；二是总长度不超过 65535 字节的数据，即具体的内容，它刚好够嵌进一个 IP 数据包中。然后，把整个 UDP 数据再嵌入 IP 数据包的数据部分，这相当于又嵌套了一层集装箱。

UDP 协议的优点是比较简单，容易实现；缺点是可靠性较差，一旦数据包发出，就无法知道对方是否收到。为了克服这些缺点，TCP 协议诞生了。该协议非常复杂，此处不详述其细节。概括来说，TCP 就是带有确认机制的 UDP，它每发出一个数据包时都要求进行确认。若有一个数据包遗失，就收不到确认信号。这时，发信方就会重新发送这个数据包。因此，TCP 协议能确保数据不会遗失，但代价是过程复杂，实现起来困难，需消耗较多的资源等。TCP 数据包和 UDP 数据包一样都内嵌在 IP 数据包的数据部分。TCP 数据包没有长度限制，在理论上可以无限长，但为了保证网络的效率，通常 TCP 数据包的长度不会超过 IP 数据包的长度，以确保单个 TCP 数据包不必再被分割。

第五层叫应用层。应用程序收到传输层的数据后，将对它进行解读。由于互联网采用开放架构，数据来源五花八门，因此必须事先规定好格式，否则根本无法解读。应用层的作用是规定应用程序的数据格式。比如，TCP 协议可以为各种程序传递数据，如电子邮件、网页、FTP 等。因此，必须有不同的协议为电子邮件、网页、FTP 等规定数据格式。这些应用程序协议就构成了应用层，它是集装箱最里边的一层，直接面对用户。它的数据就放在 TCP 数据包的数据部分。形象地说，在集装箱运输中，用户可以寄送任何形状的锅碗瓢盆，但不能寄送一根超长的电线杆，因为它无法装入集装箱中。

至此，关于互联网通信的最基本的集装箱模型就介绍完了。其实，互联网中的几乎所有协议（包括由中国人设计完成的三元对等安全架构国际标准协议）都可用集装箱模型来重新诠释。

7.4 融合计算通信

所谓融合计算通信就是融合了计算的通信。此类通信到底从何时开始或由谁开始，其实都很难说清楚，因为并没有一个清晰的界线，只能在比较中发现区别。与电话通信相比，互联网 1.0 更像融合计算通信；与互联网 1.0 相比，互联网 2.0 就更像融合计算通信；与互联网 2.0 相比，物联网更像融合计算通信。总之，随着 IT 技术的发展和普及，在任何通信系统中，计算所占的比重将越来越大，或者说通信与计算将融合得越来越紧密，以致最终无法区分彼此。当然，在融合计算通信的第一波浪潮中，云计算、大数据、人工智能、车联网、物联网等可算是最引人注目的，因为它们的计算味儿更浓。关于融合计算通信最终将引发何种革命，将在下一节中进行论述，本节只是希望努力厘清融合计算通信的发展脉络。

在谈及通信之前，先回顾一下交通。生产和运输曾经泾渭分明，但后来它们的界线开始模糊了。在生产的同时，已开始进行运输了。比如，石油的管道运输就与生产融为了一体。也可以一边运输一边生产。比如，某些远洋化肥运输船在接到订单后才空船驶往目的地，在途中利用空中的氮气等生产化肥，到达目的地后，只需卸货就行了。未来 3D 打印普及后，在某些情况下生产和运输就更加难解难分了，因为生产就在家中进行，运输的只是通用原料。而在信息系统中，计算相当于生产，通信则相当于运输。在电话网阶段，计算所占的比重非常小或很隐蔽。在早期的互联网中，计算已初露端倪，因为互联网的许多终端本身就是计算机，既能在本地计算又能传输计算结果。到了谷歌时代，网络搜索的核心已经是计算了。到了云时代，甚至干脆把名称都改成云计算了，或者说通信和计算合而为一了。进入车联网、物联网和人工智能时代后，从外观上看，计算也许已成主角，通信反而只是背景了。实际上，以上陈述只是表象，因为从本质上说，通信和计算从来都是一家人，只不过被大家忽略了而已。

其实，若从信息工程的角度看，当今信息领域的所有计算单元无非是由 3 种最简单的二进制基本电路（或称为逻辑门，即与门、或门和非门）连接而成的网际网，此时每个逻辑门相当于一个最小的局域网。该网际网的输入和输出分别对应于计算的输入和输出。比如，任何一个芯片都可以看成由其中的局域网连接而成的城域网，由芯片搭建的设备可以看成广域网，由设备搭建的系统则可以看成子网络，由系统连接而成的大系统便是互联网了。反过来，由这 3 种逻辑门组成的任何开放系统都是某种计算系统，计算的输入和输出分别对应开放系统的输入和输出。此处的 3 种基本逻辑门的输入和输出都是 0 或 1。非门包含一个输入和一个输出，而且输出永远不同于输入。用通信术语来说，非门是每一比特都传错的通信系统。而与门和或门都是有两个输入 (x, y) 和一个输出 (z) 的计算系统，只不过它们的输出 z 分别等于 x 和 y 中最小的那个与最大的那个。但是，若再钻牛角尖的话，其实还应该有第四种更简单的逻辑门，只是过去一直被忽略了而已，因为它实在太简单了。那么，到底是哪个逻辑门被忽略了呢？那就是这样的一种二进制电路：只有一个输入和一个输出，而且输出永远都等于输入。换句话说，那就是无差错通信。或者再啰唆一点儿来说，那就是非门之非。因此，不妨称第四种逻辑门为通信门。现在，再回头去看看前述的 3 种基本逻辑门，它们哪个能缺少通信门呢？实际上，这些逻辑电路中的每一根线就是一个通信门！形象地说，若借用"道生一，一生二，二生三，三生万物"来进行类比，那么通信门便是那个"道"，常规的 3 种逻辑门便是那个"一"，由这 3 种逻辑门组成的集成电路便是那个"二"，由集成电路组成的所有设备可以看成那个"三"，而由所有这些设备搭建而成的系统或网络便是那个"万物"。因此，现在可以更严格地说，所有信息系统其实都是由上述 3 种基本逻辑门和通信门组成的网际网。当然，习惯上大家都把通信门给忘记了，毕竟它"生完一"后确实可以被忽略了，而且从公式上看，通信门还是非门之非呢。此处将通信门单独拿出来描述一番，其实只是想强调通信与计算之间的本质联系而已。总之，形象地说，从"基因"层次上看，通信和计算是不可分割的。计算离不开通信，至少离不开通信门；反过来，哪一种电子通信系统中又没有计算单元呢？过去之所以将计算和通信看成两种完全不同的东西，只是因为观察的角度不同而已，它们其实是一枚硬币的两面。所以，在本节中，我们将把计算与通信当成同义词。至于相应的侧重点，将在不同的语境中明显表达出来，就不再逐一说明了。

不知从何时开始，一度被认为是数学的专利且让许多 IT 人士谈之色变的"计算"二字竟成了数字社会的热词，无论是工程师还是普通网民都对计算津津乐道，在许多专业和大众媒体中，随处都可以看到诸如云计算、智能计算、并行计算、网络计算、分布式计算、大数据计算、神经计算、生物计算、DNA 计算、量子计算、通用计算等名词。另外，若再加上"计算"二字的传统同义词"算法"，则相应的清单就更长了，包括但不限于遗传算法、进化算法、优化算法、免疫算法、智能算法、蚁群算法、启发式算法、粒子群算法、模拟退火算法、禁忌搜索算法、人工鱼群算法、混合智能算法等。若再进一步考虑本质上就是计算的专业术语，那就简直多得无法一一枚举了，比如神经网络、机器学习、模糊逻辑、模式识别、知识发现、数据挖掘等。

当不限于 IT 领域时，从理论上看，到底何为计算呢？ 1+1=2 当然是计算，加减乘除也是计算。其实，数学的本质就是计算，计算过程可看成一个函数 $y=f(x)$，当输入为 x 时，经过函数 $f(x)$ 处理后，输出的结果便是 y。当然，这里的 x 和 y 既可能是一维变量，也可能是多维向量。从逻辑架构上看，所有的数学计算过程还可以更形象地描述为一个黑盒子，它的输入为 x，内部结构由函数 $f(x)$ 确定，输出为 y。这里之所以叫黑盒子是因为其内部结构经常是未知的或不可描述的，而且真正对外部产生作用的东西只是输入与输出之间的关系。从一般系统论角度看，计算系统其实是一个开放系统，计算过程就是该开放系统与外部的交流过程；反过来，任何一个开放系统也可以看成一个计算系统，该开放系统与外部进行的所有物质、能量和信息等方面的交流便分别是相应计算系统的输入和输出。综上所述，计算无处不在，无时不有，几乎无所不能，虚实皆可。前面已说过，通信是计算，因为发信方将信息输入到通信系统后，收信方再从中获得计算结果的输出；存储是计算，存入信息便是计算系统的输入，取出信息便是计算系统的输出；所有信息处理系统也都是计算系统，此时待处理信息为输入，处理完毕的信息为输出，处理过程便是计算过程。难怪 IT 领域要用那么多看似千差万别的专用名词来表示各种计算。另外，生物的生长过程是计算，输入是养料，输出是机体；知觉是计算，输入是刺激，输出是反应；学习是计算，输入外部知识后，经学习这个计算过程就获得了作为计算结果的新知识；思维是计算，头脑中既有的和刚学习的知识便是输入，获得的新知识便是输出；历史是计算，"过去"是该计算系统的输入，"现在"则为输出。一句话，所有因果关系都是计算，"因"是输入，"果"是输出。

既然计算如此普遍，它会是一盘散沙吗？或者它只能逐一罗列吗？当然不是！其实，计算有相当清晰的规律。比如，计算系统的动力学规律完全可用一组微分方程来描述，而且随着时间的推移，它们要么进入稳定或动态稳定状态（此时计算过程停止或者进入死循环），要么进入无限不重复状态（此时称为不可计算）。关于该方面的详细描述，请见拙作《博弈系统论》。有关一般计算系统的动力学描述，可参见贝塔朗菲的名著《一般系统论》。比如，对于任何一个以开放热系统构成的计算系统，无论当前它的计算结果是什么，系统的热熵总会越来越大，并最终处于热寂状态。当然，在一定条件下，也遵从耗散结构理论和协同学理论。此外，任何一个宏观物质系统的最终计算结果将取决于由牛顿三大定律、能量守恒定律等基本物理定律所决定的平衡状态。任何一个化学反应系统的最终计算结果也会遵从物质不灭定律等基本化学规律。总之，所有开放系统的计算过程都可以简化为"反馈、微调、迭代"所代表的赛博过程，详见《博弈系统论》和《控制论：或关于在动物和机器中控制和通信的科学》。如果该过程最终稳定在某种状态，即迭代前后的结果相同，则相应的计算就完成了；否则，该系统便不可计算。好了，至此我们已从信息工程和数学角度分别厘清了计算的本质。下面就可以从电子通信开始，重新来梳理融合计算通信的演化路径了。

以电报为代表的原始电子通信系统基本上就是一个通信门，通电时相当于在传输"1"，断电时相当于在传输"0"。后来，专线连接的端到端电话出现了，其传输线上虽然只有一个通信门，但电话终端少不了其他三种基本逻辑门。接着，电话网出现了，此时逻辑门在各类电话交换机中扮演着关键角色。然后，计算机诞生了，其原始功能当然只有计算，但计算机内部更像由基本逻辑门组成的网络。再后来，计算机联网了，互联网出现了。于是，量变越来越剧烈，必将发生质变了。互联网的质变过程当然并非一蹴而就，而是经历了漫长的意外演变。

在描述互联网质变的演化过程前，先做一个思想实验。假设有一对同卵双胞胎，他们出生后，哥哥在与世隔绝的环境中得到精心抚养，而弟弟则正常进入社会，接受良好的教育。成年后，弟弟的智商几乎肯定会高于哥哥。至少可以说，哥哥缺乏人类生存所需的许多必备本领。哥哥的问题出在哪里呢？虽然两兄弟的大脑结构等先天硬件条件几乎完全相同，但是用社会学的语言来说，哥哥缺乏必要的知识，而用信息工程的语言来说，哥哥缺乏足够的数据！好了，现在来看互联网的情况。早期的互联网相当于那个头脑空空的哥哥，它只被用于传输数据或计算结果，而本身并不吸收任何知识或数据。随着互联网的发展，它慢慢变成了那个知识丰富的弟弟。这是因为各种网站出现了，网站的主人将许多信息注入了互联网那个本原空荡荡的"大脑"中；社交媒体出来了，全体网民积极主动且免费地向互联网的"大脑"中注入了更多的数据；各种电子商务出现了，在商务过程中产生的数据也被有意或无意地截流并装入了互联网的"大脑"中。总之，本来只提供纯粹通信服务的互联网在不知不觉中竟然被动地存储了海量数据，积累的知识越来越丰富了。

既然互联网中有了知识，那么就得进行充分挖掘和利用，不能白白浪费。但是在这浩瀚的知识海洋里，每个用户如何才能找到自己所需的知识呢？于是，各种搜索引擎出现了，用户只需输入关键词，互联网就会帮你完成计算，找到搜索结果，并将它们呈现出来。可是，如此计算的结果显然不会唯一，到底你需要的是哪个结果呢？互联网不得不开始琢磨你的心思。如果你输入的关键词是当前的热词，那么你关心的结果很可能与别人的相同，故只需将大家关心的结果按其热度依次呈现出来，并记下你的最终点击选项就行了。如果你输入的关键词不是热词，那么就根据你过去的点击行为，尽量按你的爱好呈现计算结果。比如，假若你刚刚输入关键词"计算机"后，点击的是计算机的价格信息，那么随后你再输入关键词"办公椅"，则很可能就是想要购买与计算机相配的椅子了。所以，互联网不但能向你推送相关产品消息，而且可以顺便推送几条办公桌的广告，并记下你的最终点击结果，以便对你了解得越来越深入，未来更好地为你提供服务。想想看，如果互联网没有记住你点击过的计算机选项，它就猜不出你输入"办公椅"的动机，没准儿就会错误地呈现给你许多有关办公椅的历史故事呢。这样，每个用户便会越来越相信互联网，越来越离不开互联网，同时互联网也就越来越能猜透你的心思。

互联网显然不会只为少数几个人服务，它将面向全人类，提供力所能及的全方位服务。只要有足够的需求，它就会努力为大家提供满意的服务，同时也更深入地渗入每个人的思想，了解每个人每时每刻的言行举止等，逐渐预测整个人类的某些重大事件。比如，若许多人都在同一时期关注感冒信息，则互联网将准确地预测到即将爆发流感疫情。在美国总统大选前夕，互联网只需从每个人的私密信息（比如电子邮件等）中了解其真实态度，那么它就完全可能不被铺天盖地的竞选假象所迷惑，更不会受水军的人造新闻干扰，从而准确地判断谁将会赢得最终胜利。这便是所谓的大数据预测或大数据计算，若干事实已多次证明互联网的这种预测相当精准，至少从宏观层面来看相当精准，它与人类个体的微观能力刚好形成完美互补。

互联网为啥能拥有类似于预测这种超级能力呢？当然不只是因为它的硬件越来越先进，软件越来越发达，更因为它积累的知识越来越多，而且知识一旦被输入，它们将永远被互联网记住，几乎不会被遗忘和遗漏。人类终于发现了一种比金钱、石油甚至土地还宝贵的东西，那就是数据。于是，所有信息系统都开始尽力收集更多的数据，无论这些数据当前是否有用，无论它们是否会占用大量的存储空间，无论它们是否会消耗若干计算资源。刚开始时，互联网只是积极配合人类的行为，尽量将人类提供的数据用好用足。其中，最典型的例子就是 GPS，它不断地免费向全球每位司机提供越来越精准的定位服务，甚至让许多司机患上了严重的"GPS 依赖症"。但是，它也会随时获取每辆车的实时位置和行进方向等数据，而这些数据不但有助于为你提供更精准的服务，而且有利于为其他司机服务，甚至为整个路网规划出全局最优的出行方案。如此一来，数据的规模效率就得到了充分发挥。总之，随着互联网中的数据越积越多，互联网获取数据的能力越来越强，互联网这头睡狮终于快要被唤醒了。

唤醒互联网的当然是人类自己。在尝到了大数据计算的众多甜头后，人类便开始让互联网主动获取更多的外部数据，而不是像过去那样只能获得网络的内部数据和由用户提供的数据。于是，各种传感器、摄像头、录音机、移动数据终端、数据采集点等就被爆发式地接入了互联网，从而打造出了诸如物联网、工控网、车联网、移动网等更专业、更具智能的网络，使得互联网的数据获取能力再上一个新台阶。为了便于区分不同的发展阶段，我们将"苏醒"后的互联网称为物联网，其实无论用什么现成的名称来称呼，几乎都不够准确。这也是本节的标题只叫"融合计算通信"的原因。作为一头醒狮，物联网到底将有多厉害呢？让我们再来做一个思想实验吧。假设有位聪明绝顶的精英，只要向他求教，他什么难题都能轻松解决，但他唯一的缺陷是没有眼睛、耳朵和腿。所以，为了让他解决相关问题，其他人必须为他提供各种辅助服务。突然有一天，来了一位神医，他魔术般地治好了这位精英的眼睛、耳朵和腿。于是，这位精英不但能像过去那样解决大家提出的任何难题，而且能自己提出问题，发现问题，解决问题，甚至自己决定做什么事情。是的，你也许已猜到了，该思想实验中的这位精英就是互联网，传感器就是给它装上的眼睛，录音机就是给它装上的耳朵，各种移动设备就是给它装上的飞毛腿。现在的物联网既能被动地接收人类提供的所有数据，也能记住网络上已有的海量数据，更能主动地四处出击，抓取它能看到和听到的所有数据。其中，目前最具代表性的当数即将普及的车联网。无人驾驶汽车在路上飞奔，每辆车对自己的车况都十分清楚，对固有的道路情况都烂熟于心，对四周其他车辆的动态情况都了如指掌，对行进中的任何突变都能应对自如。总之，乘客只需告知目的地，其他事情都归车联网自己解决，而且远比人工操作更安全，整体效果更好。

物联网为啥能基于大数据分析完成那么多神奇的任务呢？这个秘密其实早在

几千年前就已被先人们发现，并被整理成了六字箴言"吃一堑，长一智"。只不过，古人们误以为这只对人类有效。比如，古人采蘑菇，先是不管三七二十一，见蘑菇就采，结果发现吃了色彩鲜艳的蘑菇就会死。于是，人们便吸取教训，专采素色蘑菇，结果又发现某些素色蘑菇仍然有毒，于是再吸取教训。如此往复数个回合后，终于得到了一个清晰的无毒蘑菇清单。只要按照这张清单采摘蘑菇，就能安然无恙。当然，后来古人将这个秘籍总结成了更普遍的、大家都熟悉的两个字，那就是"学习"；而且发现这个秘籍对人类社会来说，几乎"包治百病"。美国数学家维纳在 1946 年发现这个秘籍其实不仅对人适用，对机器也照样适用。于是，他将该秘籍的要点整理成了新的六字箴言"反馈、微调、迭代"，并以此创立了著名的"赛博学"（过去被国内片面地翻译为"控制论"）。若拿维纳的新箴言去重新诠释上面的采蘑菇过程，故事就将变成这个样子：先人们吃下首次采回的蘑菇，这相当于第一次反馈，若平安无事，那么就无需微调，即下次见到同样的蘑菇时大胆采摘；若吃下某种蘑菇后中毒了，那么就必须微调，即下次别再采摘这种蘑菇，还要告诉别人吸取教训。然后第二次外出采蘑菇，这相当于迭代。也许这次采回了新品种，然后吃下新品种，这相当于第二次反馈。若平安无事，就无需微调；若中毒，那么下次就别再采摘这种蘑菇了。如此反复，不断地进行"反馈、微调、迭代"，最终就可以获得美味蘑菇的详细清单。

其实，无论是物联网还是任何智能系统，它们的核心都是维纳的这六字箴言。具体地说，人类的所有行为几乎都是有目标的。每当目标确定后，物联网便开始计算，刚开始时也许只是盲目计算，然后返回计算结果。若该结果已达到目标，或与目标高度吻合，则本次计算就结束了；否则，物联网就会根据上次反馈的结果，再结合既定目标，对上次计算中的某些参数进行微调，进行第二次计算，并返回第二次计算结果。这种"返工"过程又叫迭代。注意，若第二次的计算结果离目标更远，则将其忽略，此时再利用第一次反馈的计算结果，对参数进行其他微调，直至相应的计算结果更靠近目标。再基于第二次反馈结果和既定目标，对相关参数进行微调，进行第三次计算。依此类推，直至最终的反馈结果足够逼近既定目标，这时物联网就完成了本次计算任务。更加绝妙的是，物联网能永远记住过去计算的经验和教训，它早已"吃了 N 多堑"，所以"长了 N 多智"。换句话说，它能很快逼近目标，而且会越来越有经验，逼近目标的速度也会越来越快，从而完成人类交给它的几乎所有任务。这是因为工程结果本身就允许存在一定的误差，所以总能获得满意的结果。

一般说来，维纳的六字箴言不但适用于人类和机器，而且适用于所有生物系统，只不过此时不再有明确的预先目标，反馈就相当于物种的整体延续，微调是通过残酷的"不适者死亡"规则来进行的，迭代则相当于生物繁殖。对，你也许已猜到了，生物界的"反馈、微调、迭代"过程就是达尔文进化论的工程描述。此处为啥要强调生物演化不再有明确的预先目标呢？这主要不想让上帝来添乱，否则生物的目标该来自哪里呢？其实，生物个体肯定是有目标的，那就是生存和繁衍；但某个物种整体不会有目标，或者说任何个体都不能控制该目标或与该目标进行比较，因为个体优势不等于整体的优势，甚至反而是整体的劣势。比如，事实证明，与低级生物相比，高级生物绝种的概率更大。更一般地说，维纳的六字箴言对于宇宙万物的演化来说也是有效的，反馈是过去，微调是现在，迭代是将来。不过，这已超出本书讨论的范围，此处仅点到为止，有特殊兴趣的读者可以阅读《博弈系统论》。

7.5　通信创造智能

在人际通信的历史长河中，曾发生过两次重大革命。第一次是酝酿了十几万年的、由语言通信引发的认知革命，它使人类能创造并相信若干虚幻故事，并以此团结更多的人齐心协力登上生物链的顶端。第二次是酝酿了 6 万多年的由文字通信引发的互为实体革命，它使人类能创造并相信更大更持久的虚幻目标，从而让人类进入了文明社会，产生了诸如国家、宗教、民族等推动人类社会进步的重要互为实体。当然，严格来说，语言和文字在本质上是相通的，只是后者能依靠纸张等信息载体传播得更远更久而已，所以，基于文字的虚幻故事具有更大更持久的号召力。换句话说，第二次通信革命只是第一次通信革命的升级版。但是，紧接着只经过了区区 5000 多年的酝酿，更准确地说主要是经过了最近 150 多年的电子通信的酝酿，由通信引发的第三次革命即将爆发，其标志就是由于通信与计算的高度融合，将首次产生机器智能。所以，第三次革命称为智能革命。虽不清楚这次革命最终将给人类带来什么，甚至不清楚这对人类来说到底是福还是祸，但可以肯定的是它将彻底颠覆人类的既有认知，强烈地改变人类的文明进程。过去人类一直坚信只有人类才拥有智能，甚至连黑猩猩等人类近亲都谈不上拥有智能，但现在的事实是计算机已拥有了智能，而且今后互联网将拥有超级智能，甚至在许多方面，其智能将超过全人类。由于现在只能看到智能革命的冰山一角，故本节也只能点到为止。

什么是智能呢？心理学家认为智能是智力和能力的总称，是精神活动的一种综合复杂功能；是人类运用固有的知识和经验来学习新知识、新概念，并把它们转化为解决问题的能力。智能活动与思维、判断、联想、意志力、记忆力、感知力等密切相关。智能的具体表现包括归纳总结和逻辑演绎等。具体来说，智能主要涉及语言、逻辑、空间、运动、音乐、人际、内省和认知 8 个方面。其中，语言智能是指能有效地运用言语（包括口语和文字）表达思想并理解他人，能灵活掌握语音、语义、语法等技巧，能将言语思维、言语表达和言语欣赏密切地结合起来并运用自如。逻辑智能是指能有效地进行计算、测量、推理、归纳和分类，能进行复杂的数学运算，特别是对逻辑的"方式和关系""陈述和主张""功能及相关抽象概念"具有高度敏感性。空间智能是指能准确感知视觉空间及周围的一切，并能把所感知的形象以图像方式表现出来；特别是对色彩、线条、形状、形式、空间关系等具有高度敏感性。运动智能是指能运用肢体表达思想和情感，执行复杂动作，特别包括某些运动技巧（如平衡能力、协调能力、敏捷性、力量、弹性和速度等）以及由触觉所引起的能力。音乐智能是指能敏锐地感知音调、旋律、节奏、音色等，比如具有较高的表演、创作等能力。人际智能是指能深入理解他人并与之交往，特别是善于体察他人的情绪、情感、感觉和感受等，辨别某些人际暗示，并做出适当反应。内省智能是指自我认知，具有自知之明，并据此采取适当的行动，特别是能全面认识自己的优点和缺点，发现自己的内在爱好、情绪、意向、脾气和自尊等。认知智能是指能观察自然界中的各种事物，对它们进行辨别和分类，特别是具有敏锐的观察力以及强烈的好奇心与求知欲，能分辨事物间的细微差别等。

必须承认，通信专家对智能的认识远不如心理学家。可惜，由于心理学家没能给出智能的精确定义，故通信专家只好采用一个天衣无缝的逻辑推理来证明机器确实可以拥有智能。该推理的基础就是众所周知的"不怕不识货，就怕货比货"。我们虽然不想去争论到底什么才是智能，但只需经过简单的几步逻辑推理，便可证明计算机是否具有某方面的智能。第一步，肯定人类在这方面有智能，这显然毫无疑问，因为人类对自己的智能从来都很自信。第二步，让这方面的人类精英与计算机进行封闭式对抗，并记录下人机对抗的全过程。第三步，仅凭人机对抗的细节，让其他任何人来当裁判，以确定到底哪方是人类，哪方是机器。如果裁判找不出人与机器的差别，那就意味着在所测试的方面，计算机已具有与人类无异的智能。实际上，常见的情况是计算机的智能水平已超过人类。其实，上述的三步逻辑推断还有一个标准的学术名词，那就是"图灵测试"。它是在 1950 年由人工智能之父图灵提出的测试机器智能的著名准则，即在测试者与被测试者（一个人和一台机器）隔离的情况下，通过一些装置（如键盘）向被测试者随意提问，并由对方回答，然后测试者判断对方是人还是机器。经多次测试后，若机器能让超过 30% 的人类测试者做出错误判断，那么这台机器就通过了测试，并被认为具有人类智能。这里的 30% 是图灵当时对公元 2000 年时计算机智能水平的预测，当前的实际结果是在许多方面早已超过 30% 了。无论从基本生活常识的角度去看还是从思辨哲学的角度去看，图灵测试对机器是否具有智能的判断都是无懈可击的。那么，当前的机器到底在哪些方面拥有了与人类一样甚至更高的智能呢？下面列举几个真实案例。

首先是语言智能。人类语言智能的最佳体现场景应该是各种现场辩论。史上最佳辩手也许是舌战群儒的诸葛亮，可惜卧龙先生显然没法穿越到现在来与机器辩论，于是只好请出其他"杠精"。到目前为止，最佳机器辩手可能是 IBM 开发的 AI 辩论系统，且看它是如何舌战群儒的。人类首先出场的精英辩手是由以色列国际辩论协会主席和 2016 年以色列国家辩论冠军组成的团队（以下简称人类辩手）。第一场比赛的时间是 2018 年 6 月，经临时抽签决定机器为正方，人类为反方。比赛分上下两场，两场的话题分别是"政府是否应该增加太空探索的费用"和"远程医疗是否会在医疗中占据更大的比例"。人机双方先后进行了 4 分钟的开场演讲、4 分钟论辩和两分钟论证总结。至于当初的辩论细节，此处就不再复述了。最终结果是人类与机器各赢一场，双方打了个平手。其实，应该算机器更强一点，因为这场辩论对机器来说稍微有点不公平，特别是它只能用声音来表达观点，而人类可以借助丰富的肢体语言。另外，辩论是人类的文化，论证的内核往往十分主观，所以机器必须适应人的逻辑习惯，并提出人类可以理解和接受的论点。现场观众一致认为：机器能针对主题表达完整的意见，提供充足的论据，甚至会开玩笑活跃气氛，以丰富辩论内容。比如，在辩论远程医疗主题时，机器竟然结合自身特点，开场便应景地甩了一个"包袱"。它说："下面的讨论生死攸关，对我来说尤为如此。"随后，它又用惋惜的口吻感叹道："可惜我不能热血沸腾，因为我没有血液啊！"在辩论中，机器用语音识别和语义分析技术来理解对手的发言，然后再准备反驳，并用机器女声说出自己的观点。机器在比赛前并不知道辩论主题，所有发言均是临场发挥，完全基于数以亿计的论文、报告和新闻报道等数据，在分析了这些海量数据后，再做出逻辑结构良好的演讲，反驳人类的观点。比如，在太空探索主题上，当人类辩手声称"有很多其他事业更值得花钱"时，机器巧妙地反驳说："我可没说太空探索是唯一值得花钱的项目哟！"赛后，有多名听众表示：机器的论据真的改变了自己的固有看法！

其次是逻辑智能。若说在语言智能方面，人类还有招架之功，那么在逻辑智能方面，人类简直就全无还手之力了，而且在某些方面将永远失去翻盘的机会。各种棋类博弈游戏应该是最能体现逻辑智能的公平擂台，其比赛结果相当客观，没有半点含糊。而前述辩论大赛对机器不利，因为听众的判断会受到许多主观因素的影响，正如在许多歌手大赛中小孩往往能取胜一样，虽然小孩唱得并不比成人好，只是投票者加入了其他主观因素而已。在棋类人机大战中，最著名的恐怕是名叫"阿尔法狗"的机器与人类的围棋大赛了。这次大赛可分为两个阶段。第一阶段的比赛时间是 2016 年 3 月，结果机器以 4∶1 获胜。当时人类选手是围棋世界冠军、职业九段李世石；而机器选手是第一版本的"阿尔法狗"，它不但运用了深度学习等高新技术，而且事先结合了数百万围棋专家的棋谱，进行了数年的强化学习和自我训练，甚至有些招数还是专门针对李世石而设计的。所以，虽然这次机器胜了，但人们还是觉得有点不服气，毕竟李世石还胜了一局。当时人们幻想也许下次人类能挽回面子。可是，仅仅一年后的 2017 年 5 月，新版"阿尔法狗"就以 3∶0 的全胜战绩大败世界排名第一的世界围棋冠军柯洁。更不可思议的是，新版"阿尔法狗"不再需要人类数据，也就是说它从一开始就没有接触过人类棋谱。研发团队只是告知它最基本的围棋规则，然后让它随意地自己与自己博弈，自己摸索经验和吸取教训。随着自我博弈次数的增加，机器对自己的算法进行了调整和优化，变得越来越聪明。最厉害的是，随着自我训练的深入，机器竟然独立发现了许多从未出现过的新招数，让人类目瞪口呆。经短短 3 天的自我训练，新版"阿尔法狗"又以 100∶0 的成绩轻松战胜了曾经战胜过李世石的旧版"阿尔法狗"。从此，全球围棋界真心服输，承认计算机下围棋的水平已超过人类职业选手的顶尖水平。后来，人们宣布计算机将不再参加人类围棋比赛了，毕竟它已没对手了嘛。李世石仅胜的那一局也成为了人类的最后一次侥幸。若允许开玩笑的话，李世石也许可以夸口说："本人是战胜过机器的唯一世界冠军！"其实，除围棋外，在其他各主要棋类方面，人类基本上也都是节节败退。一句话，只要机器想赢，那么它仅需稍微发力就一定能梦想成真。比如，在扑克方面，2017 年 1 月卡耐基梅隆大学开发的机器战胜了 4 名人类顶尖选手；在国际象棋方面，早在 1997 年 5 月超级计算机"深蓝"就战胜了国际象棋冠军卡斯帕罗夫；在跳棋方面，加拿大阿尔伯塔大学开发的机器几乎打遍天下无敌手，唯一的例外是数学家丁斯利。可惜在 1994 年双方再次对垒期间，丁教授却不幸患上了胰腺癌，不久便病逝。最早在 1770 年，德国发明家兼外交家肯佩伦男爵就造出了一台下棋机器，名为"土耳其人"。此机器虽不曾战胜过棋类冠军，但战胜了拿破仑。据说，当时拿破仑执白先走，但最后惨败，以至恼羞成怒的他竟然掀翻了棋盘桌。事后，有好事者分析了拿破仑和机器的对战棋谱，发现拿破仑确实艺不如"机"。

接着再看看音乐智能。在这方面，虽然很难判断人类与机器谁更聪明，但机器确实已能瞒天过海。在音乐创作方面，加州大学圣克鲁兹分校的音乐教授柯普用整整 7 年时间设计出了一款名叫 EMI 的机器音乐作曲系统，它能谱出协奏曲、合唱曲、交响乐和歌剧等。一次，EMI 的作品被安排在圣克鲁兹的音乐节上演出，现场观众激动不已，反响热烈，绘声绘色地讲述着自己的内心如何被这些音乐所震撼。然而，当观众得知这些曲子并非来自巴赫（虽然确具巴赫风格）而是来自机器时，大家瞬间石化了，根本不相信自己的耳朵。EMI 的音乐水平高，创作速度很快，它在一天内可以谱出 5000 多首巴赫风格的赞美诗，还能模仿莫扎特的奏鸣曲创作风格。曾经有人不服，要来挑战 EMI，结果都没占到便宜。俄勒冈大学的拉尔森教授曾与 EMI 进行了一场人机音乐对决，规则是：由三位专业钢琴家弹奏三首不同的曲目，他们分别来自巴赫、EMI 以及拉尔森本人，然后让观众投票，猜测到底谁谱写了哪个作品。表演结束后，投票的结果竟然是大多数观众认为的巴赫作品其实是 EMI 的，拉尔森作品其实是巴赫的，EMI 作品其实是拉尔森的。在音乐演奏方面，人类更不是机器的对手了。2011 年，意大利发明家苏兹研制了一款名叫"特奥"的机器人，它可用十手联弹。刚开始时，它有 19 根手指，能演奏任何旋律和乐曲，而且比任何人弹奏得都快。如今，"特奥"已有 53 根手指，能轻松地代替任何时代的任何演奏家。"特奥"还能一边演奏一边与观众风趣地互动。它在弹琴时根本不用看乐谱，还能边弹边唱，随时和观众交流"眼神"。此外，"特奥"还好为人师，只要发现同台表演的人类搭档有任何失误，它就会毫不客气地立刻加以指正。据说，"特奥"不但被多国元首接见过，而且与我国钢琴演奏大师郎朗斗过琴呢。

至于机器在其他智能方面的出色表现，这里就不再逐一详述了，因为相关情况非常明朗。在空间智能和运动智能两方面，机器本来就具有人类无可比拟的先天优势，它对空间的感受既快又准，对运动的控制更是让人望尘莫及。比如，它能轻松表演多级倒立摆。在内省智能方面，机器与人没有可比性，因为机器压根儿就没有"内"，它随时都可以根据外界的大数据对自己进行脱胎换骨的、毫不留情的自我否定和自我改造，它更没有什么爱好、情绪、意向、脾气和自尊等。或者说，这些东西对它来说随时都可以任意调节，想怎样就怎样。在人际智能方面，它绝对能给予人类无微不至的关怀。只要人类不嫌弃它，机器就不存在任何交流障碍。最后，在认知智能方面，它至少能成为人类的忠实助手，帮助人类发现更多的自然规律。在大数据时代，机器洞察隐藏在复杂数据中的秘密的能力远比人类强大。总之，在各种具体的智能方面，与机器的蒸蒸日上相比，人类几乎停滞不前。

书说至此，有些读者也许已开始担心机器会彻底代替人类吗？机器最终会统治人类吗？人工智能的边界到底在哪里？关于此类问题，不同的专家有不同的观点，无论是正方还是反方都给出了许多备选答案。我们不想评论这些答案，仅指出一个基本事实，那就是机器在做任何事时，从问题的描述到中间的各种运算处理，再到最后的结果输出，都离不开"语言"。也就是说，作为一个通信系统或计算系统，机器只能对数据输入产生相应的数据输出。所以，那些只能意会而不能言传的事情将永远是人工智能的禁区。人工智能也许永远都不会有禅宗般的顿悟，也不会产生灵感。当然，我们也必须承认，机器将在越来越多的领域内代替人类。形象地说，随着电子通信技术的发展，特别是人工智能的迅速普及，机器将越来越像人。同时，人类也将越来越像机器：开车时不知道如何走，得问机器；自己不知道需要买什么东西，得问机器；不知道自己的身体是否健康，得问机器；可能连冷热都不知道，得问机器；甚至连饿不饿也不知道，得问机器。总之，若没有各种智能机器，人类对自身也许就啥也不知道了。今后要嵌入人体的机器会越来越多。待到人与机器完全融合后，将会怎样呢？所有这些问题目前都还没有答案，我们只能走一步看一步了。

其实，人类大可不必担心会被机器控制。到目前为止，人类虽然确实能让机器拥有局部智能，但纵观整个融合计算通信网络，不难看出包括互联网、物联网和车联网等在内的所有智能网络的主体部分仍然只是在忠实地传输信息，而不是在处理信息。因此，让整个信息网络像人类大脑的神经网络那样拥有全局智能，也许还是一个艰巨的任务。

顾名思义，"人工智能"本该等于"人+工+智+能"，但是到目前为止，在

IT 领域内大家都过于关注"工"与"能"，（即工程实现和系统功能），而对"人"与"智"的理解几乎仍停留在 20 世纪中期维纳的水平上。具体地说，在各种智能算法的设计方面，人类并没有突破性的进展。当前的表面风光其实主要得益于海量数据，特别是有了获得数据的通畅渠道，有了学习和自学习的手段等以后，人类才能使机器实现深度学习，从而在人工智能领域产生若干飞跃。可惜，目前大部分人工智能专家根本不关心"人"与"智"，最多只是跟在生物学家后面被动地接受一些二手成果。要想产生全局性人工智能，IT 界至少得补上"人"与"智"这两门基础课，即真正了解"人"，了解人的"智"到底来自哪里。类似的情况在科学史上曾有过先例。正是因为有一批粒子物理学家主动投身到生物学中，人们才终于发现了基因结构等。这些成果的取得明显是物理思维的结果。若物理学家和生物学家都只是被动地等待对方提供相关结果，那么可能就永远不会产生分子生物学。现在该是通信专家向当年的物理学家学习的时候了，通信专家不能仅仅被动地等待脑科学家的研究成果。这也是本书从头到尾花费了那么大篇幅来将生物学成果融入通信的原因。

　　人类曾误以为智商与脑容量成正比，但后来发现：在过去的 2 万年间，人类的平均脑容量下降了约 10%，而人类显然没有越来越笨。人类大脑正朝着"更小的空间，更高的效率"方向演化。脑容量过小或过大，确实会影响智商，而且都会让人变得更笨。人类智商到底与大脑有啥关系呢？生物学家最近给出的答案是：记忆力和大脑神经网络的结构是影响智商的主要因素。而互联网的记忆力显然很容易超过人脑，因此，若要使人工网络产生全局性智能，难点和重点就是如何优化网络结构，其中当然包括集成电路等硬结构和智能算法等软结构。到目前为止，虽不知何种脑结构才有最佳智商，但确实已有若干相对结果。在比较不同物种的脑容量时，很容易验证大脑结构更关键。例如，虽然抹香鲸拥有最为庞大的中央神经系统和大脑，但它们显然不是最聪明的动物。男人的脑容量普遍比女人的大，但全球智商测试数据显示男人与女人的智商并无差异，这或许是因为男人和女人的大脑结构并无差异。此外，已有证据显示大脑中的海马体与智商密切相关，海马体越大，口头和空间记忆能力越好，记忆力下降的风险就越小；海马体一旦受损，如患上阿尔茨海默症，病人就很难记住最近发生的一些事情。换句话说，如果了解整个大脑结构太难的话，通信专家也许该重点了解海马体的结构。人类对视觉和听觉的感知及处理都是条件反射式的，大脑皮层的神经网络应对各种情况的方式也是下意识的反应，而在条件反射或反应方面，互联网设备应该不会输于人类，只要设计者们给予它们足够的重视。

在本章结束之前，或者说在探讨未来通信之前，我们还想提个更深刻的问题，那就是当非电通信发展到一定程度（比如产生了语言和文字）后，为啥就能大幅提高人类的既有智能，从而产生认知革命和互为实体革命呢？当电子通信发展到一定程度后，为啥能让机器产生智能，甚至可能引发智能革命呢？我们虽不能给出完整答案，但这至少与信息有关，因为语言和文字的主要功能就是让人类彼此分享更多的信息；这更与电子有关，因为电子信息具有快速传播性、海量存储性以及无限可复制性和分享性等。其实在某种程度上，确实可以把电子通信网络模拟成初级人脑。与物质和能量相比，信息的一些特性更是扮演了不可替代的关键角色，甚至可以说，若缺少了这些特性中的任何一个，信息就不可能催生智能。信息的这些特性主要包括以下几个方面。一是信息的依附性，即信息是一种抽象的、无形的东西，它必须依附于某种载体，且只有具备一定能量的载体才能传递信息，信息不能脱离物质和能量而独立存在。二是信息的再生性和扩充性，即物质和能量只会越用越少，而信息越用越多并在使用中不断扩充，不断产生，永远不会被耗尽。三是信息的可传递性，即信息可由一处传到另一处。其实，信息的传递——通信就是本书的主题。四是信息的可存储性，即信息可被存储，以备他时、他地或他人使用，而记忆、书写、印刷、缩微、录像、拍照、录音等都是常见的存储手段。五是信息的可缩性，即可对大量的信息进行归纳和综合。比如，经验和知识等智能要素都是在收集大量信息后提炼而成的。六是信息的可共享性，即信息可以转让、共享，并通过共享充分发挥其价值。七是信息的可预测性，即通过现时信息来推导未来信息形态，这是因为信息对实际有超前反映，可预示事物的发展趋势。这正是信息的决策价值所在。八是信息的有效性和无效性，即当信息符合接收者需求时，它就是有效的，反之则是无效的。或者说，需要时信息就有效，不需要时就无效；或对此人有效，对他人可能就无效。九是信息的可处理性，即信息经分析和处理后往往会产生新的信息，从而得到增值。十是信息的价值性，即信息作为一种特殊资源，它具有相应的使用价值，能满足某些需要。当然，信息的价值是相对的，这取决于信息接收者的需求及其对信息的理解、认识和利用能力等。

第 **8** 章 ▶▶▶

未来通信

当前，全球信息界可谓凯歌高奏，但在电信的万里晴空中，其实出现了至少两朵乌云。其一，香农的信道容量极限即将被逼近，这意味着当前通信网络传输信息的能力将抵达"玻璃天花板"。至少可以说，若再无新的理论突破，通信的金矿就会被挖完了。其二，摩尔定律也将失效，这意味着信息存储能力的增长速度也将抵达"玻璃天花板"。若不及时清除这两朵乌云，那么互联网的全局性智能可能就会大打折扣，毕竟它将受到记忆力不够和反应速度太慢的双重影响。如何才能清除这两朵乌云呢？改良存储介质显然不是通信专家能做的事情，那么只能依靠材料科学家了。因此，通信专家能干的事情主要是在网络结构方面下功夫，这也是本章的主题，毕竟大脑的智商主要取决于记忆力和神经网络的结构。另外，本章还将探讨若干综合通信的思路，使得现有的各项信息技术能更好地融入人际通信中，使得彼此交流的效率更高，操作更便捷等。本章主要想向通信专家提出若干可能的新思路和新方法，当然，我们仍欢迎有志于从事通信研究的普通读者捧场。普通读者在阅读相关段落时若有困难，也可直接跳过。为了尽量避免数学公式，保持本书的风格统一，此处对许多内容只是点到为止，有特殊兴趣的读者可以阅读《安全通论》和《博弈系统论》中的相关章节。

8.1　换个视角看通信

在信息通信领域，有一本"圣经"，叫《信息论》。在经济学领域，也有一本"圣经"，叫《博弈论》。这两本"圣经"几乎同时诞生于 20 世纪中叶，分别由香农和冯·诺伊曼创作。但是，过去 70 多年来，谁也没想到这两本"圣经"其实是同一本"圣经"的上下两册，它们的思想是完全一致的。而偶然发现这个秘密并将这两本"圣经"的核心思想融合起来的，便是探索网络安全对抗统一基础理论的《安全通论》。必须承认，香农和冯·诺伊曼无疑是第三次工业革命的灵魂人物。作为科学家，他们对信息社会的贡献无与伦比，堪称信息社会之父。香农的信息论可能是 20 世纪最重要的理论成就之一，它对人类的影响还将持续下去，甚至会变得越来越重要。近百年来，正反两方面的事实证明：若没有信息论，就不会有人类的今天，更不可能有网络时代、大数据时代、云计算时代、物联网时代等。冯·诺伊曼的博弈论对人类文明的影响也大得惊人，特别是经天才数学家纳什精练后，博弈论几乎就成为了现代经济学的主宰，由它催生的诺贝尔奖至少有一长串。

过去 70 多年来，信息论和博弈论在各自的领域中扮演着不可替代的角色。后人在研究信息论在股票市场中的应用时偶尔也会提到"博弈"两字，在信息通信领域中研究数据压缩时也会提到过"博弈"两字。同样，在经济学的许多著作中，"信息"和"信息论"更是经常出现。但是，客观地说，无论是在信息论研究中提到博弈，还是在经济学（博弈论）研究中提到信息和信息论，双方都只是在赶时髦，只是用对方的名词概念装点自己的门面而已，最多不过是借用一下思想。实际上，在信息论领域，人们对博弈论知之甚少；同样，在博弈论领域，人们对信息论也几乎不懂。可以说，在全世界同时真正深入研究并精通博弈论和信息论的人屈指可数。

在《安全通论》的第 5 章和第 6 章中，作者首次发现安全对抗与信息论密切相关。更意外的是，在用博弈论继续研究安全对抗时发现，信息论和博弈论之间的关系之密切完全超出了过去的想象，甚至刷新了人们对通信的看法，让通信特别是网络通信以全新的面貌重新登场。

过去人们认定通信（一对一通信）就是比特信息从发端到收端的传输，其目的就是尽可能多地、可靠地传输比特流。但是，可以再换个视角重新看待通信过程，即把通信当成一种特殊的博弈，收信方（黑客）和发信方（红客）之间为了从对方获取最大信息量（互信息）的一种博弈。这种博弈一定存在纳什均衡，此时收信方和发信方各自从对方获得的信息量相等，同为香农所称的信道容量。换句话说，所谓通信就是在攻防一体的情况下黑客和红客之间的一种特殊安全对抗。比如，在一对一通信场景下，假定发信方和收信方在相互独立地同时用黑白两种小石子攻击对方，双方得分的规则是发信方和收信方扔出的石头是同一种颜色（都为白色或都为黑色）时双方各得 1 分，双方扔出的石头为异色（一方为白色，而另一方为黑色）时双方均得 0 分。《安全通论》中给出的定理 7.4 已经证明：在此种博弈规则之下，收发双方达到纳什均衡状态时的得分刚好就是收发双方之间香农信道容量的极大值。

类似地，假设现在有 N 个侠客均在各自独立地攻击其他所有侠客，他们所用的武器仍然是黑白两种小石子，但是这些侠客都拥有超级神功，每人都能同时用同色石子攻击其他人（比如，他们的白石头能发出白色声波去同时攻击他人，黑石头能发出黑色声波去同时攻击他人）。同时假定这些侠客的博弈得分规则是：每位侠客在用某种颜色的石头攻击他人时，若刚好也有 m 位侠客在用同色的石头攻击他，那么在此次攻击中他们就各获得 m 分。在这种博弈规则之下，《安全通论》中的定理 7.4 已经证明：若干轮攻击结束后，每位侠客可能获得的最高分刚好就是他们之间的博弈达到纳什均衡时各方的得分。

用黑客攻防的视角去重新看待通信过程有什么用处呢？在一对一通信中，这当然没啥用处，因为香农的信息论解决了一对一通信中的几乎所有问题。但对网络通信来说，这可就是翻天覆地的变化了。

在过去 70 多年中，网络通信的信息传输极限一直是多用户网络信息论中的头等难题，以至于人们根本不知道该如何描述它。虽然人们自认为已经在多输入单输出信道等几种最简单的多用户网络信道容量计算方面取得了最终结果（其实并非最终结果，详见《安全通论》7.4 节的论述），但是在面对绝大部分多用户网络的信道容量时，人们仍然束手无策，甚至像广播信道这种简单而常见的信道都使大家不知所措。为什么会出现这种尴尬局面呢？如果按照过去的观念，让比特串在多用户信道中互相碰撞、转化、流动、传输，那么就难以理出头绪，而且越传越乱，甚至每个用户终端对自己的传输需求和优化目标都说不清楚，更不可能有最优结果了。现在重新审视多用户网络通信，将它看成终端用户之间的一种多参与者博弈，其目的是要从锁定的对象终端处获得最大的信息量。换句话说，多用户通信便是在攻防一体的情况下，这些用户之间的一种特殊的安全对抗。于是，网络信道容量这个大难题便可以经过简单的两步轻松转化成博弈论中常见的纳什均衡问题。

第一步，每个博弈者锁定自己的需求（即优化目标），比如他对哪些终端的信息更感兴趣（对兴趣大者赋予更大的权值，对没兴趣者赋予权值 0），对哪些终端的信息要区别对待（不加区别的可以放在同一组内，统一考虑）。

第二步，证明该种博弈刚好存在纳什均衡（非常幸运地得益于互信息函数 $I(X;Y)$ 的凹性）。在纳什均衡状态下，每个终端都得到了自己的最优结果。

从博弈的角度去看待通信时不难发现，网络的信道容量其实并不像过去那么死板，更不是由几条固定直线切割而成的不变区域，而是在根据博弈各方的优化目标而变化。优化目标不同，优化结果当然应该不同。而在网络通信中，各方的优化目标千差万别。换句话说，即使端到端的香农信道容量极限已经逼近，真正的网络信道容量还有巨大的发展空间，关键是如何重新调整网络结构。这将是下一节考虑的主题。

换个视角重新观察通信时，《信息论》《博弈论》和《安全通论》中的主要思想就可以完全融合在一起了，于是红客与黑客之间的攻防对抗其实既是红客与黑客的博弈，也是红客与黑客之间的通信。若将通信看作《安全通论》中的红客与黑客对抗，那么这时红客与黑客的攻防招数相当，即黑客也能实施红客能实施的所有手段。若将《安全通论》中的红客与黑客对抗看作通信，那么这种通信是非对称的，即比特的正向流动与反向流动的性质不同。若将《安全通论》中的红客与黑客对抗看作博弈，那么，由于每个红客和黑客的攻防招数是有限的，所以，无论怎么去定义其利益函数，这种博弈都一定存在纳什均衡（包含纯战略和混合战略）。可见，在被融合的三论中，《博弈论》最广泛，《信息论》最深刻，《安全通论》的黏性最强。虽然与《信息论》和《博弈论》相比，《安全通论》不过是小巫见大巫，但是《安全通论》能把两大"牛理论"黏在一起。

从黑客攻防的角度去看通信时，我们还能受到很多启发。

香农当初在创立一对一通信的信息论时，确实非常巧妙地利用了转移矩阵来描述信道和互信息等重要概念。客观地说，香农的理论完美无缺，但是"没有缺点本身就是缺点"！由于香农的体系太完美，以至于后人在研究多用户网络信息论时，首先想到的就是"照猫画虎"，而且真的在多输入单输出信道中取得了重要成果，求出了（实际上只是部分求出了）所谓的信道容量。但遗憾的是，人们误入了歧途，数十年的停滞不前便是最有力的证明。过去人们仿照香农，用各种各样的转移概率来描述多用户网络系统，但是仔细分析后便会发现，这样做大有画蛇添足的意味。实际上，对任意一个 N 用户的网络通信系统，只要有足够多的收发信息样本，（比如，足够长时间地从各用户终端连续记录下了随机变量的同时刻的比特串），那么根据"频率趋于概率"的大数定律，便可以得到 N 维随机变量的全部概率分布，由此便可以知道该 N 维随机变量的所有各种转移概率和所有随机分量的概率分布等。换句话说，无论是多输入信道也好还是广播信道也好，只要根据各用户端足够多的传输信息比特，联合概率分布就是已知的。当然，转移概率也可以同时得知。那么，这时再去区分什么多输入信道和广播信道还有意义吗？

在多用户情形下，用转移概率去描述信道是行不通的。同样，想用一些直线去切割出信道容量更行不通。此时的重点应该是说清楚每个用户的真正通信意图到底是什么，或者说每个用户的优化目标是什么。如果优化目标都不明确，哪可能有明确的结果呢？

如何才能把每个用户的通信意图和优化目标说清楚呢？权重和条件互信息便是最直观的办法。对于重要的通信对象，可以将其权重提高；对于其他用户，可以调低权重；对于根本不关心的用户，可以将其权重设为 0。而条件互信息则给出了从所关心的用户群那里能够获得的信息量。当然，与信息论最核心的香农信道编码定理一样，《安全通论》中介绍的博弈论方法也只是给出了网络通信中各用户达到自己期望值的最大可达目标值，并未介绍如何达到这个目标，具体的逼近方法仍然要由编码和译码专家去挖掘。

香农的信息论天生就是为一对一通信系统设计的，不适合多用户情形。冯·诺伊曼的博弈论天生就是为多人博弈设计的，一对一博弈仅仅是特例。《安全通论》中介绍的攻防对抗思想很偶然地把信息论和博弈论黏接起来了，于是我们便可以用博弈论的多用户优势去弥补信息论的多用户缺陷，从而为解决网络信息论的信道容量问题提供新思路。这便是通信中对抗观念的奥妙所在。

8.2　通信网络新结构

从上一节中已经知道，要想从香农信道容量极限的困局中解脱出来，就必须跳出网络的一对一通信模型。可惜，纵观当今的所有通信网络，除了局域网等极少数小规模网络之外，几乎所有大型网络在某种程度上都不是真正的网络，而是利用诸如时分、频分或码分等先进技术，在"瞒过"人类生理感官的前提下，将若干个一对一通信线路生硬地拼接在一起而形成的。因此，一旦某条一对一通信线路达到了香农极限，那么，这种假"网络"的通信能力就无法再提高了，至少涉及这条饱和线路的通信能力就不能再提高了。

那么，什么样的网络才是真网络呢？其实，早在 1950 年，赛博学的创始人维纳就给出了一个备选答案，那就是所谓的对话网络。形象地说，一堆人在会议室里以头脑风暴的方式展开学术讨论时，他们通过语音而自然形成的人际交互网络就是一种真网络，或者说是能抵达人类接收信息的感官极限的网络。更具体地说，维纳在其著作《人有人的用处》中提出了一个有关非协作式对话的问题，他称之为法庭辩论。虽然维纳明明知道这个问题与博弈论有关，但是由于那时的博弈论还很幼稚，根本不足以解决这个问题。所以，香农在解决通信问题（即协作式对话）时不得不另辟蹊径，用非常巧妙的数学手段给出了圆满的答案，从而创立了众所周知的信息论。如今，博弈论已基本成熟，相关的结果基本上可以用来解决（至少是部分解决）维纳的非协作式对话问题了。所以，本节将粗略地描述一般网络的数学模型，并借助博弈论中的纳什均衡定理，给出相关的对话极限（极大值）。关于具体细节，请详见《安全通论》第 8 章。

从本书前面各章不难看出，人类的历史几乎就是一部对话史！最早的人类就像现在的动物那样，通过叫声和肢体动作来对话、交流信息和沟通情感。后来有了语言，才开始了真正意义上的对话。再后来有了文字、图像等，对话的手段更加丰富，对话的效果也更好，如今，网络和多媒体的广泛使用使得对话（特别是群体对话）在生活中的分量越来越重。但是，古往今来好像很少有人全面、深入、认真地思考过对话的本质。其实，对话可以分为三大类，即协作式对话、骂架式对话和法庭辩论式对话，其中后两种对话是非协作式的。

首先来看协作式对话。它其实就是众所周知的通信。这是最常见的对话方式，此时对话双方的目标是共同努力，减少或消除彼此之间的不确定度（即熵，或叫信息熵）。研究协作式对话最成功的理论当数香农创立的信息论。假定大家对香农理论都很熟悉，所以此处不再复述，只是想提请读者注意，半个多世纪以来，经过香农、维纳等科学家的不懈努力，人类已经在信息论及其应用方面取得了巨大成就，甚至建成了如今的信息社会。但是必须指出，所有这些成果都有一个暗含的假设，即通信或对话双方（多方）彼此协作，其目的是一致的，都想共同努力减小熵，或者说减小不确定度，而采用的手段便是增加信息（因为信息是负熵）。

难道对话方式真的只有协作式对话（通信）这一种吗？当然不是！在 1950 年之前，也许全人类都没有注意到这个问题，甚至在维纳的名著《控制论》中都处处隐含了协作式对话的痕迹。直到 1950 年，维纳在出版他的另一本重要著作《人有人的用处》时才明确地提出了这个问题。在这本书中，维纳至少用两章的篇幅（第 4 章 "语言的机制和历史" 和第 6 章 "法律和通信"）探讨了非协作式对话。下面简要摘录维纳的两段话。

在第一段话中，维纳说（《人有人的用处》第 4 章 "语言的机制和历史" 第

78 页）："……正常的通信谈话，其主要敌手就是自然界自身的熵趋势，它所遭遇到的并非一个主动的、能够意识到自己目的的敌人。而另一方面，辩论式的谈话，例如我们在法庭上看到的法律辩论以及诸如此类的东西，它所遭遇到的就是一个可怕得多的敌人，这个敌人的自觉目的就在于限制乃至破坏谈话的意义。因此，一个适用的、把语言看作博弈的理论应能区分语言的这两个变种，其一的主要目的是传送信息（本书作者注：这便是香农等已经研究得相当完美的协作式对话，即通信），另一种的主要目的是把自己的观点强加到顽固不化的反对者头上（本书作者注：这便是非协作式对话）。我不知道是否有任何一位语言学家曾经做过专门的观察并提出理论上的陈述来把这两类语言依我们的目的做出必要的区分，但是我完全相信它们在形式上是根本不同的……"

从维纳的这段话中，我们可以确定两个重要事实。一是既然作为著名语言学家的儿子的维纳都不知道是否曾经有语言学家对非协作式对话做过研究，那么维纳的父亲这位著名的语言学家也许也不知道这一点。因此，非协作式对话很可能是维纳首先发现并明确提出的。二是协作式对话与非协作式对话根本不同，所以，以协作式对话为前提的香农的信息论确实还有值得扩展之处。

在第二段话中，维纳说（《人有人的用处》第 6 章 "法律和通信" 第 97 页）："……噪声可以看作人类通信中的一个混乱因素，它是一种破坏力量，但不是有意作恶。这对科学的通信来说，是对的；对于二人之间的一般谈话来说，在很大程度上也是对的。但是，当它用在法庭上时，就完全不对了……"

从这段话中，我们可以确定另外两个重要事实：一是协作式对话的主要破坏力量是噪声，信息论已经对它有完美的研究了；二是协作式对话的成果完全不适合法庭上的非协作式对话。

好了，我们不再摘录维纳语录了。有特殊兴趣的读者可以自行阅读维纳的著作。下面，我们开始对维纳指出的非协作式对话进行更深入的研究。非协作式对话又可以再细分为骂架式对话和辩论式对话。前者是与协作式对话完全对立的另一个极端。此时，骂架双方（或多方）的主要（甚至唯一）目的就是增加混乱度（熵），通过千方百计提高不确定度，把对方搞糊涂。你也许见识过泼妇骂街，她们完全失去了理智。对方的每句话，无论是否有道理，都是她们痛骂的对象。不把对方的言路和思路封死，她们决不罢休。不过，从理论研究角度来看，没有必要专门研究骂架式对话，因为它完全与协作式对话相反，所以只要把信息论中的相关概念和结果乘以"–1"，就差不多能照搬香农的理论了。

最复杂的非协作式对话是介于两个极端（协作式对话和骂架式对话）之间的情况，即辩论式对话。为了更形象地介绍辩论式对话，我们假设有这样一个故事：话说某幼儿园的调皮蛋小明去看医生，他说自己受伤了。大夫见他的腿上有泥，便让他摸摸。小明说痛。这段对话当然就减少了大夫的不确定度（即熵减少了，小明给出了正信息），大夫初步判断小明的腿受伤了。

大夫又见小明的脸上有汗，叫他擦擦。小明又说痛。此时，这段对话却增加了大夫的不确定度，他开始有点迷糊了（即熵增加了，信息减少了，或出现了负信息）：脸上没伤，咋也痛呢？！

大夫再让小明摸摸肚子，小明还是说痛。此时，这段话把大夫搞崩溃了（即熵又增加了，信息又减少了）：这么小的儿童，不可能全身浮肿或疼痛呀？！

最后，大夫让小明摸遍全身。结果，小明都说痛。这时，大夫灵机一现：哦，原来小明的手指受伤了（熵减少至零，或者说获得了全部信息）。至此，不确定度全部消失了！

虽然小明的故事是笑话，但是它确实告诉我们：有些对话能够减少熵，有些能增加熵；有些能够提供正信息，有些提供的是负信息。

"某些事件使熵减少，某些事件使熵增加"的例子还有很多。比如，当你只有一个闹表时，你对时间是很确定的；但是，当你有两只闹表时，如果它们显示的时间不一样，那么你对时间的不确定度就会大增（熵也增加，信息减少），甚至不知所措。再进一步，如果你有三个或更多的闹表，你对时间的不确定度又会减少（熵减少或信息增加），因为你可以借助统计手段（少数服从多数）来做出基本正确的判断。又如，有些病症能够帮助大夫做出正确判断，但是也有些病症会把大夫搞糊涂，因此才会出现那么多"疑难杂症"。

再回到法庭上。关于法官和被告律师之间的辩论，他们在大的原则上肯定会有一定的底线（至少法律条文确保了他们无法跨越底线），这时他们的对话就会以减少不确定度（熵）为目标，即出现协作，传递正信息。但是，在一些细节方面，他们（特别是律师）试图增加不确定度（熵），把法官搞糊涂（即出现局部的骂架式对话，传递负信息），从而达到"重罪轻判"等目的。

好了，例子够多了。那么，法庭辩论式对话是否有一般的数学模型呢？答案是：有！但是相关细节涉及太多的数学公式，欢迎有特殊兴趣的读者查阅《安全通论》第 8 章中的 8.3 节。该数学模型的大意是：把对话双方或多方的研讨过程看成网络黑客的彼此攻击，只不过此时每个黑客的利益函数完全由自己确定（不再有协同标准）。在这些博弈场景下，最终达到的纳什均衡状态便是对话的最佳极限状态。换句话说，无论真正的通信网络是协同式对话、骂架式对话或辩论式对话，它们的最佳网络信道容量极限问题都已经在理论上有了精确的答案。剩下的问题便是如何在工程上实现这些真正的网络。

除了实现维纳的这种对话网络之外，还有别的路径吗？可能还有，比如模仿大脑结构的网络。只可惜这方面的进展在很大程度上得依赖今后生物学的突破，所以，此处也就不再多说了。

8.3　量子通信新机会

由于维纳的对话网络是一种真正的网络，或者说是通信效率最高的网络，而且它们的信道容量极限问题均已解决，至少从理论上看已解决（见《安全通论》第 8 章），因此，剩下的问题就是如何从工程角度来搭建这样的网络。如果只限于很小的物理空间，那么根本就不存在任何问题。比如，若在同一间办公室内，那么直接的现场头脑风暴就是整体通信效率最佳的方案；如果只是在局域网或用户不多的小型网络中，那么正在使用的链路层通信协议（见本书 7.3 节）就可解决这个问题，即每个用户都向其他所有用户同时广播，从而使得整体通信效率最佳。当然，最好还能解决类似人耳的"听而不闻"和"不注意式注意"的问题。不过，即使"听而不闻"之类的问题没有解决，维纳的对话网络也能达到人类感官接收信息的容量极限。但是，对于大型信息系统特别是用户数量很多的系统，显然按现在的思路就很难搭建出真正的对话网络了。那咋办呢？

在电磁领域内，备选的思路好像真的不多，而且可行性不大。在传输信息的载体形态方面，波载体也许比粒子载体更好。无论是声波还是电磁波，它们都可以很简单地同时向四面八方广泛传播。而粒子的广播就很难做到真正同时了，因此很难回避线路拼接，从而影响整体通信效率。在即时组网方面，若能将互联网的任意一组用户实时地组合成一个局域网，并在其中采取小规模的广播式通信，也许就是一种解决办法。但是，若按当前的互联网结构，如此快速组网几乎不可能，甚至组网所耗费的资源没准儿还会更多，整体通信效率反而更低。因此，必须研究新的网络结构。在这方面也许该借鉴生物神经网络。其实，神经信号的传递速度非常慢。比如，青蛙的坐骨神经传导冲动的速度的平均值仅约为 30 米 / 秒，显然比电信号的 30 万千米 / 秒要慢得多。但是，生物神经网络的超级并行结构轻松弥补了这些缺陷，使得整个神经网络的通信效率高得出奇。

既然电磁道路很难走通，能否考虑其他备选方案呢？经认真分析后，我们认为量子通信没准儿在这方面会有所作为。据说，最近许多物理学家都提出了类似于"大脑意识和思维活动等也是某种量子纠缠"的猜想。正如本书前言所述，薛定谔在其名著《生命是什么》中也有类似的猜想。如果这些猜想被证实，那么，利用量子手段来仿照大脑的结构，搭建高效通信的真正网络的可行性就更高了。如果这些猜想被否定，那么下述的几种量子通信手段也可能有相当高的可行性。为此，先简介一个基本的物理概念——量子纠缠。它是量子力学中的一种很诡异的现象，即当几个粒子彼此相互作用后，由于各个粒子所拥有的特性已被综合为整体性质，无法单独描述各个粒子的性质，而只能描述整个系统的性质，则称这现象为量子纠缠。量子纠缠是一种纯粹发生在量子系统中的现象，在经典力学里根本找不到类似的现象。

量子纠缠等量子效应也许可以用于建立如下三类新型通信方式。

第一类其实该叫量子密码，因为发信方并不能直接将既定消息传给收信方，而是收发双方能约定一个只有他俩才知悉的随机密钥，然后以该密钥进行常规的加密通信，从而间接达到保密通信的目的。既然量子密码的信息传输最终还要基于传统的通信网络，所以，它不可能帮助人类摆脱即将到来的香农信道容量危机，只是提供了一种新型保密通信手段，而且是不太安全的手段。

BB84 协议是首个量子密钥分发协议，它可以为需要进行保密通信的两个用户共享安全的随机密钥。BB84 协议的工作过程是这样的。每个光子表示单个数据位（0 或 1）。除了直线运动外，光子也以某种方式振动。这些振动本可以沿任意轴在 360 度空间中进行运动，但为简单计，可以把这些振动分为 4 组特定的状态，即上 / 下、左 / 右、左上 / 右下以及右上 / 左下。振动过滤器允许处于某种振动状态的光子毫无改变地通过，而其他的光子改变振动状态后才能通过。甲有一个偏光器，它允许处于这 4 种状态的光子通过。实际上，它可以选择沿直线（上 / 下 / 左 / 右）或对角线（左上 / 右下、右上 / 左下）进行过滤。

甲在直线和对角线之间转换其振动模式，以此来过滤随意传输的单个光子。此时，将采用两种振动模式中的某一种来表示一个比特 1 或 0。

当收到光子时，乙必须用直线或对角线方向上的偏光器来测量每个光子比特。他可能选择正确的偏光角度，也可能出错，因为甲在选择偏光器时是非常随意的。那么，当乙选错了偏光器后，光子会如何反应呢？根据海森堡的不确定性原理，人们无法测量单个光子的行为，否则将改变它的属性。然而，我们可以估计一组光子的行为。当乙用直线测光器测量左上 / 右下和右上 / 左下（对角线）型的光子时，这些光子在通过偏光器时的状态就会改变，一半转变为上下振动方式，另一半转变为左右振动方式，虽然无法确定某个单光子会转变为哪种状态。

甲接下来告诉乙自己到底用哪个偏光器发送光子位。甲可能说某号光子发送时采用直线模式，但不细说选择上 / 下或左 / 右。这时乙就可以确定他是否正确选用了偏光器来接收每一个光子。然后，甲和乙抛弃那些用错误偏光器测量的光子，于是他们所拥有的就是长度为原来传输长度一半的比特序列。它可被用作今后双方加密通信时的共同密钥，而所用的对称密码算法则可以是当时任何安全的算法。

假设有一个窃听者丙，他试图窃听信息。他也有一个与乙的偏光器相同的偏光器，需要选择对光子进行直线或对角线过滤。然而，他面临着与乙同样的问题，他有一半的可能性会选择错误的偏光器。乙的优势在于他可以向甲确认所用偏光器的类型，而丙没有办法。因此，丙将有一半的可能性选错检测器，从而错误地解释光子信息，致使获得的信息无用。

量子密码还有一个特有的安全关卡，那就是它天生的窃听检测能力，即甲和乙能够知道是否有人在窃听。若丙在光子线路上窃听的话，他就很容易被发现。假设甲采用右上/左下的方式传输某编号的光子给乙，而丙采用直线偏光器，那么丙就只能准确地测定上/下或左/右型的光子。如果乙也采用直线偏光器，那么就无所谓，因为乙最终将会抛弃这个光子。但是，如果乙采用对角型偏光器，问题就产生了。他可能做出正确的测量，但根据海森堡的不确定性原理，他也可能做出错误的测量。丙用错误的偏光器改变了光子的状态，乙即使用正确的偏光器也可能出错。

那么，甲和乙如何发现窃听行为呢？办法很简单。假设甲和乙最终共享了 1 万位二进制数字，甲和乙只需从这些数字当中随机选出一个子集（比如 300 位），然后对双方的数字序号和数字状态进行公开比较，若全部匹配，就可以认为没有被窃听。换句话说，若丙在窃听，那么他不被发现的概率将很小，或几乎肯定他会被发现。当甲和乙发现被窃听后，他们将不再使用这组二进制串。

必须指出的是，从安全角度来看，量子密码的这种天然窃听检测功能是一把双刃剑，也是量子密码的一个先天不足。因为丙虽不能成功窃听，但他可以轻易破坏甲和乙之间的通信，让他们不能彼此交流信息。实际上，丙只需不间断地全程窃听就行了。

除了上述的 BB84 之外，最近还有一种新的量子密码编码方法，即利用光子的相位进行编码。与偏振编码相比，相位编码的好处是对偏振态的要求没有那么苛刻。此外，物理学家艾克也找到了另一种可以完成量子密钥分发的方式，该方式利用的不再是量子极性，而是量子纠缠。相关结果也发表在物理学刊物上，从而在物理学界广泛传播了量子密码思想。1992 年，BB84 的提出者之一本奈特又提出了另一种量子密码编码方案——B92。当然，最为著名的仍是 BB84 协议。

综上所述，第一类量子通信或量子密码并不是绝对安全的。更准确的描述应该是：量子密码可以做到绝对保密，但根本不可能绝对安全，甚至非常不安全！实际上，"保密"和"安全"是信息安全领域的两个相关而不同的概念，其中"安全"的范畴远远大于"保密"。换句话说，若某种通信是"安全"的，那么它就一定也是"保密"的；而能"保密"的通信不一定"安全"，"保密"只是"安全"的一小部分。形象地说，为啥量子通信能绝对保密呢？原因主要有以下两个。原因一：第一类量子通信是通信双方的一种密钥约定过程，若借助量子纠缠现象，那么确实可以产生随机密钥，从而使得黑客不能从截获的密文中破译出明文。这一点早在半个多世纪前就被香农从理论上严格证明了。原因二：通信双方的手中拥有处于纠缠态的粒子，只要其中一个粒子的量子态发生变化，对方的量子态就会随之立刻变化。根据量子理论，包括黑客在内的任何第三方的任何观察和干扰都会立刻改变量子态，引起其坍塌，因此窃听者由于干扰而得到的信息已被破坏，而并非原有的信息。换句话说，无论如何，任何第三方都无法窃听到通信各方所交流的信息内容，所以通信绝对保密。

为什么说量子通信非常不安全呢？原因只有一个，那就是刚刚论述的量子通信绝对保密的第二个原因。换句话说，黑客可以轻松发起"鱼死网破"式攻击，只需随时试图观察或干扰通信过程，就能确保通信各方无法获得他们本想交流的任何信息。当然，黑客自己也不可能有任何收获。

第二类量子通信暂且叫量子传态，当然还不一定能行得通。前述第一类量子通信其实不能独立传输信息，因此也不可能帮助人类摆脱香农信道容量危机。但是，若此处的量子传态能成功实现，它就可以独立传输信息。比如，把已经处于纠缠态的 M 个粒子分配给世界各地的 M 个用户。当某用户想传输信息时，他只需要按事先约定的时隙间隔，照搬约 200 年前的莫尔斯电码编码规则，只不过将当年电路的"通"与"断"分别替换为现在量子态的"测量"（变化）与"不测量"（不变）就行了。于是就可以将这 M 个用户连接成一个实时的真实全联通网络，使得它们能像在同一办公室内面对面进行头脑风暴一样。当然，为了提高这种量子网络的编码效率，还可以完全照搬当前通信领域的所有现成编码规则，只是将比特信息"0"和"1"分别替换为量子态的"测量"和"不测量"就行了。注意，如果不存在外部干扰，此处量子网络的全网同步问题就非常简单，只需约定一个同步码（比如连续 K 次测量）就行了。当然，这第二类量子通信的最终实现面临着许多技术挑战，但从理论上说，它确实能帮助人类摆脱香农信道容量危机，其最大的障碍便是如何让代替全网中 N 个用户的量子中的任何 M（$M<N$）个量子纠缠起来。这相当于在互联网中将任何 M 个用户迅速组成一个局域网。前面说过，互联网中的这种操作几乎不可能，而在量子通信网络中，这种操作并无理论上的障碍，虽然在技术上才刚起步。据报道，现在人们至少能让 5 个量子相互纠缠了。

但是必须指出，此处的第二类量子通信目前还毫无进展。从理论上看，量子测量引起变化，变化必然产生信息。当然，这也就意味着能传输信息！但是，很诡异的是，量子态的变化无法被观察，至少目前是这样的。不过，大家也不必太悲观。量子现象的发现还不足百年，要想将量子当成信息载体，就必须先对量子的性态有非常深刻的理解。若不能人为地生火和灭火，那么就不可能有烽火通信；若不能人为地通电和断电，那么就不可能有电报；若对电磁波的频率、振幅等内部结构不了解，那么压根儿就不可能有今天随处可见的移动通信。但是，关于量子，人类又知道多少呢？除了知其然而不知其所以然的波粒二象性、不确定性原理、量子纠缠等极少数怪象外，剩下的东西就少得可怜了。所以，关于量子的特性，人类还有许多功课要补，大家别指望马上就用上量子通信。

从通信角度看，只要是能变化的东西或能区分出差别的东西都能用于传递信息。因此，只需量子专家提供能区分差别的东西就够了，而不管它们到底有多么诡异或多么违背直觉。当然，即使这样，也肯定需要长期研究，特别是要分清量子界和通信界中的哪些是假设，哪些是结论。与欧氏几何类似，量子力学只是基于 5 个基本假设之上的理论，其中的陷阱特别多，量子力学中已被实验证实的东西（如不确定性原理和量子纠缠等）肯定为真，而某些推导的结论则需要认真研究，小心对待。比如，"量子不可克隆"其实是有条件的，需要搞清楚到底在哪些条件下能克隆，哪怕其条件相当苛刻也意味着一线希望。另外，需要特别注意的是，不能超过光速的限制只对物质和能量有效，没有任何人严格证明过信息传播的速度不能超过光速，当然更没有人证伪过，因为过去压根儿就不必考虑这样的奇怪问题。此外，信息必须有载体只是一个过去认为不证自明的公理，而绝不是结论，但谁又能保证它不会像非欧几何那样被别的公理替代呢？

第三类量子通信暂且叫作量子压缩。提高通信能力的另一种办法是编制尽可能高效的码书。为此，香农已在理论上给出了最佳的信源编码定理。量子计算机又开辟了另一种可能的信息编码渠道。实际上，量子计算机确实能经过多项式级别的运算动作，完成诸如大数分解这样的在普通计算机上需要指数级别运算的动作。而计算与通信在本质上是相通的，即通信就是计算，计算也是通信。换句话说，整个通信网络完全可看成一台大型计算机，而任何计算机的内部其实也是由各种元器件组成的小型通信网络。因此，只要充分利用好量子的叠加特性，就不排除这样一种可能性：用多项式级别的量子比特去承载指数级别的电子比特。如此一来，即使利用现行的普通网络，只要有特殊的收发设备（比如量子计算机），就能呈指数级别地提高现行网络的通信能力。这也相当于从应用角度看彻底度过了香农信道容量危机。注意，这种高密度打包传输信息的做法在每个人身上每时每刻都会发生，那就是细胞分裂或生物遗传时的 DNA 信息传输！比针尖还小的 DNA 浓缩了海量的生物生长和遗传信息。用《三体》中的话来类比，传输过程采用高维质子，收发双方再对该质子进行低维展开。

8.4 绿色通信新趋势

绿色通信并非某种具体的通信技术或系统，而是一个目标，即以尽可能少的能耗传输尽可能多的信息，当然也包括尽可能减少对人体的有害辐射等。在各行各业都大力提倡环保节能的今天，作为能源消耗的大户之一，通信行业的绿色运动当然势在必行。绿色通信的涵盖面相当广泛，从要素上看，基本上包含了构成通信的全要素，比如设备、网络、终端、业务等；从过程上看，也覆盖了通信设备的全生命周期，比如设备的制造、采购、运行、消费、销毁等；从物理区域上看，广泛涉及行业、社区、机构、个人等；从目标细分上看，至少包括高效率、低能耗、低排放、无污染、可回收、低成本等；从实施原则上看，至少包括减量化、再利用、再循环等；从生态链上看，至少包括以绿色运营为中心，带动绿色制造、绿色消费和回收，促进绿色运输等。

作为通信产业链的起点，设备制造商显然是实现绿色通信的主角。绿色设计、绿色采购、绿色生产、绿色包装和绿色运输等，一个也不能少，一个也不能轻视。其中，绿色设计是指绝不能"先污染，后治理"，一开始就要考虑环保。比如，在选择原材料时，要尽量保证毒性小，可循环性好，易于拆卸，生产能耗低，对环境的影响小等；在产品研发时，要尽量考虑易循环性、再制造性、再使用性、易拆卸性和易处理性等。绿色采购是指在选择元器件等上下游供应商时，不仅要考虑质量、价格、品种、交货期、提前期等因素，而且要考虑商品的环境友好性和环保性能等。绿色生产是指在整个生产过程中尽量做到无废物、轻污染、可回收、易再生利用、可节省材料和能源等。绿色包装是指在选择和使用包装材料时，以少耗材、再利用、再回收和再循环为原则，并在包装上注明环保提示等。绿色运输是指集中配送的物流合理，以减小运输能耗等。

移动通信是通信行业中的耗能大户，其环保节能更为关键。实际上，能耗已成为移动通信发展的瓶颈。绿色通信的所有工作对移动通信来说都不可缺少，而移动通信的环保要求还有其自身的特点。在频谱与能量资源双双受限的情况下，该如何进一步提升网络容量呢？根据香农定理，为了提升网络传输容量，要么需要更大的带宽或空间自由度，要么需要大幅度提高信噪比，即提高发射功率，当然就得消耗更多的能量。换句话说，若只从硬件设备上来考虑问题，绿色通信的潜力就很小。因此，必须在软件方面下功夫。

一种可行的软件绿色方案是"节流"，即通过减少网络的能量浪费来提高能量利用效率。具体地说，改造目前的移动蜂窝网络架构，将通信网络的控制系统和业务系统彼此分离。也就是说，让控制系统随时处于工作状态，而让业务系统尽可能多地处于休眠状态，只在必要时才被控制系统唤醒，并在完成相关任务后尽快进入休眠状态。形象地说，让哨兵随时在岗，而消防员多多休息；只有在出现火警时，消防员才被唤醒；灭完火后，消防员再次尽快进入休眠状态。

另一种可行的软件绿色方案是"开源"，即尽可能引入适当的新能源（风能和太阳能等），实现能源多元化。比如，充分利用可再生能源，为广泛部署的小基站和天线前端供电。若想在移动通信网络中用好可再生能源，就必须协调解决所面临的多种随机性问题，包括电量供给的随机性、业务需求的随机性和传输信道的随机性等。为此，不能仅仅关注能量效率，还得同时关注能量的持续性指标，特别是能量的中断和溢出问题。尽量避免出现"虽有信息服务的需求，但缺乏足够的能量供给"所导致的服务中断现象，避免出现"由于能量缓存容量的限制，虽有充足的能量供给，但没有相应的信息服务需求"所导致的能量溢出现象等。为此，需要尽量做好能量流与信息流的实时匹配，从而在保证信息服务稳定性的前提下，尽量提高可再生能源的利用率。比如，通过调控能量缓存器的充放电来让能量流尽量匹配信息流；或者通过引入缓存与推送机制等，在能量供给比较充足时，尽可能多地传输信息。形象地说，要么将明天的工作放到今天来做，要么把今天的任务留到明天再做，也就是削峰填谷，在能量供给不足时减少信息传递量，只提供最基本的信息服务。

总之，绿色通信应该同时从能量的"节流"和"开源"两方面入手，努力做好信息流与能量流的智能匹配。

8.5　实用通信新畅想

各位读者朋友，谢谢大家的捧场！当你读到这里时，本书马上就要结束了。下面结合人类过去数十万年的通信史，让我们一起来畅想一下通信的美好未来，猜猜今后将有什么更加奇妙的通信新手段吧。

首先，再回忆一下通信系统的三要素，即收信方、发信方和通信载体。今后的发展无非是紧密围绕这三个要素来展开。从收信方和发信方角度来说，无非就是人与人之间的通信、人与机器之间的通信、机器与机器之间的通信。若再细分的话，还可以包括单体与单体的通信、单体与群体的通信、群体与群体的通信等。而无论是人或机器，真正的最终收信方和发信方都是人，准确地说是人的大脑或神经系统。因此，人与外部（机器或其他人）的接口也值得认真梳理。已有的接口至少包括声、光、电、文字、图像、声音、各种力和各种感觉等，今后还可以包括各种脑电波、生物神经信号等。

从通信载体的角度来说，无非就是不可重叠的物质类载体、能量类载体、电子类载体等，以及可重叠的波类载体、波粒二象性类载体、量子类载体等。其中，物质类载体好像没啥前景了，毕竟电子通信之前的几万年都是物质类载体的天下。电子类载体包括电流、光电和电磁波，这既是当前的主流载体，也可能是不远的将来的主流载体。电磁波的高频部分还有待进一步开发，而低频部分的潜力已经不大了。在可重叠的其他新载体中，最有希望的便是量子纠缠之类的新成果。此外，像什么引力波之类的各种波以及其他一些具有波粒二象性的东西也都值得充分重视。总之，波类载体的可重叠性也许是一个值得充分挖掘的信息传输载体金矿，物理学特别是高能物理学的许多研究成果也许都值得进行一次地毯式的考察，看看哪些能成为可能的通信载体备选对象。

其次，过去通信、计算机、信息处理、互联网、人工智能等信息领域基本上处于独立发展阶段，而且各自取得了许多重大成果。无论是从可行性的角度看还是从必要性的角度看，现在都到了该想办法将这些分散的成果融合起来的时候。抛开后台的各种理论和技术不谈，仅在融合通信方面就有很大的想象空间，而且难度也不大，至少没有理论障碍，只需解决相关的工艺和技术难题就行了。当然，必须结合市场的真实需求，哪怕是潜在的需求。在这方面，各位读者也许能进行海阔天空般的想象。在各种成果融合方面，至少可以实现全语种通信、全感觉（全感官）通信和全智能通信等。

全语种通信是指各语种的收发双方都能轻松进行交流。这里的语种不但包括狭义的语言和文字等，而且包括肢体语言、表情语言、艺术语言和尽可能多的符号系统，还包括各种行为和特征解读等。比如，若能将实时外语口译系统融入通信过程，那么无论两个人是否会讲彼此的母语，他们就可以轻松交流信息。若能将手语和口语的实时翻译系统融入通信过程，那么普通人就能与聋哑人通话了。若能将正常文字迅速转译成可触摸的盲文，则盲人也能看普通图书了。将声音实时转化为文字后，就能和聋哑人交流了。当然，现在将文字转变为声音已很普遍了，不过还不够方便。若能实现语言、文字、音乐、艺术等各种符号系统之间的实时转变，那么具有不同生理缺陷和不同知识背景的人就可以在不同的场景下轻松交流了。若能将动物行为分析系统实时融入视频通信系统，没准儿人就能与动物对话了，毕竟动物专家确实已经能与猫猫狗狗等进行交流。若能将植物信息传感器与相关知识库相结合，没准儿人们就能听懂植物"说话"了。总之，借助各种各样的实时"翻译"系统，人与人之间、人与物之间的交流将更加通畅。到目前为止，其中的局部技术和产品已实现，剩下的只需进行必要的融合就行了。

全感觉通信是指让各种感官都参与通信过程的信息交流，当然既包括接收信息也包括发送信息，这其实是当前全媒体显示的某种升级，以至于将各种感官也融入"显示"过程中。当前通信所涉及的感觉主要是视觉和听觉，以及盲人所用到的极少量触觉。其实，还可以将人类所有感官的潜力都发挥出来，使得通信双方能在视觉、听觉、嗅觉、味觉、皮肤觉（触觉、温觉、冷觉、痛觉）、动觉、平衡觉等方面都有所感受，让通信双方真正身临其境。比如，观看美食节目时能闻到香味，看到火山爆发时能感觉到炽热，谈到吃黄连时能感觉到苦味，听见下雨时能感觉到发冷或有雨点打在身上的感觉，谈到受伤时会有痛觉。总之，尽量使现在的虚拟现实技术在普通的通信过程中表现出来。当然，通信双方可以自由选择到底需要哪些感觉，毕竟某些感觉在某些场景下并不让人舒服。与全感觉通信密切相关而侧重点不同的是全感官通信，此时哪怕通信双方有某些感官缺陷，他们也能照样正常交流信息。

全智能通信是指把人工智能系统与人密切结合，让相关收信人或发信人成为"超人"。比如，戴上特殊眼镜后，你就可以成为活字典、老中医、文物鉴定专家或围棋高手等。只需要换一个人工智能系统的相关频道，你就可以成为任何方面的权威。总之，各位读者可以充分发挥自己的想象能力，大胆猜想。也许真能帮助通信专家拓展思路呢。

曾经许多人误以为通信就是送信，只需学会骑自行车就行了。后来又有人误以为通信就是打电话或上网，只需具有普通网民的技能就行了。我们希望大家在读过本书后能真正全面深入地了解通信的内涵和外延，希望能帮助大家开阔眼界，更希望大家能加入通信这个朝阳领域中来，充分展示你们的出色才华。

谢谢大家！希望本书对你有所帮助。

▎参考文献 ▶▶▶

[1] 埃尔温·薛定谔 . 生命是什么 [M]. 罗来欧，罗辽复，译 . 长沙：湖南科学技术出版社，2005.

[2] 杨义先，钮心忻 . 安全简史 [M]. 北京：电子工业出版社，2017.

[3] 杨义先，钮心忻 . 安全通论 [M]. 北京：电子工业出版社，2018.

[4] 杨义先，钮心忻 . 黑客心理学 [M]. 北京：电子工业出版社，2019.

[5] 杨义先，钮心忻 . 博弈系统论 [M]. 北京：电子工业出版社，2019.

[6] 黄华新，陈宗明 . 符号学导论 [M]. 郑州：河南人民出版社，2004.

[7] 杨义先，钮心忻 . 科学家列传（1）[M]. 北京：人民邮电出版社，2020.

[8] 杨义先，钮心忻 . 密码简史 [M]. 北京：电子工业出版社，2020.

[9] 理查德·道金斯 . 自私的基因 [M]. 卢允中，张岱云，等译 . 北京：中信出版社，2019.

[10] 王琪 . 基因密码：解读人体的天书 [M]. 西安：西安出版社，2010.

[11] 尤瓦尔·赫拉利 . 人类简史：从动物到上帝 [M]. 林俊宏，译 . 北京：中信出版社，2012.

[12] 尤瓦尔·赫拉利 . 未来简史：从智人到神人 [M]. 林俊宏，译 . 北京：中信出版社，2017.

[13] 尤瓦尔·赫拉利 . 今日简史：人类命运大议题 [M]. 林俊宏，译 . 北京：中信出版社，2018.

[14] 周有光 . 世界文字发展史 [M]. 上海：上海教育出版社，2011.

[15] 詹姆斯·格雷克 . 信息简史 [M]. 高博，译 . 北京：人民邮电出版社，2013.

[16] 吴军 . 浪潮之巅（第四版）[M]. 北京：人民邮电出版社，2019.

[17] 马克·莱文森 . 集装箱改变世界 [M]. 姜文波，译 . 北京：机械工业出版社，2008.

[18] 冯·贝塔朗菲 . 一般系统论 [M]. 林康义，魏宏森，译 . 北京：清华大学出版社，1987.

[19] 维纳 . 控制论：或关于在动物和机器中控制和通信的科学 [M]. 郝季仁，译 . 北京：科学出版社，2009.

[20] 维纳 . 人有人的用处 [M]. 陈步，译 . 北京：北京大学出版社，2014.

[21] 卡夫，托马斯 . 信息论基础 [M]. 阮吉寿，张华，译 . 北京：机械工业出版社，2007.